普通高等教育"十三五"规划教材

工程制图与CAD

辽宁石油化工大学制图教研室

柳　青　何延东　等编著

奚　文　主审

化学工业出版社

·北京·

本书是普通高等教育"十三五"规划教材,是在近年制图课程改革与探索的实践中总结而来的,同时还配套了《工程制图与CAD习题集》以及电子版答案,部分图配有二维码视频。

　　为了将学生的制图理论和计算机绘图实践技能有效地结合起来,本书包含两部分内容,分上、下篇列出,分别讲述制图理论和计算机绘图软件。上篇包括制图的基本知识和基本技能,点、直线、平面、立体的投影,组合体的视图以及尺寸标注,轴测图,机件的常用表达方法,标准件、常用件,零件图和装配图,专业图样;下篇主要叙述AutoCAD软件绘图、编辑、尺寸标注等功能以及专业图样的绘制指导;此外,本书还包含绪论和附录、参考文献。

　　本书可供高等院校各理工专业师生作为教材使用,还可供相关工程技术人员参考阅读。

图书在版编目(CIP)数据

　　工程制图与CAD/辽宁石油化工大学制图教研室,柳青等编著;奚文主审. —北京:化学工业出版社,2017.9
(2024.1重印)
　　普通高等教育"十三五"规划教材
　　ISBN 978-7-122-30121-5

　　Ⅰ.①工… Ⅱ.①辽… ②柳… ③奚… Ⅲ.①工程制图-AutoCAD软件-高等学校-教材 Ⅳ.①TB237

　　中国版本图书馆CIP数据核字(2017)第157569号

责任编辑:满悦芝　　　　　　　　　　　　文字编辑:吴开亮
责任校对:宋　玮　　　　　　　　　　　　装帧设计:关　飞

出版发行:化学工业出版社(北京市东城区青年湖南街13号　邮政编码100011)
印　　刷:北京云浩印刷有限责任公司
装　　订:三河市振勇印装有限公司
787mm×1092mm　1/16　印张17¼　字数525千字　2024年1月北京第1版第14次印刷

购书咨询:010-64518888　　　　　　　　　　售后服务:010-64518899
网　　址:http://www.cip.com.cn
凡购买本书,如有缺损质量问题,本社销售中心负责调换。

前　言

工程制图是工科类大学的专业技术基础课之一，计算机辅助设计作为一种现代化的设计手段已经应用到了工程设计的各个领域。按照高等工科教育的培养目标和特点，结合制图的教学改革和实践，本教材在加强画图、读图能力训练的同时，强化计算机绘图的教学与实践，以适应应用型人才的培养需要。教材的编写有如下几个特点：

1. 制图理论部分讲授内容以必需、够用为度；

2. 增大计算机绘图部分理论与实践内容；

3. 书中引入实例讲解，侧重专业图样的绘制和阅读；

4. 计算机绘图部分的内容集中编排在下篇，有利于知识点的集中与查阅，授课时可根据进度安排将工程制图与计算机绘图融于一体；

5. 本书文字叙述力求简洁，重点突出；

6. 全书引用的标准均采用全新国家标准。

本书由辽宁石油化工大学制图教研室组织编著。参加本书编著的有：柳青、佟洪波（前言、绪论、第 9 章、附录），奚文（第 1、4、15 章），郭玉泉、闫伟（第 2、6 章），李萍（第 3、7 章），何延东（第 5、8 章），杜娟（第 10、11 章），孙宏宇（第 12～14 章）。常东超和贾敏参与了书中部分图形的绘制工作。全书由柳青总体负责，奚文担任主审。

本编著组同时还编著了与本书配套的《工程制图与 CAD 习题集》，供广大学生使用。

由于作者水平有限，书中难免有不足之处，敬请广大读者批评指正。

作者

2017 年 6 月

目 录

下　　篇

二维码目录

绪　　论

1. 本课程的性质和任务

　　本课程包含工程制图与计算机绘图两部分的内容。工程制图是高等教育工科各相关专业的重要技术基础课，主要讨论从空间到平面的表达，以及从平面到空间图物的转换过程；计算机绘图作为工程图样绘制的一种方法，以其高效性、高精度、便于管理、检索和修改的突出优点，逐渐被应用到现代工业中，计算机绘图部分主要介绍 AutoCAD2016 软件的绘图方法和使用技能。

　　本课程主要是培养学生的空间分析与创新能力，培养学生在工程技术领域的图形表达和形象思维能力，同时培养学生工程图样的绘制与阅读的基本技能。

2. 本课程的主要任务

　　① 学习和掌握投影制图的基本理论和作图方法，熟悉相关的国家标准，熟悉图和物的转换过程，掌握绘制和阅读工程图样的基本方法与规律。

　　② 培养用仪器绘图、计算机绘图和手工绘制草图的能力。

　　③ 培养空间逻辑思维与形象思维的能力。

　　④ 培养分析问题和解决问题的能力。

　　⑤ 培养认真负责的工作态度和严谨细致的工作作风。

3. 本课程的学习方法

　　① 认真听课，及时复习，认真完成作业，按照正确的制图方法和步骤完成作图，严格遵守相应的国家标准。

　　② 掌握形体分析法、线面分析法和投影分析方法，提高独立分析和解决看图、画图等问题的能力。

　　③ 注意画图与看图相结合，物体与图样相结合，多画多看，逐步培养空间逻辑思维与形象思维的能力。

　　④ 加强计算机绘图的应用实践。

第1章 制图的基本知识

工程图样是产品设计与制造中的重要技术文件，是工程技术人员相互交流的一种语言工具。为便于各个行业的生产和技术交流，以及适应国内外科技发展的需要，对工程图样必须有统一的要求和规定。本章重点介绍国家标准中对制图方面的相关规定、常见几何图形和平面图形的绘图方法与步骤等。

1.1 制图相关规定

国家标准简称为"国标"，其代号为"GB"，工程制图中常用代号为"GB/T"，其中 T 表示推荐性的。国家标准与制图相关的规定有很多，本节只重点介绍制图国家标准中关于图幅、比例、字体、图线及尺寸标注等方面的基本规定。

1.1.1 图纸幅面和格式、标题栏

图纸幅面是指由图纸宽度 B 与长度 L 所组成的图面。根据国标 GB/T 14689—2008 的规定，绘制技术图样时，应优先按表 1-1 规定的五种基本幅面尺寸选用图纸，其代号为 A0、A1、A2、A3、A4，尺寸为 $B \times L$（mm×mm）。

表 1-1　图纸幅面格式及尺寸　　　　　　　　　　　　　　　　　mm

幅面代号	A0	A1	A2	A3	A4
$B \times L$	841×1189	594×841	420×594	297×420	210×297
e	20			10	
c	10			5	
a	25				

图纸格式分为不留装订边和留装订边两种，均用粗实线画图框线。当图纸不需要装订时，图纸幅面格式如图 1-1、图 1-2 所示；当图纸需要装订时，图纸幅面格式如图 1-3、图 1-4所示。其中图框与图幅间距尺寸详见表 1-1 中对应数值。

标题栏是图纸提供图样信息、图样所表达的产品信息及图样管理信息等内容的表格，绘制在图框的右下角。标题栏的基本要求、内容、格式和尺寸按国家标准《技术制图 标题栏》（GB/T 10609.1—2008）的规定绘制，如图 1-5 所示。制图作业中推荐采用简化标题栏，如

图 1-6 所示。绘制标题栏时，注意标题栏的外框用粗实线绘制，内部的框线用细实线绘制。标题栏内校名、图样名称、图样代号、材料用 7 号字书写，其余都用 5 号字书写。

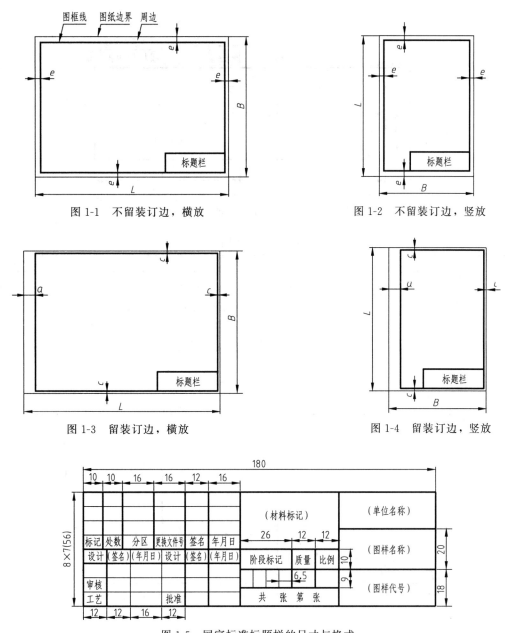

图 1-1　不留装订边，横放

图 1-2　不留装订边，竖放

图 1-3　留装订边，横放

图 1-4　留装订边，竖放

图 1-5　国家标准标题栏的尺寸与格式

1.1.2　比例

比例是指图样中图形与实物相应要素的线性尺寸之比。通常比例用符号"1：n"或"n：1"表示，注写在标题栏中。

绘图时，要根据所画物体的大小和结构特点选用适当比例。为了方便画图和读图，一般优先选用 1：1 比例，称为原值比例。如果绘制图形比实物小，即为缩小比例；如果绘制图形比实物大，即为放大比例。不管绘制物体时采用的比例是多少，在标注尺寸时，仍应按物体的实际尺寸标注，与绘图的比例无关，如图 1-7 所示。

　　表 1-2 列出了国家标准 GB/T 14690—1993 中规定的比例值，可根据绘图需要选择合适比例。

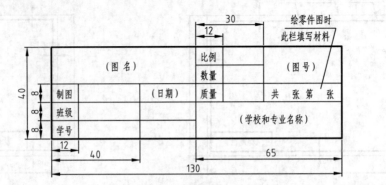

图 1-6　制图作业采用的标题栏

表 1-2　绘图比例

种　类	比　例
原值比例	1：1
放大比例	5：1　2：1 $5×10^n$：1　$2×10^n$：1　$1×10^n$：1
缩小比例	1：2　　　　1：5　　　　1：10 $1：2×10^n$　　$1：5×10^n$　　$1：10×10^n$
特殊放大比例	4：1　　　2.5：1 $4×10^n$：1　　$2.5×10^n$：1
特殊缩小比例	1：1.5　　1：2.5　　　1：3　　　　1：4　　　　1：6 $1：1.5×10^n$　$1：2.5×10^n$　$1：3×10^n$　$1：4×10^n$　$1：6×10^n$

注：n 为整数。

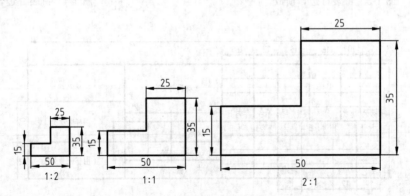

图 1-7　不同比例绘制的图

1.1.3　字体

　　图样中除了有表达形状的图形外，还有文字、字母和数字，用来说明技术要求和尺寸等。国家标准（GB/T 14691—1993）对字体的书写作出如下具体规定。

　　① 图样中书写的字体必须做到：字体工整、笔画清楚、间隔均匀、排列整齐。

　　② 字体的号数即为字体的高度 h，其公称尺寸系列为 1.8mm、2.5mm、3.5mm、5mm、7mm、10mm、14mm、20mm 等。

③ 汉字应为长仿宋体，采用中华人民共和国国务院正式公布推行的简化字。汉字的高度 h 不应小于 3.5mm，其宽度约为字高 h 的 2/3。

④ 字母和数字根据宽度不同分为 A 型和 B 型。A 型字体的笔画宽度为字高的 1/14，B 型字体笔画宽度为字高的 1/10。字母和数字可写成斜体或直体，工程图样通常写成斜体。斜体字字头向右倾斜，与水平基准线成 75°。

在同一图样上，只允许选用一种型式的字体。字体具体写法如图 1-8 所示。

10号字：长仿宋体注意书写要领图框标题栏比例

7号字：字体工整笔画清楚间隔均匀排列整齐书写标题栏校名与图号

5号字：横平竖直注意起落结构均匀填满方格书写标题栏中其他文字

3.5号字：国家标准机械制图技术工程图样中标注代号

(a) 长仿宋体汉字

(b) 阿拉伯数字

(c) 大写拉丁字母

(d) 小写拉丁字母

(e) 罗马数字

图 1-8　制图字体示例

1.1.4 图线

（1）图线类型及其应用

图样绘制根据需要不同要采用不同的线型，GB/T 17450—1998、GB/T 4457.4—2002规定了各种图线类型及应用。表1-3中列出了常用的几种图线的名称、线型、宽度及其在工程图中的应用情况。

表1-3 图线名称、线型、线宽及用途

图线名称	线型	线宽	主 要 用 途
粗实线	——————	d	可见轮廓线、可见棱边线等
细实线	——————	$0.5d$	尺寸线、尺寸界线、剖面线、引出线等
细虚线	– – – – – –	$0.5d$	不可见轮廓线，不可见棱边线等
细点画线	— · — · — · —	$0.5d$	轴线，对称中心线等
细双点画线	— ·· — ·· —	$0.5d$	极限位置的轮廓线、相邻辅助零件的轮廓线、假想投影轮廓线的中断线等
波浪线	∼∼∼∼∼	$0.5d$	断裂处的边界线、视图与局部视图的分界线。在同一图样上一般采用两者中的一种线型
双折线	—√—√—	$0.5d$	
粗点画线	▬ · ▬ · ▬	d	有特殊要求的线或表面的表示线
粗虚线	▬ ▬ ▬ ▬	d	允许表面处理的表示线

图线的线宽 d 应根据图形的大小和复杂程度，在下列系列中选择：0.18mm、0.25mm、0.35mm、0.5mm、0.7mm、1mm、1.4mm、2mm。

在工程图样中，图线一般只有两种宽度，分别称为粗线和细线，其宽度之比为 2：1，在通常情况下，粗线的宽度采用0.7mm，细线的宽度采用0.35mm。在平时完成作业时，也可采用粗线0.5mm，细线0.25mm。

（2）图线的画法

图线的具体应用如图1-9所示，绘制图线时还应注意以下几点：

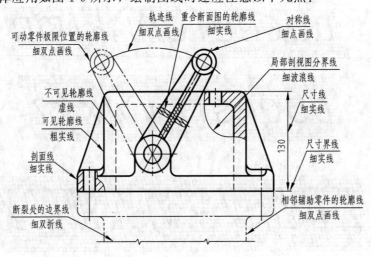

图1-9 图线的用途示例

① 同一图样中同类图线的宽度应基本一致；虚线、点画线及双点画线的线段长度和间隔应各自大致相等。

② 两条平行线（包括剖面线）之间的距离应不小于粗实线的两倍宽度，其最小距离不得小于0.7mm。

③ 绘制圆的对称中心线时，圆心应为长画的交点，点画线和双点画线的首末两端不能是短画。在较小的图形上绘制点画线、双点画线有困难时，可用细实线代替。

④ 轴线、对称线等应超出相应轮廓线2～5mm。

⑤ 点画线、虚线与其他图线相交时，都应有实际的交点；虚线处于实线的延长线上时，在分界处要留有间隙；当虚线圆弧与虚线直线相切时，虚线圆弧的线段应画到切点，而虚线直线需留有间隙。

⑥ 粗实线与虚线或点画线重叠时，应画粗实线；虚线与点画线重叠，应画虚线。

图1-10用正误对比的方法说明了图线画法的相关注意点。

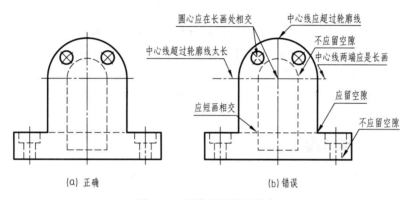

圆心应在长画处相交　中心线应超过轮廓线
中心线超过轮廓线太长　不应留空隙
中心线两端应是长画
应短画相交
应留空隙
不应留空隙

(a) 正确　　　　　　　　(b) 错误

图1-10　图线画法的注意点

1.1.5　尺寸标注

图形只能表达机件的形状，而大小则由标注的尺寸确定。国家标准GB/T 4458.4—2003规定了尺寸标注的基本规则、尺寸组成及各类尺寸标注方法。

（1）基本规则

① 机件的真实大小以图样上所标注的尺寸数值为依据，与图形的大小及绘图的准确度和比例无关。

② 图样中的尺寸以毫米（mm）为单位时，不需标注其计量单位的代号或名称，如采用其他单位，则必须注明相应的单位符号。

③ 图样所标注的尺寸，应为该图样所示机件的最后完工尺寸，否则应加以说明。

④ 机件的每一个尺寸，一般只标注一次，并应标注在能反映其主要结构特点的图形上。

（2）尺寸的组成

一个完整的尺寸一般由四个要素组成，分别为尺寸数字、尺寸线、尺寸线终端（箭头或斜线）及尺寸界线，如图1-11所示。

① 尺寸数字　尺寸数字表示所标注尺寸的数值。尺寸数字一般注写在尺寸线的上方或左侧，同一张图上的尺寸数字应采用同一种字体及字号，推荐采用3.5号国标斜体字。标注直径时，应在尺寸数字前加注符号"ϕ"；标注半径时，应在尺寸数字前加注符号"R"；标

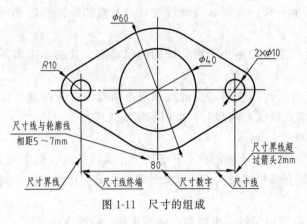

图 1-11　尺寸的组成

注球面直径或球面半径时，应在符号"φ"及"R"前面加符号"S"。线性尺寸数字的位置及方向应按表 1-4 中所示的方法标注。

② 尺寸线　尺寸线表示所标注尺寸的范围，用细实线绘制。尺寸线不能用其他图线代替，不得与其他图线重合或画在其它图线的延长线上。尺寸线应与所标注的线段平行，当有几条相互平行的尺寸线时，大尺寸要标注在外，小尺寸要标注在内，以免尺寸线交叉。在标注"φ"尺寸时，尺寸线应通过圆心；在标注"R"尺寸时，尺寸线应由圆心处向外指出。

③ 尺寸线终端　尺寸线的终端用于表示尺寸的起止，有三种表达形式，即箭头、斜线和圆点。一般机械图样中多采用箭头，箭头画法如图 1-12（a）所示。化工和建筑等图样中多采用斜线，如图 1-12（b）所示。如果标注空间不够时，尺寸线终端可以采用圆点形式，见表 1-4 中小尺寸的标注方法。

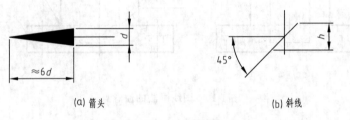

图 1-12　尺寸线终端

④ 尺寸界线　尺寸界线表示所注尺寸的起始和终止位置，用细实线绘制，应由图形的轮廓线、轴线或对称中心线引出；也可利用轮廓线、轴线或对称中心线本身直接作为尺寸界线。尺寸界线一般应与尺寸线垂直，并超出尺寸线的终端 2mm 左右。

图 1-13 用正误对比的方法，列举了标注尺寸时的一些常见错误。

（3）各类尺寸的标注方法

国家标准中规定的一些尺寸注法详见表 1-4。

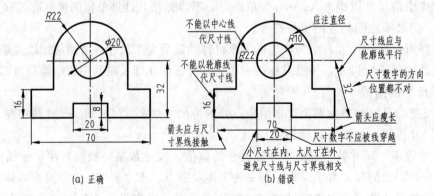

图 1-13　尺寸标注的正误对比示例

表 1-4　尺寸注法示例

标注内容	示例	说明
线性尺寸	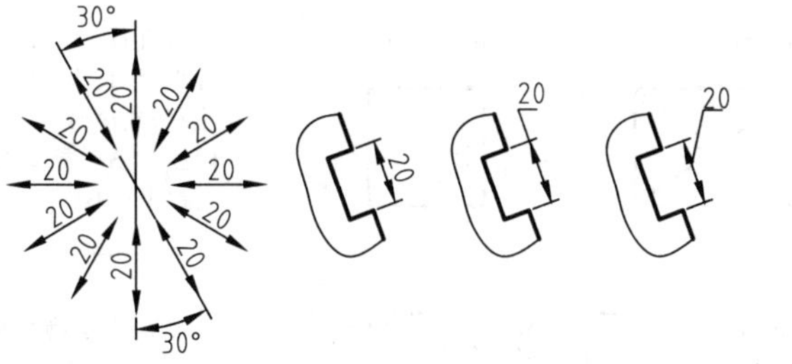	线性尺寸数字应按左起第一个图所示方向注写，并尽可能避免在图示30°范围内标注尺寸。当无法避免时，可按右侧三个图所示的方法标注
角度	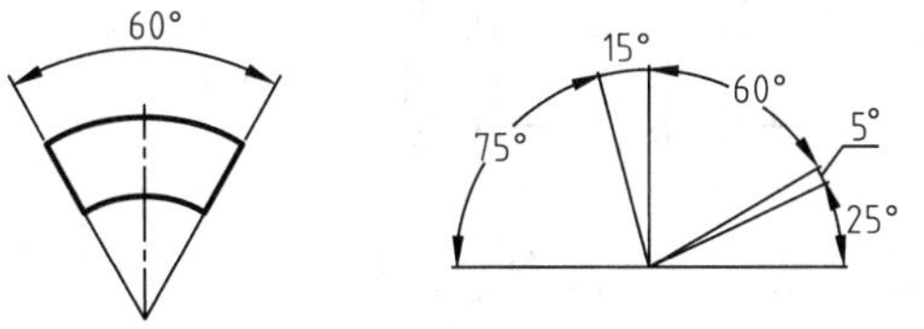	尺寸界线应沿径向引出，尺寸线画成圆弧，圆心是该角的顶点。尺寸数字应一律水平书写，一般注在尺寸线的中断处，必要时也可如右图形式标注
弦长和弧长	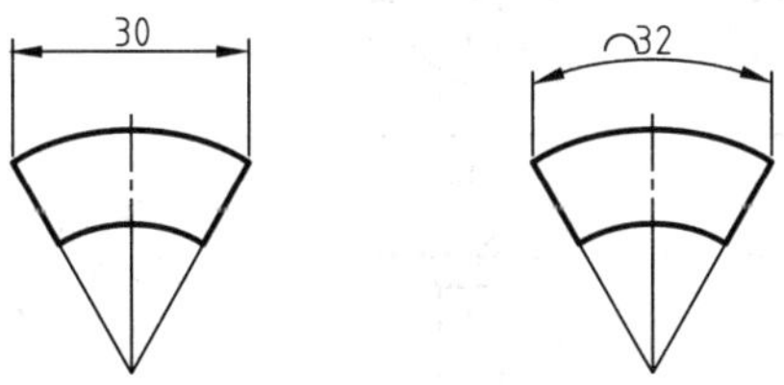	标注弦长和弧长时，尺寸界线应与弦垂直。标注弧长尺寸时，尺寸线用圆弧，并应在尺寸数字左方加注符号"⌒"
直径	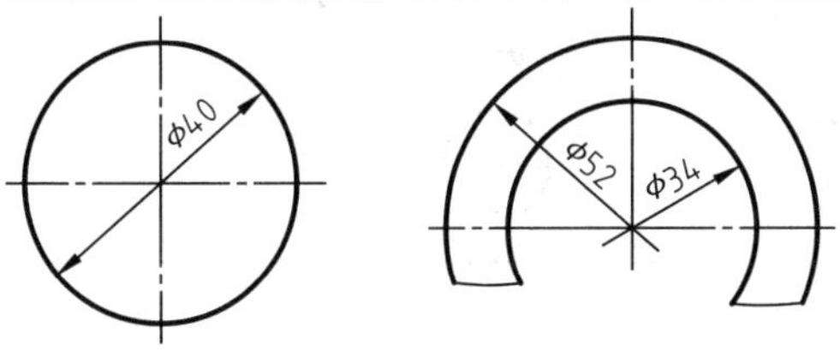	当圆或圆弧的大小是整圆或大于半个圆弧的时候，应标注直径尺寸，如图例标注所示。球或球面的标注需要在"ϕ"和"R"前加标"S"
半径	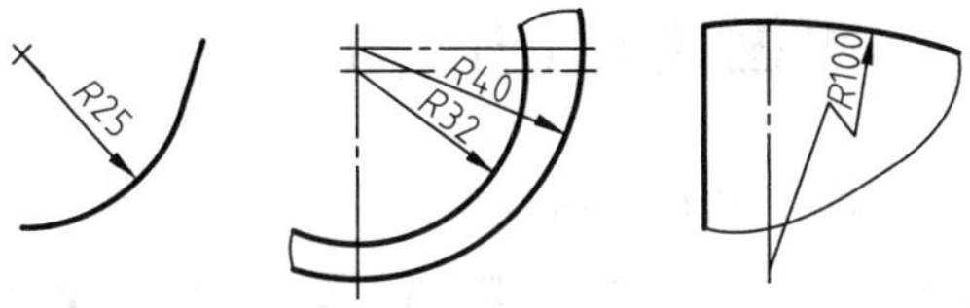	当圆弧是小于等于半个圆时，应标注半径尺寸，一般应按左侧两个例图标注。当圆弧的半径过大，在图纸范围内无法标出圆心位置时，可按折弯方式标注
小尺寸	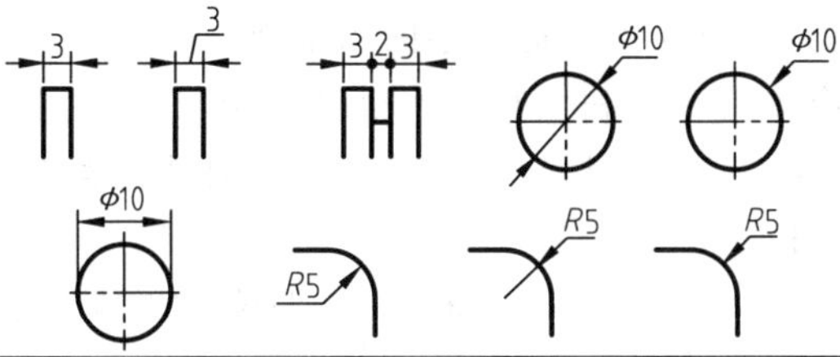	当所标注的图形较小，没有足够位置时，箭头可画在外面，或用小圆点代替两个箭头；尺寸数字也可引出标注，具体如图例所示
对称机件	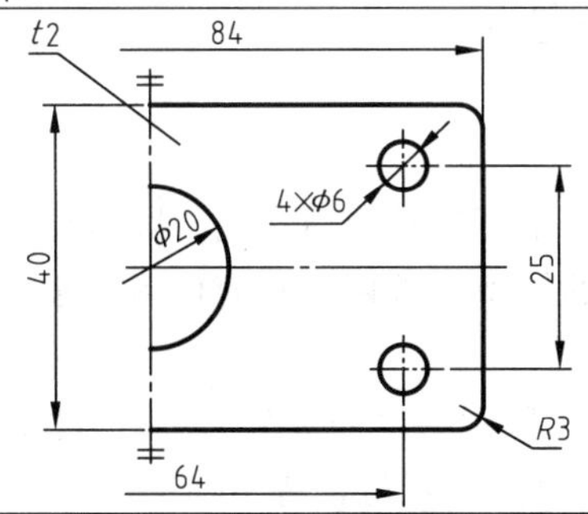	对称机件简化画法是只画出一半，并在对称中心线上标注对称符号，即两条平行短画。尺寸线应略超过对称中心线，只在尺寸线的一端画出箭头，但标注的是总体尺寸。板状零件的厚度尺寸需在尺寸数字前加注符号"t"

标注内容	示例	说明
正方形	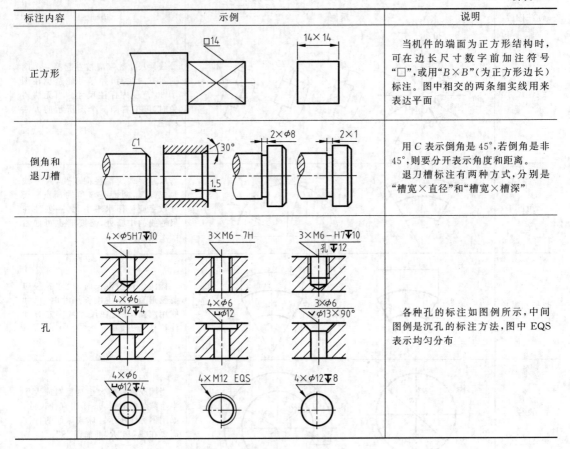	当机件的端面为正方形结构时,可在边长尺寸数字前加注符号"□",或用"$B \times B$"(为正方形边长)标注。图中相交的两条细实线用来表达平面
倒角和退刀槽		用 C 表示倒角是 $45°$,若倒角是非 $45°$,则要分开表示角度和距离。退刀槽标注有两种方式,分别是"槽宽×直径"和"槽宽×槽深"
孔		各种孔的标注如图例所示,中间图例是沉孔的标注方法,图中 EQS 表示均匀分布

1.2　平面图形的画法

绘制工程图样可用尺规绘图、徒手绘图和计算机绘图三种方法。

① 使用绘图工具画图的方法称为尺规绘图,它一般对图线、图面质量等方面要求较高,需要掌握一些几何作图的技巧,是计算机绘图和徒手绘图的基础。

② 徒手绘图是用目测来估计物体的形状和大小,不借助绘图工具,徒手画出图样(即草图)的方法。一般用于设计、维修、仿造等场合,借助草图来记录和表达技术思想,是工程技术人员必备的一项重要的基本技能。

③ 使用计算机绘图软件绘图的方法称为计算机绘图,它具有作图精度高、出图速度快等特点,在各行各业中得到了日益广泛的应用。

1.2.1　几何作图

工程技术图样中的图形多种多样,但都可以看作由直线、圆弧和其他一些曲线所组成的几何图形,因此需要掌握有关几何作图的知识及常用的几何作图方法。

(1)等分线段

将已知直线段 n 等分的方法如图 1-14 所示(以四等分为例):过线段 AB 的端点 A 作任一直线 AC,然后以单位长度在 AC 上等值截取 4 份,将 AC 上的等分终点与直线另一端点

B 连线，最后过各等分点分别作该连线的平行线与已知直线段相交，交点即为所求等分点。

图 1-14　四等分线段

（2）斜度

斜度是指一条直线或平面对另一直线或平面的倾斜程度，其大小在图样中以 $1:n$ 的形式标注。图 1-15 为斜度 $1:6$ 的作法及标注：由直线 AB 上取 6 个单位长度得到 D 点，过 D 作 AB 的垂线 DC，使 DC 为 1 个单位长度，连线 AC，斜度即为 $1:6$。注意斜度符号的尖角方向应与对应直线倾斜方向一致。

（3）锥度

锥度是正圆锥底圆直径与圆锥高度之比，在图样中，锥度常以 $1:n$ 的形式标注。图 1-16 为锥度 $1:6$ 的作法及标注。注意锥度符号的标注也是有方向的。

图 1-15　斜度作法示例　　　　　　　　　　图 1-16　锥度作法示例

（4）椭圆

椭圆的常用画法有同心圆法和四心圆法两种。

① 同心圆法　分别以 O 为圆心，长半轴 OA 和短半轴 OC 为半径作圆。过圆心 O 作若干射线与两圆相交，再由各交点分别作长、短轴的平行线，其交点即为椭圆上的点。最后，用描点法由曲线板连成椭圆，如图 1-17 所示。

② 四心圆法　作出椭圆的长轴和短轴，其端点为 A、B、C、D；连 AC，以 O 为圆心，OA 为半径画圆弧，交 CD 延长线于 E 点；再以 C 为圆心，CE 为半径画圆弧，交 AC 于 F 点；作 AF 线段的中垂线，交长轴于 O_1，交短轴延长线于 O_2，并找出 O_1 和 O_2 的对称点 O_3 和 O_4；O_1、O_2、O_3、O_4 即为四个圆弧的四个圆心，把四个圆心两两连线，确定四个圆弧的范围；最后分别以 O_1、O_2、O_3、O_4 为圆心，O_1A、O_2C、O_3B、O_4D 为半径作弧，拼成近似椭圆，切点为 G、H、J、K，如图 1-18 所示。四心圆法作椭圆是一种近似作图法。

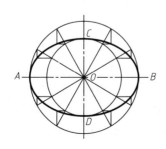

图 1-17　同心圆法作椭圆

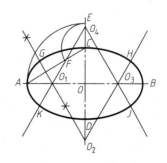

图 1-18　四心圆法作椭圆

（5）正多边形

作圆内接正三、四、六边形可根据它们的外接圆直接用直尺、三角板和圆规作出。其中正六边形外接圆半径就是它的边长，可直接用外接圆半径六等分其外接圆作出。下面主要介绍一下正五边形和正七边形的作图方法，并以正七边形为例，介绍圆内接正 n 边形的近似作法，如图 1-19 所示。

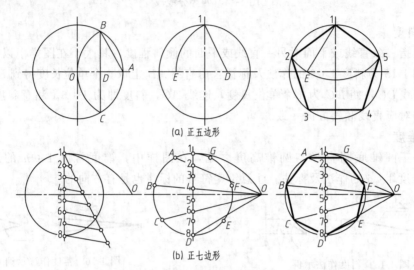

(a) 正五边形

(b) 正七边形

图 1-19　正多边形作图方法

圆内接正五边形的作图步骤，如图 1-19（a）所示。以 A 为圆心，OA 为半径，画圆弧交外接圆于 B、C，连 BC 交得 OA 中点 D；以 D 为中心，$D1$ 为半径画弧得交点 E，$E1$ 即为五边形边长；最后以 $E1$ 长截圆周得点 1、2、3、4、5，依次连接得正五边形。

圆内接正七边形的作图步骤，如图 1-19（b）所示。先将直径七等分（对 n 边形可 n 等分），以外接圆竖直直径端点为圆心，外接圆直径为半径，画圆弧交水平中心线延长线于 O 点；然后，过 O 点与等分直径上的偶数点（或奇数点）连线，其延长线与外接圆的交点分别为 A、B、C、D，即为正七边形的四个顶点，再做这四个点的对称点分别是 G、F、E、D；最后，依次连接各点，完成正七边形。

（6）圆弧连接

绘制机件的图形时，经常会遇到用已知半径的圆弧来光滑连接另外两个已知线段的情况。所谓光滑连接是指被连接两线段在连接点处光滑过渡，也就是相切关系，连接点即为切点。作图的关键是连接圆弧圆心和切点位置的确定，一般要根据几何原理和已知条件来确定。

① 与直线相切　如图 1-20 所示，作半径为 r 的圆弧与已知直线相切，圆弧的圆心轨迹是与直线距离为 r 的平行线。由圆弧的圆心向直线作垂线，垂足即为切点。

② 与圆弧相切　圆弧与已知圆弧既可以内切，也可以外切，如图 1-21 所示。内切时，连接圆弧圆心轨迹是与已知圆弧同心的圆，该圆的半径为已知圆弧半径与连接圆弧半径之差的绝对值，如图所示的 $R-r$；外切时，连接圆弧圆心轨迹也是与已知圆弧同心的圆，该圆半径为已知圆弧半径与连接圆弧半径之和，如图所示的 $R+r$。圆心连线或延长线与已知圆弧的交点即为切点所在。

注意，图 1-20 和图 1-21 中连接圆弧的圆心是任意的，因为在圆心轨迹上的任意一点画圆弧（半径为 r）都与已知直线或圆弧相切。如果需要定位连接圆弧的圆心点，还要给出连接圆弧与其他已知直线或圆弧的连接条件。

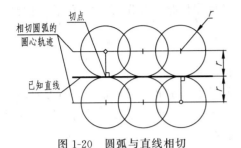

图 1-20　圆弧与直线相切

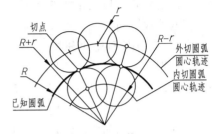

图 1-21　圆弧与圆弧相切

③ 连接两直线　如图 1-22 所示，用半径为 R 的圆弧光滑连接两条直线 AB 和 AC。首先分别作与已知直线 AB 和 AC 相距为 R 的平行线，其交点即为连接圆弧圆心 O；然后过 O 点分别作已知直线的垂线，得到的垂足 1 和 2 即为切点；最后以 O 点为圆心，以 R 为半径，在切点 1 和 2 之间画连接圆弧。

④ 连接一直线和一圆弧　用半径为 R 的圆弧光滑连接已知直线 AB 和圆弧（R_1），如图 1-23 所示。作图步骤如下：作与已知直线 AB 相距 R 的平行线，由于是外切，再以已知圆弧圆心 O_1 为圆心，以 R_1+R 为半径画弧，其交点即为连接圆弧的圆心 O；过 O 点分别作直线 AB 垂线和 OO_1 连线，得到两个切点 1 和 2；以 O 为圆心，以 R 为半径，在切点 1 和 2 之间作连接圆弧。

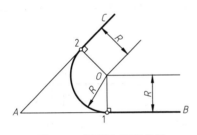

图 1-22　圆弧连接两直线

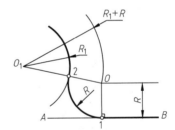

图 1-23　圆弧连接直线和圆弧

⑤ 连接两个圆弧　用半径为 R 的圆弧连接两个已知圆弧（R_1、R_2），如图 1-24 所示。首先分别以 O_1 和 O_2 为圆心，R_1+R 和 R_2+R ［外切，如图 1-24（a）所示］，或 $|R-R_1|$ 和 $|R-R_2|$ ［内切，如图 1-24（b）所示］、或 R_1+R 和 $|R-R_2|$ ［内、外切，如图 1-24（c）所示］为半径画弧，得连接圆弧圆心 O；然后作圆心连线，其连线或延长线与已知圆弧的交点即为切点；最后以 O 为圆心，R 为半径，在切点 1 和 2 之间画弧完成圆弧连接。

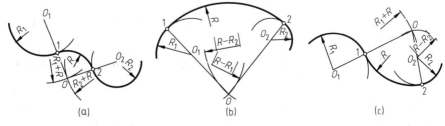

(a)　　　　　　　　　(b)　　　　　　　　　(c)

图 1-24　圆弧连接两个圆弧

1.2.2 平面图形分析

平面图形多由直线与圆或圆弧连接组成。如图 1-25（a）所示的平面图形是由右侧的矩形、中间的圆弧环以及左侧的圆弧连接组成的。绘制平面图形时，首先要对平面图形进行尺寸分析与线段分析。

（1）平面图形尺寸分析

平面图形尺寸分析包括尺寸基准、定形尺寸与定位尺寸。

尺寸基准是标注尺寸的起点、确定尺寸位置的几何元素。平面图形通常由左右方向即长度方向和上下方向即高度方向两个基准构成。作为尺寸基准的几何元素可以是对称图形的对称中心线，较大圆的中心线，底板的底面或端面的投影线。

平面图形的尺寸按其作用可分为定形尺寸（确定各部分形状大小的尺寸）和定位尺寸（确定图形与尺寸基准及各部分之间相对位置的尺寸）。

下面以图 1-25（a）平面图形为例进行尺寸分析。

① 尺寸基准　选择平面图形左侧大圆弧的两个中心线作为长度方向基准和高度方向基准。

② 定形尺寸　图中 $R60$、$R35$、$R15$、$R8$ 和 $R5$ 是定圆弧形状尺寸；10 和 32 是矩形尺寸；20 与 44 是右侧两条直线尺寸。

③ 定位尺寸　矩形长度方向定位尺寸是 6；右端直线段的定位尺寸是 60；两个圆弧 $R8$ 和 $R5$ 的定位尺寸是 35。由于高度方向都与水平中心线对称，所以不需要定位尺寸。

（2）平面图形线段分析

平面图形的线段可分为三类，分别是已知线段、中间线段和连接线段。现以图 1-25（a）外部圆弧连接为例分析如下。

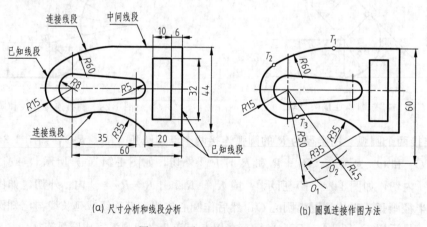

(a) 尺寸分析和线段分析　　　　(b) 圆弧连接作图方法

图 1-25　平面图形圆弧连接

① 已知线段　定形尺寸与定位尺寸齐全，不依赖其他任何线段而可以直接画出。例如图中的圆弧 $R15$，直线段 20 和 44 均为已知线段。

② 中间线段　缺少一个定形尺寸或定位尺寸，需要根据相邻线段的连接关系确定所缺尺寸后才能作图的线段。例如平面图形上方的直线段只知道位置和方向，长度尺寸需要根据与相邻圆弧 $R60$ 的相切关系作图来确定。

③ 连接线段　只知定形尺寸不知定位尺寸，定位尺寸需根据相邻线段连接关系作图确

定的线段。例如圆弧 $R60$ 和 $R35$ 皆为连接线段，它们的定位尺寸均需要与相邻的两个线段的连接关系作图确定。

如图 1-25（b）所示，外部的图形作图方法和步骤如下（内部图形读者自行分析）。

① 画已知线段　按已知尺寸直接先画直线段 20 和 44，圆弧 $R15$。

② 画中间线段　以直线段 44 上端点为起点画直线段 20 的平行线，长度待定。

③ 画连接线段　圆弧 $R35$ 与圆弧 $R15$ 外切，且过直线段 20 左端点；圆弧 $R60$ 与圆弧 $R15$ 内切，且与上方直线段相切。根据圆弧连接作图方法分别作出圆心和切点，然后光滑作图连接。

注意：在作图过程中应该准确求出中间线段和连接线段的圆心与切点，提高圆弧连接的准确性，见图 1-25（b）中标注出的圆弧 $R60$ 的圆心 O_2 及切点 T_1 与 T_2，圆弧 $R35$ 的圆心 O_1 及切点 T_3。

1.2.3　绘图的方法和步骤

为了提高绘图质量及速度，除了熟悉制图标准和掌握几何作图方法外，还必须掌握正确的绘图方法和步骤。

（1）尺规绘图

用尺规绘图时，一般可按下列步骤进行。

① 绘图前的准备工作　绘图前应准备好图板、丁字尺、三角板、圆规及铅笔等用品。在图板上选择便于绘图的位置，将图纸放正，并用胶带纸固定。

② 选择图纸幅面　根据所绘图形的大小、比例及分布情况选取合适的图纸幅面，注意选取时必须遵守表 1-1 中的相关规定。

③ 画图框和标题栏　按表 1-1 和图 1-5 的要求画出图框和标题栏，注意应先用细实线绘制，最后一起加深。

④ 布图　根据图形的大小和尺寸标注的位置等因素，在图纸上合理布置图形，画出各图形的定位基准线，如中心线、对称线和物体主要端面（或底面）线等。图形布置应力求匀称、美观和大方。

⑤ 绘制图形底稿　根据已知确定的基准线开始画图，一般先画主要轮廓线，再画细节，如小孔、槽和圆角等，最后画其他符号、标注尺寸及文字说明等内容。绘图时要按图形的尺寸准确绘制，要认真、仔细、一丝不苟。

⑥ 检查加深　加深图形前，要认真检查底稿，确认无误后再开始加深。加深图形时，应做到线型准确、粗细分明、线条光滑、图形整洁。加深的一般顺序为：从左向右，从上向下；先曲线，后直线；先加深细线，后加深粗线等。

⑦ 标注尺寸，填写标题栏和说明文字　在画好的图上按制图国家标准要求标注尺寸，注意尺寸数字书写的方向。

（2）徒手绘图

徒手绘图不是画潦草的图，其基本要求是：画线要稳，图线要清晰；目测尺寸要准，各部分比例要均匀；绘图速度要快；标注尺寸无误，字体工整，图面整洁。

徒手绘图一般采用印有浅色方格的坐标纸绘图，为了能随时转动图纸方便画图，提高徒手绘图速度，草图图纸一般不固定。

徒手绘图步骤与尺规绘图的步骤相同，即目测各部分比例，画作图基准线，先画特征形视图，后画其他视图，检查、加深。

① 目测尺寸比例要准确　草图图形的大小是根据目测估计画出的，没有确切的比例，但图形上所显示的物体各部分大小比例应大体符合实际，这样才能不失物体的真实形状。目测可以借助铅笔等辅助工具进行。

② 草图内容应完整，完全等同于正式图　画完草图，还应测量标注物体完整的尺寸。草图是画正规图的重要依据，虽为徒手绘制，但不能潦草马虎，要求投影正确，内容完整，比例均匀，线型分明，尺寸齐全，字体工整，图面整洁。

第2章 点、直线、平面的投影

在工程技术中，人们常用到各种图样来表达空间物体的形状，而这些图样都是按照不同的投影方法绘制出来的。本章重点介绍投影法的基本知识以及点、直线和平面的投影规律，为绘制工程图样提供基础理论知识。

2.1 投 影 法

投射线通过物体，向选定的面投射，并在该面上得到图形的方法，称为投影法。按照投射线的特点（平行或相交）可以将投影法分为两类：中心投影法和平行投影法。

如图 2-1 所示，投影中心位于有限远处，投射线交于一点的投影法，称为中心投影法，所得的投影称为透视投影，得到的图形称为透视图或透视。中心投影法主要用于绘制建筑物或产品的富有真实感的立体图。在图 2-1 中，点 A、B、C 为空间点，直线 SA、SB、SC 称为投射线，所有投射线的起点 S 称为投影中心，平面 P 称为投影面，直线 SA、SB、SC 与平面 P 的交点 a、b、c 分别称为点 A、B、C 的投影或投影图。△abc 则可以称为△ABC 的投影或投影图。

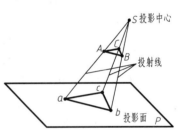

图 2-1 中心投影法

如图 2-2 所示，投影中心位于无限远处，投射线互相平行的投影法，称为平行投影法，所得的投影称为平行投影。平行投影法按照投射线与投影面的相对位置（垂直或倾斜）又可以分为两种：正投影法和斜投影法。正投影法是投射线的投射方向与投影面垂直的平行投影法，所得的投影称为正投影或正投影图，如图 2-2（a）所示；斜投影法是投射线的投射方向与投影面相倾斜的平行投影法，所得的投影称为斜投影或斜投影图，如图 2-2（b）所示。

正投影法能够反映物体的真实形状和大小，度量性好，作图简便，所以工程图样中广泛

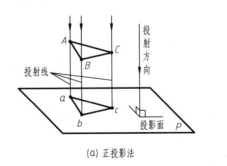

(a) 正投影法

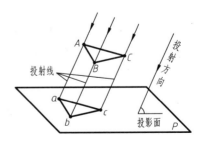

(b) 斜投影法

图 2-2 平行投影法

采用了正投影法绘制。正投影习惯上也常简称为"投影"，如果没有特殊说明，本书今后提到的投影皆指正投影。

2.2 点 的 投 影

工程上的物体结构从几何角度分析，都可以看作是由点、线（直线或曲线）、面（平面或曲面）所组成的。由于点是构成空间物体最基本的几何元素，所以为了正确地画出空间物体的投影，必须首先研究点的投影及其规律。

2.2.1 点的三面投影

在绘制工程图样时，为了完整清晰地表达物体的形状和结构，常采用与物体长、宽、高三个方向相对应的三个互相垂直的投影面，构成一个三面投影体系。

如图 2-3 (a) 所示，在三面投影体系中，互相垂直的投影面分别称为正立投影面（简称正面或 V 面）、水平投影面（简称水平面或 H 面）、侧立投影面（简称侧面或 W 面）。投影面之间的交线称为投影轴，分别为 OX 轴、OY 轴和 OZ 轴。实际上，三个投影面将空间划分成了八个分角，我国国家标准中规定采用第一分角投影（第一分角画法），即将物体置于第一分角内，并使其处于观察者与投影面之间进行投射，然后按规定展开投影面。

如图 2-3 (b) 所示，将空间点 A 置于三面投影体系中，分别向 V 面、H 面、W 面上投射，就可以分别得到它的正面投影、水平投影和侧面投影。

为了便于统一，作如下规定：空间点用大写字母表示，如 A、B、C 等；点的水平投影用相应的小写字母表示，如 a、b、c 等；点的正面投影用相应的小写字母加一撇表示，如 a'、b'、c' 等；点的侧面投影用相应的小写字母加两撇表示，如 a''、b''、c'' 等。

根据上述规定，图 2-3 (b) 中空间点 A 的三个投影分别为 a、a'、a''。

为了把上述空间点的三面投影画在同一平面上，需要将投影面展平。国家标准规定的展平方法如下：在三面投影体系中，V 面不动，H 面绕 OX 轴向下旋转 $90°$，与 V 面展开成同一个平面；W 面绕 OZ 轴向右旋转 $90°$，这样三个投影面展成同一个平面，如图 2-3 (c) 所示，其中 OY 轴被分成 H 面上的 OY_H 和 W 面上的 OY_W。

实际画投影图时，常常去除投影面的框线和标记，而保留其投影轴，就得到了空间点 A 的三面投影图，如图 2-3 (d) 所示。由于水平投影和侧面投影之间在 Y 方向度量是相同的（$aa_x = a''a_z$），为了作图方便，一般自点 O 作 $45°$ 辅助线，aa_{yH}、$a''a_{yW}$ 的延长线必与这条辅助线交于一点，或者以 O 为圆心，Oa_{yH} 为半径画 $90°$ 辅助圆弧，如图 2-3 (c)、(d) 所示。

对点的三面投影图进行分析，可得出点的投影特性如下：

① 点的投影连线垂直于相应的投影轴，即 $aa' \perp OX$，$a'a'' \perp OZ$。还应该注意到，点的水平投影与侧面投影的连线分为两段，在水平面上有 $aa_{yH} \perp OY_H$，而在侧平面上则有 $a''a_{yW} \perp OY_W$。

② 点的投影到投影轴的距离，等于空间点到相应投影面的距离，即 $a'a_x = a''a_y = Aa$，$a''a_z = aa_x = Aa'$，$a'a_z = aa_y = Aa''$。

2.2.2 点的投影与直角坐标之间的关系

若将三面投影体系作为空间直角坐标系，投影轴作为坐标轴，O 作为坐标原点，由图

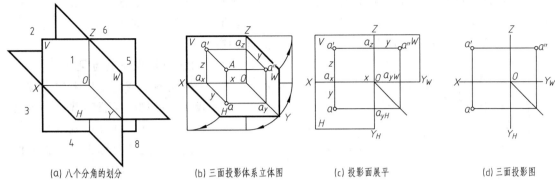

(a) 八个分角的划分　　(b) 三面投影体系立体图　　(c) 投影面展平　　(d) 三面投影图

图 2-3　点的三面投影

2-3（b）、（c）可以看出，点 A 的投影与其直角坐标之间的关系为：

点 A 到 W 面的距离 Aa'' 等于点 A 的 X 坐标，即：$Aa'' = a'a_z = aa_y = x_A$；

点 A 到 V 面的距离 Aa' 等于点 A 的 Y 坐标，即：$Aa' = a''a_z = aa_x = y_A$；

点 A 到 H 面的距离 Aa 等于点 A 的 Z 坐标，即：$Aa = a'a_x = a''a_y = z_A$。

　　根据上述关系可见，空间点 A 可以表示为 A（x_A，y_A，z_A）。而且，点 A 的水平投影 a 由 x_A，y_A 两坐标确定；点 A 的正面投影 a' 由 x_A，z_A 两坐标确定；点 A 的侧面投影 a'' 由 y_A，z_A 两坐标确定。由此可见，点的任意两个投影均可以反映该点的三个坐标，若已知点的任意两个投影，通过作图可以得到该点的第三个投影。因此，在任意两个面投影组成的两面投影体系中，空间点的实际位置可以完全确定。

　　如果空间点处于投影面上或投影轴上，则称为特殊位置点。如图 2-4 所示，点 A 处于 V 面上，其三面投影为：a' 与 A 重合（$y_A = 0$），a 在 OX 轴上，a'' 在 OZ 轴上；点 B 处于 H 面上，其三面投影为：b 与 B 重合（$z_B = 0$），b' 在 OX 轴上，b'' 在 OY 轴上；点 C 处于 OY 轴上，其三面投影为：c 与 c'' 都与 C 重合（$x_C = 0$，

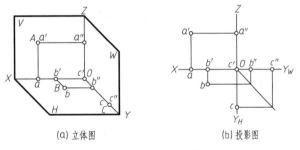

(a) 立体图　　(b) 投影图

图 2-4　特殊位置点的投影

$z_C = 0$），c' 与原点 O 重合。综上所述，可得出特殊位置点的投影规律为：

　　① 投影面上的点必有一个坐标为零，在该投影面上的投影与该点自身重合，在另外两个投影面上的投影分别在相应的投影轴上。

　　② 投影轴上的点必有两个坐标为零，在包含这条轴的两个投影面上的投影都与该点自身重合，在另一个投影上的投影则与坐标原点 O 重合。

2.2.3　两点的相对位置

（1）两点相对位置的确定

　　空间两点的相对位置是指一个点与另一个点的上下、左右、前后关系。两点相对位置可用坐标的大小来判断，Z 坐标大者在上，反之在下；Y 坐标大者在前，反之在后；X 坐标大者在左，反之在右。如图 2-5 所示，若已知空间两点 A、B 的三面投影，那么用 A、B 两

点的同面投影（同一投影面上的投影）之间的坐标关系就可判断出 A、B 两点的相对位置。由于 $z_A>z_B$，表示 A 点在 B 点的上方；$x_A<x_B$，表示 A 点在 B 点的右方；$y_A>y_B$，表示 A 点在 B 点的前方。总体来说，就是点 A 在点 B 的右前上方。

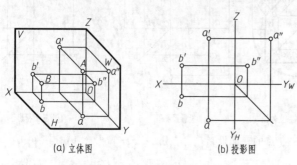

(a) 立体图　　　　　　(b) 投影图

图 2-5　两点的相对位置

（2）重影点及其可见性

当空间两个或两个以上的点位于某一投影面的同一条投射线上时，这些点在该投影面上的投影就重合为一点，因此空间这些点称为该投影面的重影点。

如图 2-6（a）所示，A、B 两点位于垂直于 V 面的同一条投射线上，此时正面投影 a' 和 b' 重合于一点，A、B 即为 V 面的重影点。由于 $x_A=x_B$，$z_A=z_B$，$y_A>y_B$，因此点 A 在点 B 的正前方。由此可知，点 B 的正面投影 b' 被点 A 的正面投影 a' 遮挡，是不可见的。在重影点的重合处，可以不表明可见性，若需表明，则规定在不可见点的投影符号上加括号，如图 2-6（b）所示。

总之，要判断在某投影面上重影点的可见性，可以利用它们不相等的坐标值来确定，坐标值大的点是重影点中的可见点，即分别应该是前遮后、上遮下、左遮右。

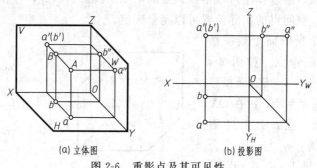

(a) 立体图　　　　　　(b) 投影图

图 2-6　重影点及其可见性

2.3　直线的投影

2.3.1　直线的三面投影

直线是由两点确定的，直线的投影可由其线上的两点的投影来表示，所以直线的投影问题仍然是点的投影问题。直线的投影一般还是直线，特殊情况下积聚为一点。要确定直线的投影，只要在直线上任取两点（通常取直线的两端点），作出其同面投影，再将其同面投影连成直线，即可得到该直线的三面投影，如图 2-7 所示。

2.3.2　各种位置直线的投影

在三面投影体系中，根据直线与投影面的相对位置不同可以把直线分为下述三种。

① 一般位置直线　与三个投影面都倾斜的直线。

② 投影面平行线　平行于一个投影面,与其他两个投影面倾斜的直线。

③ 投影面垂直线　垂直于一个投影面且平行于其他两个投影面的直线。

其中后两类直线又可再各分成三种,统称为特殊位置直线,如表 2-1 所示。

直线与它的水平投影、正面投影、侧面投影之间的夹角,分别称为该直线对投影面 H、V、W 的倾角 α、β、γ。当直线平行于某投影面时,倾角为 0°;垂直于某投影面时,倾角为 90°;倾斜于某投影面时,倾角大于 0°而小于 90°。

各种位置直线在三面投影体系中的投影图及其投影特性如表 2-1 所示。

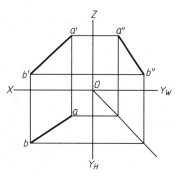

图 2-7　直线的三面投影

表 2-1　各种位置直线的投影特性

名称		立体图	投影图	投影特性
一般位置直线				三个投影都倾斜于投影轴;投影长度小于真长;投影与投影轴之间的夹角,不反映直线对投影面的倾角
投影面平行线	正平线			V 面投影反映真长和真实倾角;H 面投影、W 面投影长度缩短,且分别平行于 OX、OZ 轴
	水平线			H 面投影反映真长和真实倾角;V 面投影、W 面投影长度缩短,且分别平行于 OX、OY_W 轴

名称		立体图	投影图	投影特性
投影面平行线	侧平线	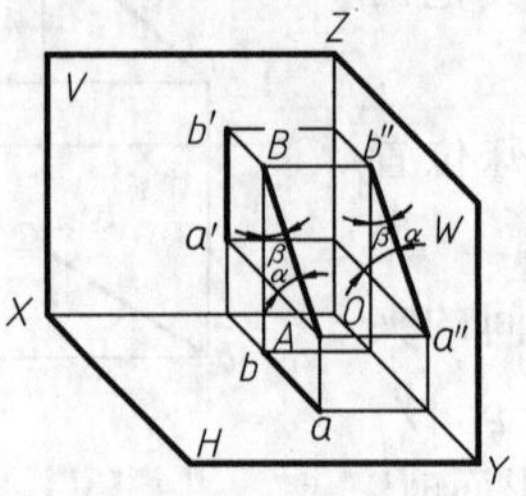	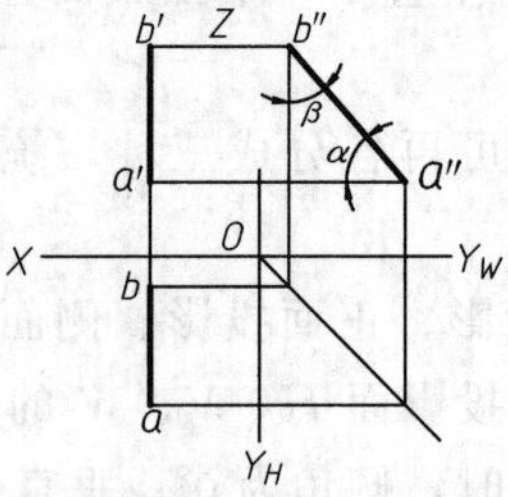	W 面投影反映真长和真实倾角；H 面投影、V 面投影长度缩短，且分别平行于 OY_H、OZ 轴
投影面垂直线	正垂线	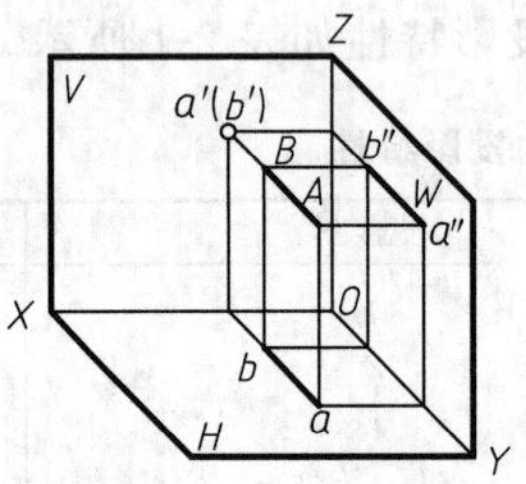	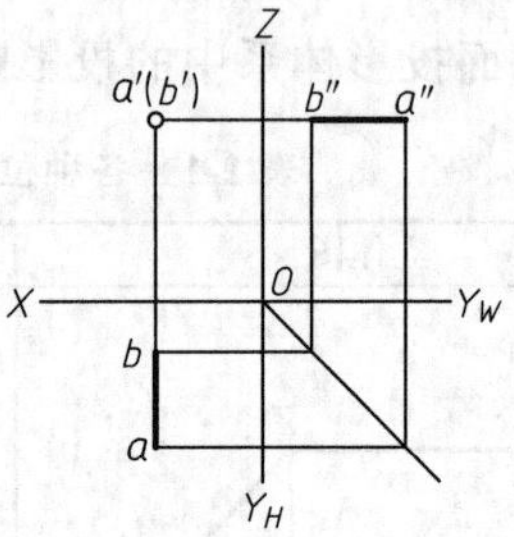	V 面投影积聚成一点；H 面、W 面投影反映真长，且分别平行于 OY_H、OY_W 轴
	铅垂线	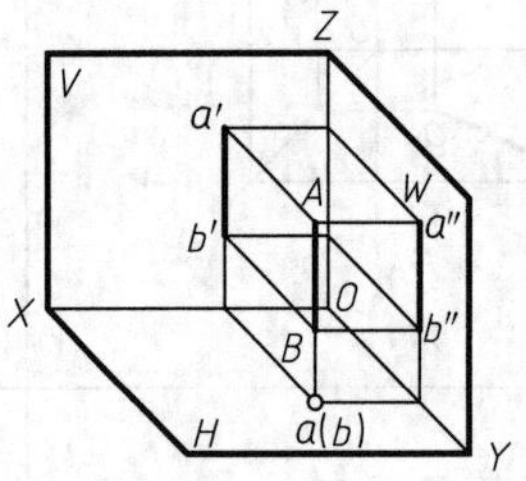	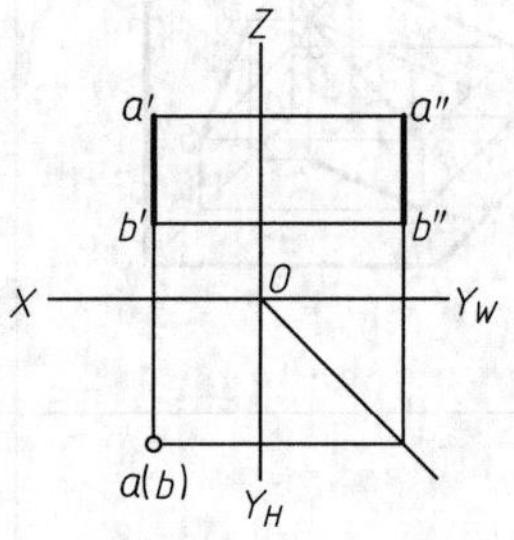	H 面投影积聚成一点；V 面、W 面投影反映真长，且平行于 OZ 轴
	侧垂线	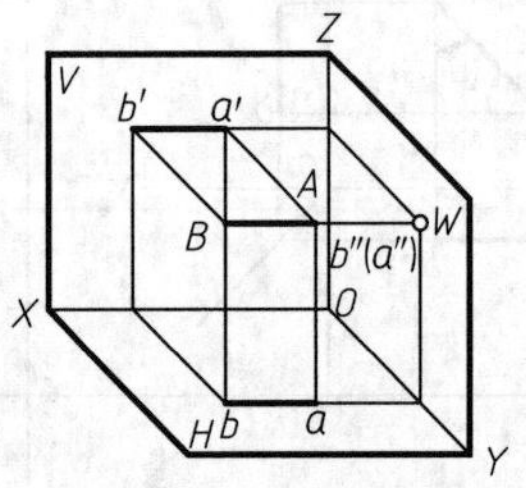	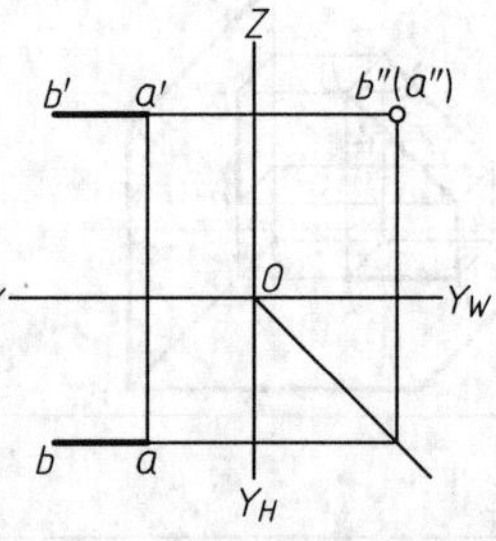	W 面投影积聚成一点；H 面、V 面投影反映真长，且平行于 OX 轴

2.3.3 直线上的点

如图 2-8 所示，点 C 在不垂直于 V 面的直线 AB 上，则水平投影 c 在 ab 上，正面投影 c' 在 $a'b'$ 上。虽然点 D 的水平投影 d 在 ab 上，但正面投影 d' 不在 $a'b'$ 上，所以点 D 不在直线 AB 上。点 G 在垂直于 V 面的直线 EF 上，则水平投影 g 在 ef 上，正面投影 g' 积聚❶在 $e'f'$ 上成一点。另外根据平行线分线段成比例定理，可以得到 $AC : CB = ac : cb = a'c' : c'b'$。由此可以归纳出直线上的点具有以下投影特性：

---

❶ 直线的投影为点，平面的投影为直线，曲面的投影为曲线，这种投影特性称为积聚性。

① 如果点在直线上，则此点的各个投影必在该直线的各同面投影上；反之，如果点的各个投影都在直线的各同面投影上，则此点一定在该直线上。

② 如果点在不垂直于投影面的直线上，则点分直线长度之比等于其同面投影长度之比，这也称为直线投影的定比性。

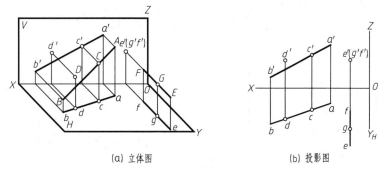

(a) 立体图   (b) 投影图

图 2-8   直线上点的投影

[例 2.1] 如图 2-9 所示，作出分线段 AB 为 $AC : CB = 2 : 1$ 的分点 C 的两面投影 c 和 c'。

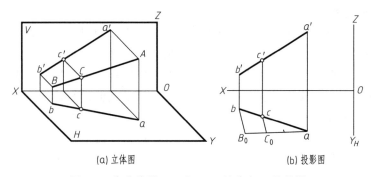

(a) 立体图   (b) 投影图

图 2-9   作分线段 AB 为 $2 : 1$ 的分点 C 的投影

[分析] 根据直线上点的投影特性，可先把直线 AB 的任一投影分为 $2 : 1$，从而得出分点 C 的一个投影，然后按投影规律可以作出点 C 的另一投影。

作图过程：

① 由水平投影 a 作任意一直线，在其上量取 3 个单位长度，得到 B_0。在 aB_0 上取点 C_0，使 $aC_0 : C_0 B_0 = 2 : 1$。

② 连接 B_0 点和投影 b，作 $C_0 c /\!/ B_0 b$，与 ab 相交得 c。

③ 由 c 作投影连线，与 $a'b'$ 相交得 c'。

2.3.4   两直线的相对位置

空间两直线的相对位置有三种：平行、相交和交叉。前两种位置的直线均在同一平面上，称为共面直线；而交叉两直线既不平行，又不相交，即不在同一平面上，则称为异面直线。

（1）平行两直线

如图 2-10 所示，若 $AB /\!/ CD$，根据几何性质及正投影法的特点可知，$ab /\!/ cd$、$a'b' /\!/$

$c'd'$、$a''b'' /\!/ c''d''$。同时，还可以得出 $AB:CD=ab:cd=a'b':c'd'=a''b'':c''d''$。由此可以归纳出平行两直线的投影特性如下：

① 平行两直线的三个同面投影都分别平行。反之，若两直线的三个同面投影都分别平行，则该两直线在空间必然平行。如果两直线皆为一般位置直线，那么只要已知两个同面投影分别平行，就可以判定两直线空间平行。

② 平行两线段之比等于其在三个同面投影上的两投影线段之比。

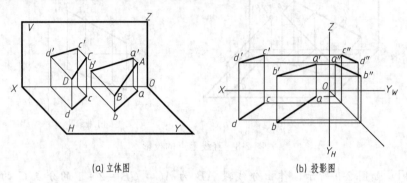

(a) 立体图　　　　　　(b) 投影图

图 2-10　平行两直线的投影

（2）相交两直线

相交两直线的交点是该两直线的共有点，所以若两直线相交，则它们在投影图上的同面投影也必然分别相交，且交点的投影一定符合点的投影特性。反之，若两直线的各组同面投影都相交，且交点符合点的投影特性，则这两直线在空间就一定是相交直线。如果两直线皆为一般位置直线，那么只要任意两个投影面上的交点满足点的投影特性，就可以判定这两条直线在空间一定是相交直线。如图 2-11 所示，AB、CD 为相交两直线，其交点为 K，所以 ab 与 cd 交于 k，$a'b'$ 与 $c'd'$ 交于 k'，$a''b''$ 与 $c''d''$ 交于 k''，且 $kk' \perp OX$，$k'k'' \perp OZ$，即 k、k'、k'' 符合一个点的投影特性。

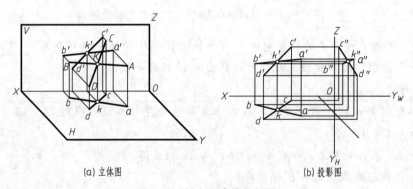

(a) 立体图　　　　　　(b) 投影图

图 2-11　相交两直线的投影

（3）交叉两直线

由于交叉两直线既不平行，也不相交，因此其投影就不符合平行两直线及相交两直线的投影特性。

交叉两直线的某一同面投影可能会有平行的情况，但该两直线的另一同面投影一定是不平行的。而且，交叉两直线的同面投影也可能会有相交的情况，但各同面投影的交点不符合一点的投影特性。因为对应的交点不是实际的交点，而是对该投影面的重影点。如图 2-12

所示，AB、CD 为交叉两直线，水平投影有交点，而其他投影面上则无交点，ab 与 cd 的交点是 AB 上的 E 点和 CD 上的 F 点对 H 面的一对重影点。由于 E 点在 F 点正上方，所以 E 点的水平投影 e 遮住了 F 点的水平投影 f，e 为可见，f 为不可见，可以标记为 $e(f)$。

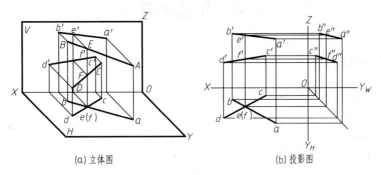

(a) 立体图   (b) 投影图

图 2-12　交叉两直线的投影

[例 2.2]　如图 2-13 (a) 所示，判断两直线 AB 与 CD 的相对位置。

[分析]　由图 2-13 (a) 可以看出，AB、CD 为两条侧平线，不能直接依照两对同面投影互相平行的方法来判定两直线平行。应该先检查 AB、CD 向前或向后、向上或向下的指向是否一致。若不一致，则可直接判断出 AB 和 CD 交叉；若一致，则可以采用添加第三面投影的方法来进一步判别。如果两直线的第三面投影也互相平行，则两直线就是平行的，否则，两直线就是交叉直线。

作图过程：此例题中两直线的正面投影和水平投影都平行，而且指向一致，因此采用添加侧面投影来作进一步判别。具体作图过程如图 2-13 (b) 所示，添加 W 面投影，将两面投影添加成三面投影，作出 $a''b''$ 与 $c''d''$。由作图结果可以看出，$a''b'' \parallel c''d''$，因此 $AB \parallel CD$。

[例 2.3]　如图 2-14 (a) 所示，判断两直线 EF 与 GH 的相对位置。

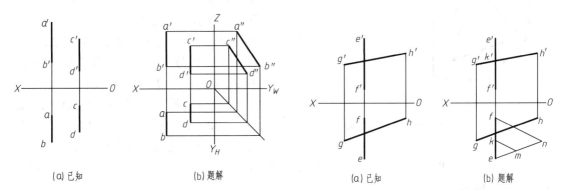

(a) 已知   (b) 题解   (a) 已知   (b) 题解

图 2-13　判断两直线 AB 与 CD 的相对位置   图 2-14　判断两直线 EF 与 GH 的相对位置

[分析]　由图 2-14 (a) 可以看出，直线 EF 与 GH 的两对同面投影是相交的，但因为直线 EF 不是一般位置直线，所以不能直接判定该两直线一定是相交的位置关系。可以按 [例 2.2] 中的方法求第三面投影加以判断，也可以按直线上点的定比性加以来判断，具体作图过程如图 2-14 (b) 所示。

作图过程：

① 在 $e'f'$ 与 $g'h'$ 的相交处，设定为 EF 上点 K 的正面投影 k'。

② 过 e 任作一直线，在其上量取 $em = e'k'$，$mn = k'f'$。

③ 连接 n 和 f，过 m 点作 $mk \parallel nf$，与 ef 交于 k，即为点 K 的水平投影。

由作图结果可以看出，因为 k 不在 ef 与 gh 的交点处，所以 EF 与 GH 是交叉直线。

2.4 平面的投影

2.4.1 平面的表示法

（1）用几何元素表示平面

平面通常用确定该平面的点、直线或平面图形等几何元素的投影表示，如图 2-15 所示。

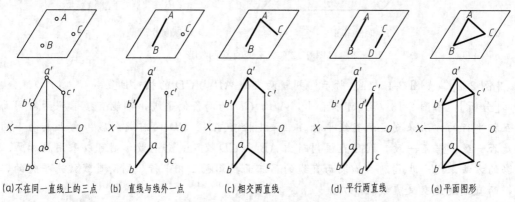

(a)不在同一直线上的三点　(b) 直线与线外一点　(c) 相交两直线　(d) 平行两直线　(e)平面图形

图 2-15　用几何元素表示平面

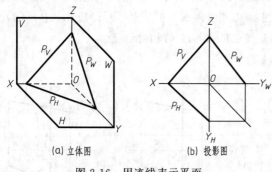

(a) 立体图　　(b) 投影图

图 2-16　用迹线表示平面

（2）用迹线表示平面

平面主要用几何元素表示，也可以用迹线表示。如图 2-16（a）所示，迹线是平面与投影面的交线，迹线的符号用平面名称的大写字母附加投影面名称的注脚表示。平面 P 与 V 面的交线称为正面迹线，用 P_V 表示；与 H 面的交线称为水平迹线，用 P_H 表示；与 W 面的交线称为侧面迹线，用 P_W 表示。用迹线表示的平面称为迹线平面。迹线是投影面上的直线，它

在该投影面上的投影与自身重合，用粗实线表示，并标注上述符号。图 2-16（b）为用迹线表示平面的投影图。

2.4.2 各种位置平面的投影

在三面投影体系中，根据平面对投影面的相对位置不同可以把平面分为下述三种。

① 一般位置平面：对三个投影面都倾斜。

② 投影面平行面：平行于一个投影面，垂直于另外两个投影面。

③ 投影面垂直面：只垂直于一个投影面。

其中后两类平面又可再各分成三种，统称为特殊位置平面，如表 2-2 所示。

平面与 H 面、V 面及 W 面的两面角，分别就是平面对投影面 H、V、W 的倾角 α、β、 γ。当平面平行于投影面时，倾角为 0°；垂直于投影面时，倾角为 90°；倾斜于投影面时，倾角大于 0°而小于 90°。

各种位置平面在三投影面体系中的投影图及其投影特性如表 2-2 所示。

表 2-2　各种位置平面的投影特性

名称		立体图	投影图	投影特性
一般位置平面		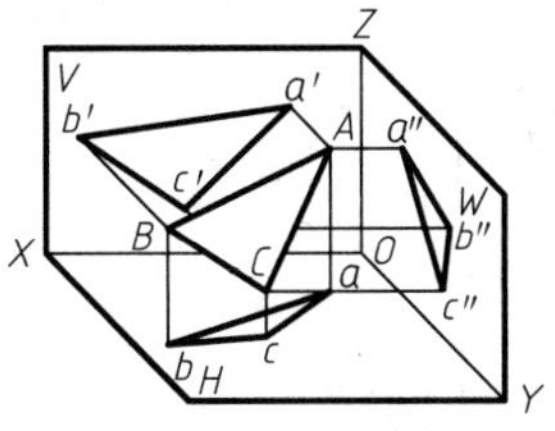	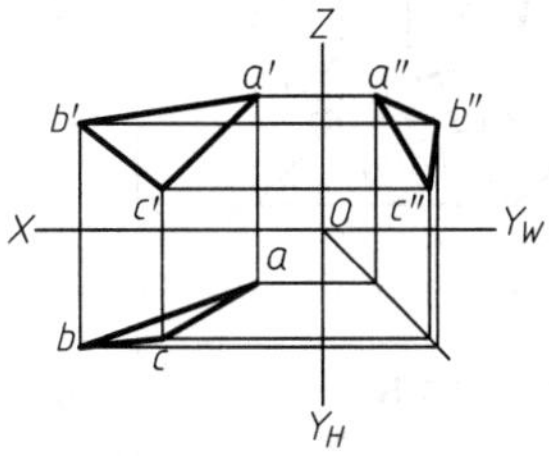	三个投影都不反映实形，面积缩小，都是原形状的类似形；不反映平面对投影面的真实倾角
投影面平行面	正平行面	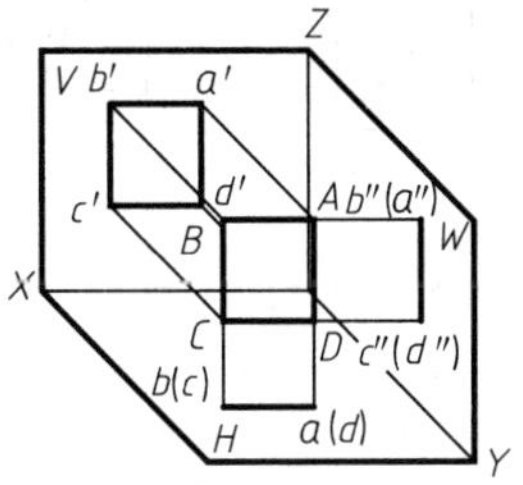	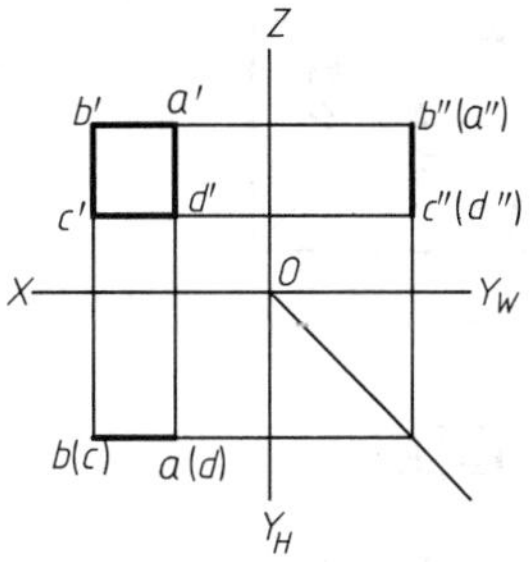	V 面投影反映真形；H 面、W 面投影均积聚成一直线，且分别平行于 OX、OZ 轴
	水平行面	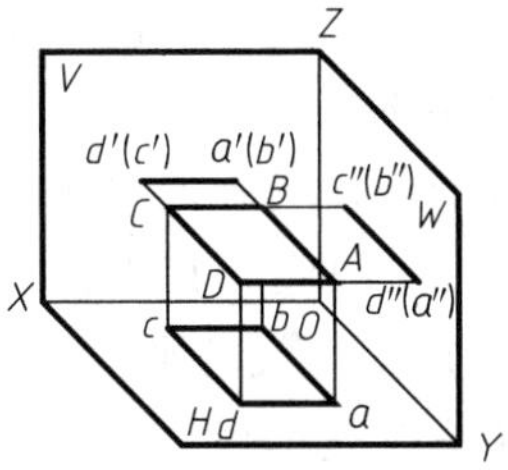	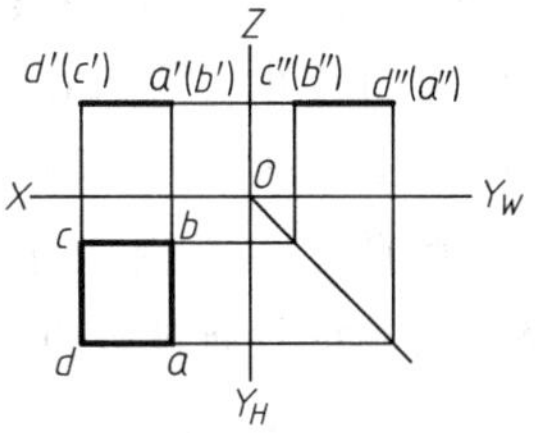	H 面投影反映真形；V 面、W 面投影均积聚成一直线，且分别平行于 OX、OY_W 轴
	侧平行面	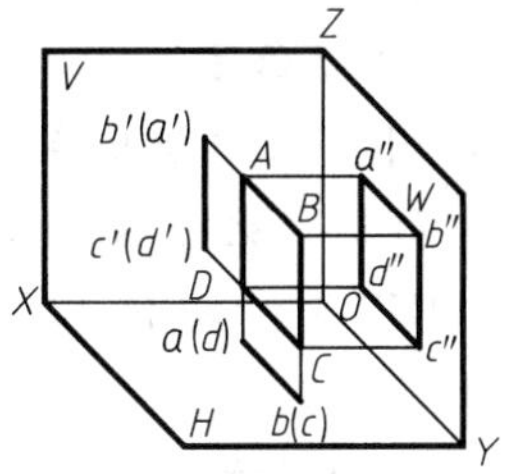	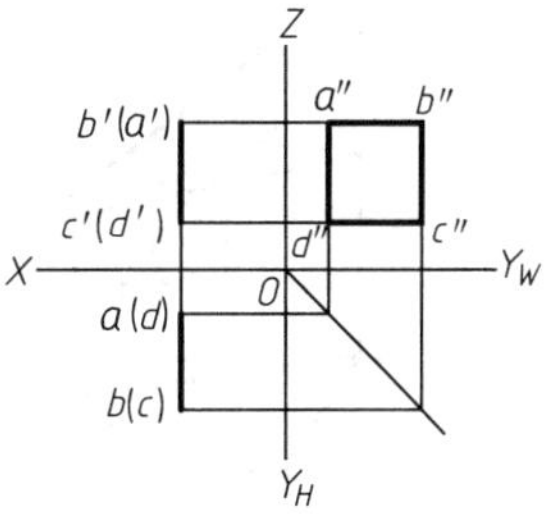	W 面投影反映真形；V 面、H 面投影均积聚成一直线，且分别平行于 OZ、OY_H 轴
投影面垂直面	正垂面	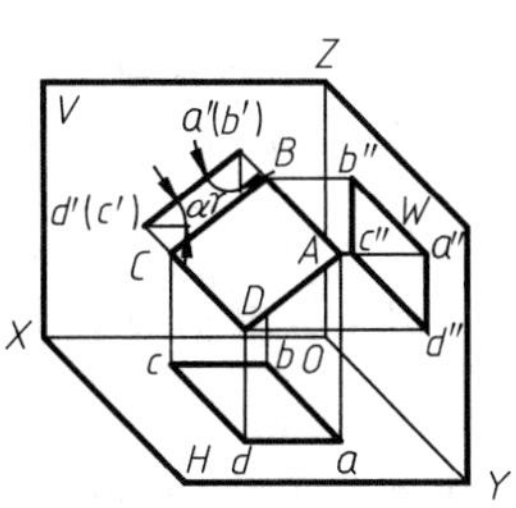	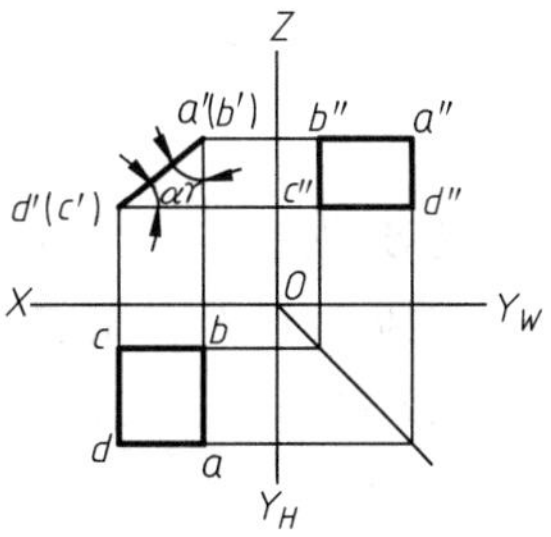	V 面投影积聚成一直线，并反映真实倾角 α、γ；H 面、W 面投影为类似形，面积缩小

名称		立体图	投影图	投影特性
投影面垂直面	铅垂面	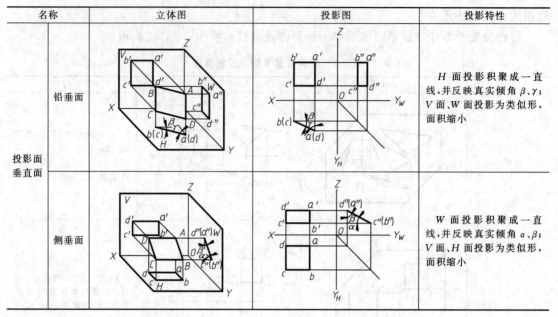		H 面投影积聚成一直线,并反映真实倾角 β、γ；V 面、W 面投影为类似形，面积缩小
	侧垂面			W 面投影积聚成一直线,并反映真实倾角 α、β；V 面、H 面投影为类似形，面积缩小

2.4.3 平面上的点和直线

点和直线在平面上的几何条件是：

① 点在平面上，则该点必在该平面的一条直线上。因此，在平面上求点时，一般应先在平面上作一条通过该点的辅助直线，然后在该直线上再取点。

② 直线在平面上，则该直线必通过该平面内的两个点；或者通过平面内的一点，且平行于平面内的另一条直线。因此，在平面内作直线时，一般应先在平面内取两点，然后连线；或者是先在平面内取一点，然后通过该点作面内某已知直线的平行线。

[例2.4] 如图 2-17（a）所示，判断点 D 是否在平面△ABC 上。

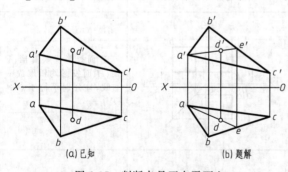

图 2-17 判断点是否在平面上

[分析] 由图 2-17（a）可以看出，若点 D 能位于平面△ABC 的一条直线上，则可以判断出点 D 在平面△ABC 上；否则，就可以判断出点 D 不在平面△ABC 上。具体作图过程如图 2-17（b）所示。

作图过程：

① 假设点 D 在平面△ABC 上，连接点 A、D 的水平投影 a 和 d，并延长，与 bc 相交于 e。

② 由 ae 再作出其正面投影 $a'e'$。

由作图结果可以看出，因为点 D 的正面投影 d' 在 $a'e'$ 上，所以可以判断出点 D 在平面△ABC 的直线 AE 上，即点 D 在平面△ABC 上。

[例2.5] 如图 2-18（a）所示，已知平面△ABC 内直线 DE 的水平投影 de，试作出该直线 DE 的正面投影。

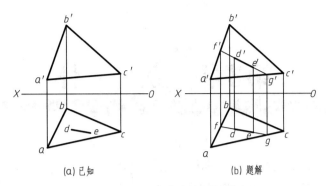

(a) 已知　　　　　　　　(b) 题解

图 2-18　平面内直线的投影

[**分析**]　由图 2-18（a）可以看出，直线 DE 位于平面 $\triangle ABC$ 上，所以直线 DE 向两端延长得到的交点连线 FG 也必然在平面 $\triangle ABC$ 上。因此，直线 DE 的正面投影一定在直线 FG 的正面投影上。具体作图过程如图 2-18（b）所示。

作图过程：

①　延长 de，与 ab 交于 f，与 ac 交于 g，得到 fg。

②　由 fg 再作出其正面投影 $f'g'$。

③　分别过 d 和 e 作 OX 轴的垂线，与 $f'g'$ 相交得到 d' 和 e'，连接 d' 和 e' 即得到所求直线 DE 的正面投影 $d'e'$。

第3章 立 体

任何立体都可以看作是点、线、面的集合，在掌握点、线、面投影知识的基础上，本章主要介绍立体及其表面上点、线的投影和立体表面交线的投影。立体可分为平面立体和曲面立体，工程中常用到的曲面立体大都为回转体。

3.1 平 面 立 体

表面全部是平面的立体称为平面立体。平面立体的表面是若干个平面多边形，其投影可以归结为所有多边形表面的投影，因此绘制平面立体的投影也就是绘制这些多边形的边和顶点的投影。多边形的边是平面立体的轮廓线，当轮廓线的投影为可见时，画粗实线；不可见时，画细虚线；当粗实线与细虚线重合时，应画粗实线。

工程上常用的平面立体是棱柱和棱锥（包括棱台），下面分别介绍这两类立体的投影规律。

3.1.1 棱柱

（1）棱柱的投影

棱柱由顶面、底面、棱面所围成。棱柱的顶面和底面是两个形状相同且相互平行的多边形平面，并与棱面垂直。

作投影时，为真实地反映几何形体各表面的形状，我们总是让形体处于方便作图的特殊位置。放置几何形体的原则是：尽可能让较多的表面成为投影面平行面或投影面垂直面，以保证形成的投影与原形体之间存在良好的对应关系，有利于画图和看图。

图 3-1（a）是一个正五棱柱的立体图，顶面和底面是处于水平面位置的正五边形，它们的边分别是四条水平线和一条侧垂线；棱面为矩形，五个棱面中有四个铅垂面和一个正平面；棱线是五条铅垂线。

图 3-1（b）是正五棱柱的投影图，其投影的形成及分析如下。

水平投影：上顶面、下底面为水平面，其水平投影为重叠的正五边形；5 个棱面皆垂直于水平面，水平投影积聚成正五边形的五条边；五条棱线为相互平行的铅垂线，积聚成正五边形的五个顶点。

正面投影：上顶面、下底面投影积聚成直线；五条棱线的投影都为反映实长的直线，其中，前面三条棱线投影可见，画粗实线，后面两条投影不可见，画细虚线。

侧面投影：上顶面、下底面投影积聚为直线；后棱面为正平面，投影积聚成直线；最前和最左棱线投影可见，画粗实线；最右棱线投影不可见，画细虚线，因与最左棱线投影重合，画粗实线（虚实重合画粗实线）。

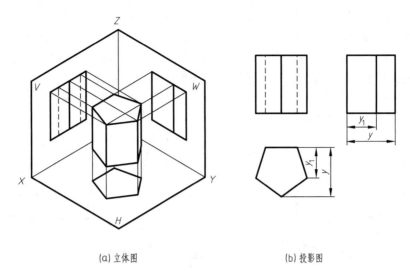

(a) 立体图   (b) 投影图

图 3-1   正五棱柱的投影

从本章开始,投影图中都不画投影轴,但三个投影之间应保持下面的度量关系:

① 正面投影与水平投影之间要长对正,即各点的投影位于竖直的投影连线上;

② 正面投影与侧面投影之间要高平齐,即各点的投影位于水平的投影连线上;

③ 水平投影与侧面投影之间要宽相等,即各点的投影保持前后方向的对应和宽度相等。

(2)棱柱表面上点的投影

作平面立体表面上点的投影,就是作它的多边形表面上的点的投影,投影规律与平面上点的投影相同。

[例 3.1]   如图 3-2 所示,已知正五棱柱的三面投影及其表面上的点 A、B、C 的正面投影 a'、b'、c',试求作 A、B、C 的另两面投影。

[分析]   从图中看出 A 点在左前棱面上,B 点在右后棱面上,C 点在棱线上。由于棱面和棱线的水平投影都具有积聚性,根据投影规律,可直接作出 A、B、C 的水平投影,然后根据两面投影作出第三面投影。

作图过程:

① 由 a'、b'、c' 分别作铅垂投影连线,与 A、B、C 所在棱面的水平投影(积聚直线)的交点即为 A、B、C 的水平投影 a、b、c。积聚性表面上点和线在其积聚投影面上的投影都认为是可见的,所以 A、B、C 的水平投影都可见。

② 根据 a'、b'、c' 及 a、b、c,即可作出第三面投影 a''、b''、c''。B 点在右后棱面上,其侧面投影不可见,b'' 加括号表示。

3.1.2   棱锥

(1)棱锥的投影

棱锥的底面为多边形,棱面为过锥顶的三角形。图 3-3 是一个三棱锥的立体图和投影图。三棱锥共有 4 个表面,底面为处于水平位置的三角形平面,其水平投影为反映实形的三角形,另两面投影即正面投影

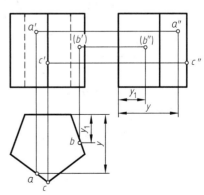

图 3-2   五棱柱表面上点的投影

和侧面投影为积聚的直线。三个棱面为过锥顶的三角形，其中棱面 SBC 为正垂面，正面投影积聚成直线，另两面投影为与实形相似的三角形。棱面 SAB、SAC 为前后对称的一般位置平面，正面投影为重合的三角形；另两面投影也为三角形，其中侧面投影与右端棱面 SBC 侧面投影重合。三个棱面的水平投影与底面的水平投影重合。

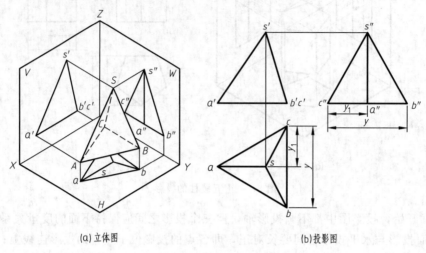

(a)立体图　　　　　　　　　　(b)投影图

图 3-3　三棱锥的投影

（2）棱锥表面上点的投影

[例 3.2]　如图 3-4 所示，已知三棱锥的三面投影及表面上点 M、N 的水平投影，求作 M、N 的另两面投影。

[分析]　由水平投影对照正面投影，可确定 M 点在棱面 SAB 上，N 点在底面 ABC 上。利用点的从属性，点 N 的投影可直接找到。过点 M 作属于面的辅助线，通过作平面内直线的投影，可得点的投影。

作图过程：如图 3-4（a）所示。

① 作点 N 的投影。过（n）作铅垂投影连线，在底面 ABC 的积聚性的正面投影 $a'b'c'$ 上作出 n'，再根据高平齐、宽相等作出其侧面投影 n''。

② 作点 M 的投影。

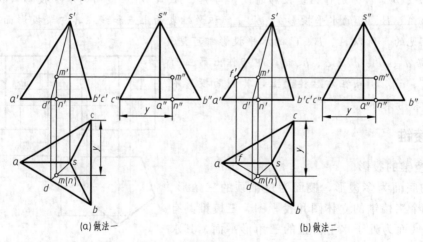

(a)做法一　　　　　　　　　　(b)做法二

图 3-4　三棱锥表面上点的投影

在棱面 SAB 中，过锥顶作辅助线 SD。即连接 s、m 并延长与 ab 相交，得 d；过 d 作铅垂投影连线，与 $a'b'c'$ 相交，得 d'；连接 s'、d'；过 m 作铅垂投影连线，与 $s'd'$ 相交得 m'；根据 m、m' 作 m''。同理，也可如图 3-4 (b) 所示，过点 M 在棱面 SAB 上作 AB 的平行线 MF，作出 m'、m''。也可以用过点 M 在棱面 SAB 内任作一直线的方法得到 M 的另两面投影。

3.2　回　转　体

表面由回转面和平面或完全由回转面围成的立体为回转体。由一动线（直线或曲线）绕固定直线旋转而成的曲面称为回转面，其中的动线称为母线，回转面上任意位置的母线称为素线，固定直线称为回转面的轴线。母线上的点绕轴线旋转形成回转面上垂直于轴线的圆称为纬圆。常见回转体有圆柱、圆锥、球及圆环等。

由于回转体的侧面是光滑曲面，所以绘制回转体投影时，只需要画出曲面对相应投影面可见与不可见部分的分界线的投影，这种投影称为转向轮廓线。

3.2.1　圆柱

（1）圆柱的投影

圆柱表面由顶面、底面和圆柱面组成。顶面和底面是相互平行的平面，圆柱面是由母线绕与它相平行的轴线旋转一周而成的曲面，与上顶面、下底面垂直，如图 3-5 (a) 所示。

圆柱的立体图及投影图如图 3-5 (b)、(c) 所示。由图 3-5 (b) 可知，该圆柱轴线为铅垂线，圆柱面为铅垂曲面，顶面和底面为水平面。投影过程分析如下。

水平投影：圆柱的顶面和底面是水平面，水平投影是反映其实形的圆面，互相重合。圆柱面为铅垂面，圆柱面上所有素线皆为铅垂线，圆柱面的水平投影积聚成一个圆，圆柱面上的点和线的投影都积聚在这个圆上。绘图时，用细点画线画出对称中心线，对称中心线的交点为轴线的水平投影。

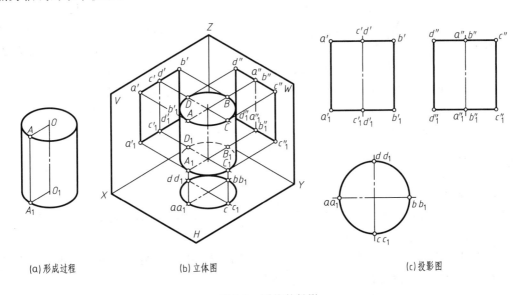

(a)形成过程　　　　(b)立体图　　　　(c)投影图

图 3-5　圆柱的投影

正面投影和侧面投影：圆柱的正面投影、侧面投影均为矩形，矩形的上、下两边即为圆柱顶面、底面的积聚性投影，长度等于圆柱的直径。圆柱正面投影中矩形的左右两边$a'a_1'$、$b'b_1'$是圆柱面的正面投影的转向轮廓线，可看成是圆柱面上最左、最右素线AA_1、BB_1的正面投影（即正面投影可见的前半圆柱面和不可见的后半圆柱面的分界线）；AA_1、BB_1的侧面投影$a''a_1''$、$b''b_1''$与轴线的侧面投影重合（图中不需表示其投影，仍画细点画线）。圆柱侧面投影中矩形的前后两边$c''c_1''$、$d''d_1''$是圆柱面的侧面投影的转向轮廓线，可看成是圆柱面上最前、最后素线CC_1、DD_1的侧面投影；CC_1、DD_1的正面投影$c'c_1'$、$d'd_1'$与轴线的正面投影重合（图中不需表示其投影，仍画细点画线）。圆柱轴线为铅垂线，正面投影和侧面投影分别用细点画线画出。

该圆柱的三面投影图如图3-5（c）所示。绘图时，应先画圆的中心线和轴线的投影，接着画投影为圆的视图，然后画另两面投影。

（2）圆柱表面点的投影

[例3.3]　如图3-6所示，已知圆柱体的两面投影及圆柱面上点E、F、G的正面投影，求作圆柱的侧面投影及点E、F、G的其他两面投影。

[分析]　由图3-6（a）可知，E点在左、前半圆柱上，F点在圆柱体的最前素线上，G点在右、后半圆柱面上。根据圆柱面水平投影的积聚性，可直接作出E、F、G的水平投影，然后再由其两面投影作出第三面投影。

作图过程：如图3-6（b）所示。

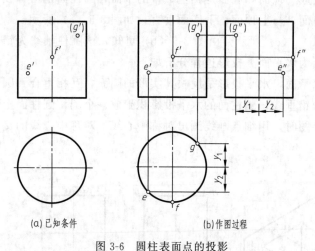

（a）已知条件　　　　　（b）作图过程

图3-6　圆柱表面点的投影

① 作出圆柱的侧面投影。

② 作F点的投影。F点在圆柱面的最前素线上，最前素线为铅垂线，所以F点的水平投影与最前素线的积聚性投影重合；过f'作水平投影连线，根据F点的侧面投影在最前素线的侧面投影上，作出f''。

③ 作E、G点投影。过e'、(g')作铅垂投影连线，根据点E在前半圆柱面上，点G在后半圆柱面上，作出e、g；根据高平齐、宽相等作出点的侧面投影。E点在左半圆柱面上，侧面投影可见；G点在右半

圆柱面上，侧面投影不可见，用（g''）表示。

3.2.2　圆锥

（1）圆锥的投影

圆锥的表面由圆锥面和底面组成。圆锥面由直线绕与它相交的轴线旋转而成，底面为圆面，如图3-7（a）所示。

图3-7（b）中，圆锥轴线处于铅垂位置，其底面为水平面，圆锥面对三个投影面都不垂直，在三面投影中都没有积聚性。投影分析如下。

水平投影：底面为水平面，水平投影为反映实形的圆面；圆锥面的水平投影与底面的水

平投影重合；锥顶 S 的水平投影与底面圆心的水平投影重合。

正面投影：底面的正面投影积聚成一直线；圆锥面的正面投影为一等腰三角形，两边 $s'a'$、$s'b'$ 是圆锥面的正面投影的转向轮廓线，可看成圆锥面上最左、最右素线 SA、SB 的正面投影（SA、SB 的水平投影与横向对称中心线重合，侧面投影与轴线侧面投影重合，图中不需表示）。

圆锥的侧面投影原理同其正面投影，为一等腰三角形，读者可自行分析。

图 3-7（c）为对应的圆锥三面投影图。绘图时，同样要先画中心线和轴线的投影，然后画底面圆的各投影，接着画锥顶的各投影，最后画出各转向轮廓线。

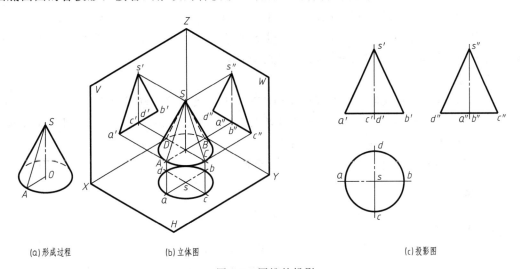

(a)形成过程   (b)立体图   (c)投影图

图 3-7 圆锥的投影

（2）圆锥表面上点的投影

［例 3.4］ 如图 3-8 所示，已知圆锥体的三面投影及圆锥面上点 A 的正面投影，求作点 A 的其他两面投影。

［分析］ 由图可知，点 A 是位于左、前圆锥面上的一般点，由于圆锥面的三面投影都没有积聚性，所以需要在圆锥面上通过点 A 作辅助线，利用辅助线的投影来确定点 A 的投影。

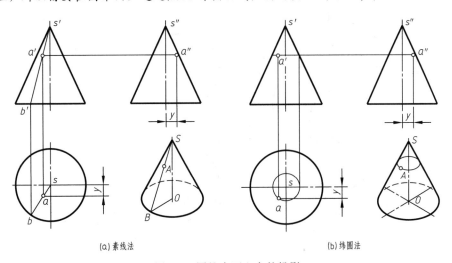

(a)素线法   (b)纬圆法

图 3-8 圆锥表面上点的投影

作图方法有以下两种。

第一种是素线法。如图 3-8 (a) 立体图所示，连接 S 和 A，延长得素线 SB，因为 a' 可见，所以素线 SB 在前半圆锥面上，作出其投影，再利用点的从属性作出 A 点的投影。

作图过程：

① 连接 s' 和 a'，延长与底圆正面投影交于 b'。

② 过 b' 作铅垂投影连线，与前半底圆水平投影交于 b 点，连接 sb。

③ 过 a' 作铅垂投影连线交 sb 于 a，即为点 A 的水平投影。由于圆锥面的水平投影可见，所以 a 可见。

④ 由 a' 和 a 作出 A 点的侧面投影 a''。因为 A 在左半圆锥面上，所以 a'' 可见。

第二种是纬圆法。如图 3-8 (b) 所示，过点 A 作一水平纬圆，该圆面与轴线垂直。利用水平纬圆的投影特点，亦可作出 A 点的另两面投影。

作图过程：

① 过 a' 作垂直于轴线的水平纬圆的正面投影，其长度是这个纬圆的直径。

② 作出该水平纬圆的水平投影，为反映其实形的一个圆，圆心与轴线的水平投影重合。

③ 过 a' 作铅垂投影连线，与水平纬圆的前半圆的水平投影相交，得点 a。

④ 由 a' 和 a 作出 A 点的侧面投影 a''，侧面投影可见。

3.2.3　球

（1）球的投影

球的表面是球面，球面可看成一条圆母线绕其直径旋转而成。

球的立体图及投影图如图 3-9 所示。球的三面投影都是与球直径相等的圆，分别是球三面投影的转向轮廓线。正面投影 a' 是球面上平行于正面的大圆（前后半球面的分界线）A 的正面投影；水平投影 b 是球面上平行于水平面的大圆（上下半球面的分界线）B 的水平投影；侧面投影 c'' 是球面上平行于侧面的大圆（左右半球面的分界线）C 的侧面投影。

画球的投影时，应分别用细点画线画出三个圆的对称中心线（对称中心线的交点即为球心的投影），再分别画圆。

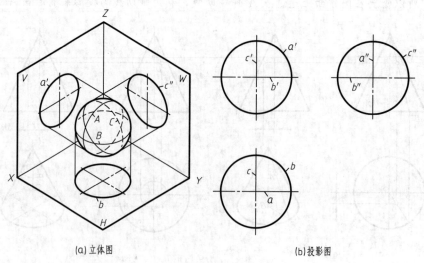

(a) 立体图　　　　　　　　　　(b) 投影图

图 3-9　球的投影

（2）球表面上点的投影

[例 3.5]　如图 3-10 所示，已知球的三面投影及其表面上点 E 的正面投影和点 F 的水平投影，求作点 E、F 的另两面投影。

[分析]　球的三面投影都没有积聚性，而且球的表面上不存在直线。E 是球面上的一般位置点，故只能通过过 E 点作纬圆的方法求点 E 的另两面投影，但过点 E 可以作无数个纬圆，所以作图时，需要作便于作图的特殊位置纬圆；点 F 在平行于水平面的大圆上，投影可直接得到。

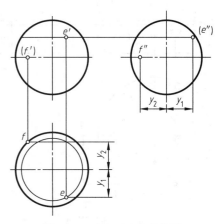

图 3-10　球表面上点的投影

作图过程：

① 过点 E 作水平纬圆，作点 E 投影。过 e′ 作水平纬圆的正面投影，长度与纬圆直径相等，再相对应地作水平纬圆的水平投影，为反映纬圆实形的一个圆，圆心为球心水平投影；因 E 点在前半球，过 e′ 作铅垂投影连线，与水平纬圆前半圆水平投影的交点即为 e；由 e′、e 可作出 e″。因为 E 在上、右半球，水平投影可见，侧面投影不可见。

同理，可过点 E 的球面上作侧平纬圆及正平纬圆，作出 e、e″。

② 作点 F 的投影。点 F 在球面上平行于水平面的大圆上，正面投影 f′ 在相对应的水平大圆的正面投影上（点画线上），过 f 作铅垂投影连线可以得到；由 f、f′ 可作出侧面投影。因为点 F 在后、左半球，所以正面投影不可见，侧面投影可见。

3.2.4　圆环

（1）圆环的投影

圆环的表面是环面，环面可看作圆母线绕与它共面但不通过其圆心的轴线旋转一周而成。

图 3-11（b）为圆环的投影。轴线的水平投影积聚为一点（对称中心线的交点）；正面投影为铅垂线，用细点画线绘制。圆母线的水平投影为直线，延长后过轴线的积聚性水平投影；环面水平投影的转向轮廓线是圆母线上离轴线最远的 B 点和最近的 D 点旋转形成的最大和最小纬圆的水平投影。圆母线圆心 O 旋转形成的水平圆的水平投影用细点画线画出。

正面投影中，左右两圆为圆环在 V 面投影方向的转向轮廓线的投影，即母线圆在平行

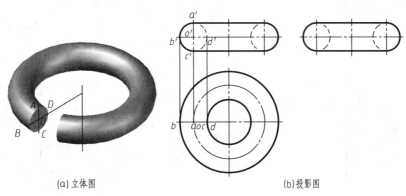

(a)立体图　　　　　　　　　　　　　(b)投影图

图 3-11　圆环的投影

于 V 面时的投影；而上、下两条水平线则是圆母线上的最高点 A 与最低点 C 旋转形成的水平圆的正面投影；B、D、O 点旋转形成的三个水平圆的正面投影与圆环的上下对称线重合。

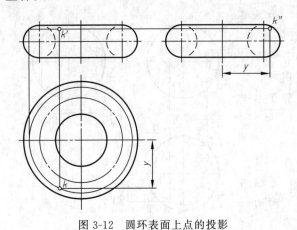

图 3-12　圆环表面上点的投影

作图过程略。

（2）圆环表面上点的投影

[例 3.6]　如图 3-12 所示，已知圆环的三面投影及其表面上点 K 的正面投影，求作 K 点的水平投影和侧面投影。

[分析]　K 点为一般位置点，由于 k' 是可见的，所以 K 点在圆环前半部分的外侧，其水平投影和侧面投影都是可见的。由于在圆环表面上作不出直线，故需用纬圆法求解。过 K 点在圆环面上作一个水平纬圆，其水平投影为圆，正面投影和侧面投影都积聚成直线，借助点的从属性作出其另两面投影。

3.3 拉 伸 体

（1）拉伸体的形成及投影

任一动平面沿法线方向平移一定距离则形成拉伸体。根据动平面相对于投影面的位置不同，拉伸方向也会不同，如表 3-1 所示。动平面在与它相平行的投影面上的投影反映实形，另两面投影均为矩形。

表 3-1　拉伸体的形成及投影

	动平面为水平面,沿 Z 轴方向拉伸	动平面为正平面,沿 Y 轴方向拉伸	动平面为侧平面,沿 X 轴方向拉伸
立体图			
投影图			
投影特性	动平面在水平面上的投影反映实形	动平面在正平面上的投影反映实形	动平面在侧平面上的投影反映实形

（2）拉伸体的投影画法

图 3-13（a）是动平面为正平面的拉伸体，作图过程如下：

① 画出动平面的三面投影图，如图 3-13（b）所示；

② 根据平移距离，画出动平面平移后的三面投影图，如图 3-13（c）所示；

③ 按投影关系作出棱线（动平面上各端点平移形成的直线）的水平投影及侧面投影，判别可见性，整理图线，如图 3-13（d）、（e）所示。

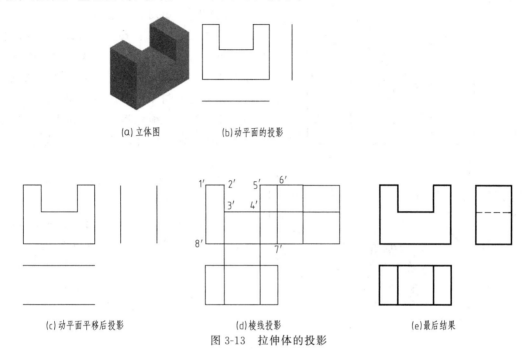

(a) 立体图　　(b) 动平面的投影

(c) 动平面平移后投影　　(d) 棱线投影　　(e) 最后结果

图 3-13　拉伸体的投影

3.4 平面与立体相交

工程应用中，许多机件都是由一些基本立体根据不同的要求组合或切割而成的，因此，在立体表面上就会出现一些交线。平面与立体表面的交线称为截交线，该平面称为截平面；当截平面切割立体时，由截交线围成的平面图形，称为断面，如图 3-14 所示。截交线是截平面与立体表面的共有线，故求截交线的投影，可归结为求立体表面的棱线、素线或纬圆与截平面的交点的投影，然后判别可见性，依次连接各交点得到截交线的投影。

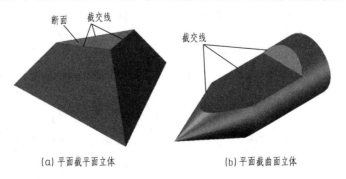

(a) 平面截平面立体　　(b) 平面截曲面立体

图 3-14　立体被平面截切

3.4.1 平面与平面立体相交

平面与平面立体相交时，断面是封闭的多边形，该多边形的边即为截平面与立体表面的截交线。截交线的投影问题可以理解为是断面多边形顶点的投影问题，这些顶点是平面立体的棱线或底边与截平面的交点。

[例3.7] 如图3-15所示，试求四棱柱被正垂面 P 截切后的水平投影和侧面投影。

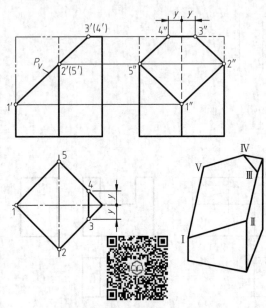

图3-15 作四棱柱被切割后的投影图

[分析] 由图3-15可知，四棱柱上有三条棱线被截平面 P 截切，得到三个交点，分别设为Ⅰ、Ⅱ、Ⅴ；截平面 P 截切过顶面，与顶面相交，得交点Ⅲ、Ⅳ。按顺序连接这5个点，便是由截交线围成的断面多边形。找到这5个点的已知投影，并根据已知投影作出其他两面投影，判别可见性，连线。

作图过程：

① 根据四棱柱的正面和水平投影，作出被切割前的四棱柱的侧面投影。

② 截交线是截平面与立体表面的共有线，且截平面是正垂面，所以截交线的正面投影与截平面的正面投影重合，为一已知直线。在截交线已知的正面投影上标出交点Ⅰ、Ⅱ、Ⅲ、Ⅳ、Ⅴ的正面投影 $1'$、$2'$、$3'$、$4'$、$5'$，$1'3'$ 即为截交线的正面投影。

③ 根据点的从属性，作出5个点的水平投影1、2、3、4、5及Ⅰ、Ⅱ、Ⅴ点的侧面投影 $1''$、$2''$、$5''$，并根据 $3'$、$4'$ 及3、4作出 $3''$、$4''$。判别可见性，连接1、2、3、4、5及 $1''$、$2''$、$3''$、$4''$、$5''$，得到截交线的水平及侧面投影。

④ 因为最左棱线在Ⅰ点以上被切割掉，而最右棱线是完好的，所以侧面投影中 $1''$ 以上为细虚线，表示最右棱线在Ⅰ点以上部分的不可见投影；另外，最前棱线和最后棱线在Ⅱ、Ⅴ以上的部分分别被切割掉，所以在 $2''$、$5''$ 以上的轮廓线投影擦掉或改为细双点画线，即作出了四棱柱被切割后的侧面投影。

[例3.8] 如图3-16所示，已知三棱锥被截切后的正面投影，补全其水平投影和侧面投影。

[分析] 由已知条件可知，三棱锥由一个水平面和一个正垂面切割形成切口，棱线 SA 中间被切断，在投影中用细双点画线表示。如图3-16（b）所示，水平截平面分别与棱面 SAB、SAC 相交于直线 DE、DF。其中，DE 平行于棱锥底面边 AB，DF 平行于 AC。正垂截平面与棱面 SAB、SAC 相交于直线 GE、GF。两截平面相交于正垂线 EF。

作图过程：如图3-16（b）所示。

① 标出截交线 DE、DF、GE、GF 的正面投影 $d'e'$、$d'(f')$、$g'e'$、$g'(f')$，其中点 d'、g' 在直线 $s'a'$ 上。截交线 DE、DF，GE、GF 的正面投影分别重合，为直线 $d'e'$（f'）和 $g'e'$（f'）。

② 过 d'、g' 作铅垂投影连线，根据点的从属性，作出 d、g；过 $e'f'$ 作铅垂投影连线，

与过 d 点分别平行于 ab、ac 的直线交于 e、f。判别可见性，截交线的水平投影均可见，用粗实线连接 de、df、ge、gf，即得到截交线水平投影；两截平面交线 EF 水平投影不可见，用细虚线连接 ef。

③ 根据点的从属性，得到侧面投影 g''、d''；根据 e'、f' 及 e、f 得到 $e''f''$，判别可见性，侧面投影均可见，各点按顺序连成粗实线。

④ 因为棱线 SA 中 DG 段被切割掉，所以 DG 三面投影不存在，用细双点画线表示或擦掉；DA、GS 水平投影、侧面投影均可见，画粗实线。

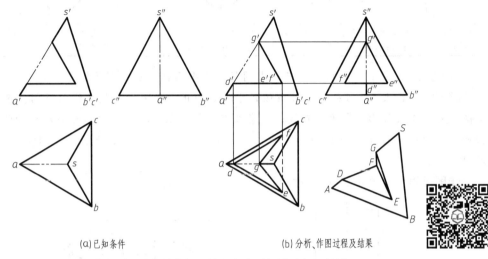

(a) 已知条件　　　　　　　　(b) 分析、作图过程及结果

图 3-16　补全被截切三棱锥的水平投影及侧面投影

3.4.2　平面与回转体相交

由于回转体表面存在光滑曲面，平面截切回转体时，截交线通常是一条封闭的平面曲线，或由曲线和直线、直线与直线所围成的平面图形或多边形。截交线的形状与回转体的几何性质及其与截平面的相对位置有关。

截交线是截平面和回转体表面的共有线，截交线上的点是它们的共有点。求回转体截交线的投影就是求截平面与回转体表面共有点的投影。回转体截交线为非圆曲线时，投影多用描点法求得。通常作图步骤为先找特殊点，再找一般点，最后判别可见性、连线。特殊点包括曲面投影的转向轮廓线上的点，截交线在对称轴上的顶点，以及极限位置点等；一般点则是为了曲线能光滑连接，在特殊点中间取的一些一般位置点。

（1）平面与圆柱相交

平面与圆柱面的交线有三种情况，见表 3-2。

表 3-2　平面与圆柱面的截交线

位置	平面与圆柱轴线平行	平面与圆柱轴线垂直	平面与圆柱轴线倾斜
立体图			

位置	平面与圆柱轴线平行	平面与圆柱轴线垂直	平面与圆柱轴线倾斜
投影图	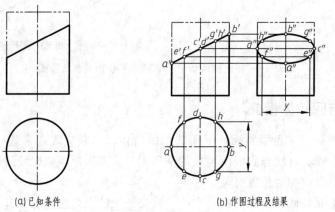		
截交线特点	截平面平行于轴线,截交线为两条素线,断面为矩形	截平面垂直于轴线,截交线为垂直于轴线的圆	截平面倾斜于轴线,截交线为椭圆

[例 3.9] 如图 3-17（a）所示，求圆柱被正垂面截切后的侧面投影。

[分析] 由表 3-2 可知，圆柱被倾斜于轴线的正垂面截切，截交线为椭圆。截交线处于正垂位置，正面投影积聚为一直线；截交线在圆柱面上，其水平投影是与圆柱面的水平投影相重合的圆；侧面投影为椭圆。所以，截交线的正面投影、水平投影已知，只需求侧面投影。

作图过程： 如图 3-17（b）所示。

　　(a)已知条件　　　　　　　　　　(b)作图过程及结果

图 3-17　圆柱被正垂面截切

① 根据已知投影，画出完整圆柱的侧面投影。

② 在正面投影上，找截交线上的特殊点。最低（最左）点 A，最高（最右）点 B、最前点 C、最后点 D。同时，点 A、B 和 C、D 分别为截交线椭圆短轴端点和长轴端点，标出其正面投影 a'、b'、c'、d'。

③ 根据点的从属性，作出特殊点 A、B、C、D 的水平投影 a、b、c、d 和侧面投影 a''、b''、c''、d''。

④ 为了能光滑地连出截交线的侧面投影，可在截交线上选取一些一般点。如取对称点 E、F 和 G、H。作图时，在截交线的正面投影上取 $e'f'$ 和 $g'h'$，然后作铅垂投影连线与圆柱面的水平投影（圆曲线）相交得水平投影 e、f 和 g、h，进而作出对应的侧面投影 e''、f'' 和 g''、h''。

⑤ 判断可见性，截交线的侧面投影都可见，按顺序光滑连接投影点，即可得到椭圆的侧面投影。

⑥ 从正面投影可看出，圆柱面最前、最后素线在 C、D 以上的部分被切割掉了，所以，侧面投影中点 c''、d'' 以上的转向轮廓线不存在，擦掉或用细双点画线画出，即得到圆柱被截切后的侧面投影。

[例3.10] 如图 3-18（a）所示，求圆柱切方形槽后的投影。

[分析] 由图可知，方形槽由两个侧平面和一个水平面切割而成，切割后的立体左右对称。侧平面切割圆柱表面时，得到四条铅垂截交线 AB、A_0B_0、CD、C_0D_0；水平面切割圆柱面时，截交线为前后对称的两段水平圆弧，即圆弧 BED 和圆弧 $B_0E_0D_0$；且三个截平面相交，得两条正垂交线 BB_0、DD_0。截交线正面投影已知，需作水平投影及侧面投影。

作图过程： 作图过程及结果如图 3-18（b）所示。

① 画出完整圆柱的侧面投影。

② 在 V 面上标出侧平面与圆柱面的截交线的正面投影 $a'b'$、$a_0'b_0'$、$c'd'$、(c_0') (d_0')，其水平投影 ab、a_0b_0、cd、c_0d_0 分别积聚成点，位于圆柱面有积聚性的水平投影上。根据高平齐、宽相等可作出交线的侧面投影 $a''b''$、$a_0''b_0''$、$c''d''$、$c_0''d_0''$。由于左右对称，$a''b''$ 和 $c''d''$、$a_0''b_0''$ 和 $c_0''d_0''$ 分别重合。

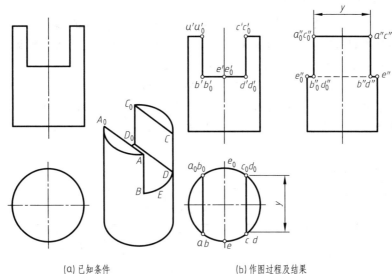

(a) 已知条件　　　　　　　(b) 作图过程及结果

图 3-18　圆柱上切方形槽

③ 水平面切割圆柱面得到的截交线的水平投影与圆柱面的水平投影重合，为反映实形的圆弧；侧面投影可见，为直线 $b''d''e''$ 和 $b_0''d_0''e_0''$。

④ 交线 BB_0、DD_0 的水平投影可见，画粗实线；侧面投影不可见，画细虚线。

⑤ 由于切方形槽把圆柱最前素线和最后素线 E、E_0 以上部分切掉了，所以圆柱侧面投影的转向轮廓线在点 e''、e_0'' 以上的部分应擦掉或用细双点画线表示。

[例3.11] 如图 3-19 所示，已知圆柱被截切后的正面投影和侧面投影，求作水平投影。

[分析] 由已知投影可知，圆柱被正垂面和水平面截切，正垂面切割圆柱面得到的截交线为正垂椭圆弧，水平面切割圆柱面得到的截交线为两条侧垂直线。两截平面相交于直线 Ⅴ Ⅵ，正垂截平面与圆柱左端面相交于直线 Ⅰ Ⅱ，水平截平面与圆柱右端面交于直线 Ⅶ Ⅷ。

作图过程： 如图 3-19 所示。

① 作出完整圆柱的水平投影。

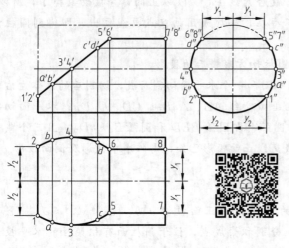

图 3-19　圆柱被截切后的投影

② 正垂面截切圆柱，截交线为正垂椭圆弧。其正面投影为已知直线；水平投影为椭圆弧。在截交线的正面投影上标出截交线上特殊点的正面投影：最低点（最左点）$1'2'$，最高点（最右点）$5'6'$，最前点 $3'$，最后点 $4'$。找到这些点的侧面投影，从而作出水平投影。

为准确连出交线的水平投影，在交线上较大间隔的特殊点间取前后对称的一般点，标出其正面投影 $a'b'$、$c'd'$。作水平投影连线，作出其侧面投影 a''、b''、c''、d''，都重合在圆柱面有积聚性的侧面投影上（圆周上）。

根据所得的两面投影，作出水平投影 a、b、c、d。

判别可见性，按顺序连接各点，得到前后对称的两段粗实线椭圆弧。

③ 水平面切割圆柱时，得到两条侧垂截交线Ⅴ Ⅶ和Ⅵ Ⅷ，正面投影重合为一直线，侧面投影分别积聚为圆周上的一点。标出正面投影 $5'7'$、$6'8'$ 和侧面投影 $5''7''$、$6''8''$，并作出水平投影。交线Ⅴ Ⅶ和Ⅵ Ⅷ的水平投影 57、68 可见，画粗实线。

④ 作交线Ⅰ Ⅱ、Ⅴ Ⅵ、Ⅶ Ⅷ的水平投影，水平投影均可见，画粗实线。

⑤ 圆柱面的最前、最后素线分别在Ⅲ、Ⅳ点左侧被切割掉，所以水平投影中 3、4 点左侧图线擦掉。

（2）平面与圆锥相交

平面截切圆锥，按截平面与圆锥的相对位置不同，其截交线有 5 种形状，如表 3-3 所示。

表 3-3　平面与圆锥的截交线

位置	平面垂直于轴线	平面倾斜于轴线 $\theta > \varphi$	平面倾斜于轴线 $\theta = \varphi$	平面倾斜或平行于轴线 $\theta < \varphi$	平面过锥顶
立体图					
投影图					
截交线	截平面垂直于轴线切割，截交线为圆，截平面越接近底面，截交圆直径越大	截平面倾斜于轴线切割，且 $\theta > \varphi$，截交线为椭圆，倾斜角越大，截交线越接近圆	截平面平行于极限素线切割（不过锥顶），且 $\theta = \varphi$，截交线为抛物线	截平面平行于轴线切割（不过锥顶），截交线为双曲线	截平面过锥顶切割，截交线为等腰三角形，倾斜角越小，三角形越大

[例3.12] 如图 3-20 所示，圆锥被正垂面 P 截切，求作圆锥被截切后的水平投影和侧面投影。

[分析] 截平面 P 倾斜于圆锥轴线切割，且 $\theta > \varphi$，由表 3-3 可知，截交线为椭圆。此椭圆的长轴为截平面与圆锥前后对称面的交线，为正平线，端点在圆锥的最左、最右素线上；短轴为过椭圆长轴中点的正垂线。截交线的正面投影为直线，即椭圆长轴正面投影，水平投影和侧面投影皆为椭圆。

作图过程： 如图 3-20 所示。

① 作出完整圆锥的水平投影和侧面投影。

② 在截交线的正面投影上标出特殊点的投影。

标出椭圆长轴端点 A、B 的正面投影 a'、b'（A 为截交线上最低点也是最左点，B 为截交线上最高点也是最右点）。因为 A、B 分别是圆锥最左、最右素线上的点，所以作投影连线可直接作出其水平投影 a、b 和侧面投影 a''、b''。

在直线 $a'b'$ 的中点处标出短轴端点 C、D 的正面投影 c'、d'。点 C、D 为圆锥面上一般位置点，可用纬圆法作出其水平投影 c、d，从而作出侧面投影 c''、d''。

标出圆锥侧面投影转向轮廓线上的点的正面投影 e'、f'，用纬圆法求出其水平投影，从而作出侧面投影。

③ 因 A 点与 C、D 点间隔较大，为了光滑连接，需在中间作一般点。标出一般点的正面投影 g'、h'，并根据纬圆法作出其水平投影 g、h，从而得侧面投影 g''、h''。

④ 判别可见性，截交线的水平投影和侧面投影均可见，用粗实线依次光滑连接各点，即得到截交线椭圆的投影。

⑤ 由于圆锥的最前、最后素线在 E、F 以上的部分被切割掉，所以圆锥的侧面投影转向轮廓线在 e''、f'' 以上的图线画细双点画线或擦掉。

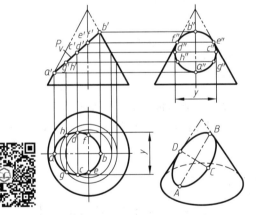

图 3-20　圆锥被正垂面切割

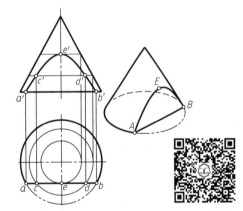

图 3-21　圆锥被正平面切割

[例3.13] 如图 3-21 所示，圆锥被正平面截切，求作截交线的正面投影。

[分析] 正平截平面平行于轴线切割，且不过锥顶，由表 3-3 知，截交线为正平双曲线，左右对称。其水平投影为直线，为已知，正面投影为反映实形的双曲线。

作图过程： 如图 3-21 所示。

① 在截交线已知的水平投影上标出特殊点的投影：在截交线与底圆水平投影相交处取最低点 A、B 的水平投影 a、b；在截交线水平投影的中点处取最高点 E 的水平投影 e。

② 因为 A、B 两点在底面上，作铅垂投影连线可直接作出正面投影 a'、b'。点 E 是圆锥面上最前素线上的点，过 E 作纬圆，该纬圆的水平投影是以锥顶水平投影为圆心，过 e 点的反映其实形的圆；该纬圆和圆锥最前素线的正面投影的交点即 e'。

③ 为光滑连接双曲线，分别在 a、e 和 e、b 间取对称的一般点 C、D 的水平投影 c、d，并利用纬圆法作出其对应的正面投影 c'、d'。

④ 判别可见性，截交线正面投影可见，用粗实线顺序连接正面投影中的各点，即为所求。

（3）平面与圆球相交

平面与圆球相交，截交线是圆。当截平面平行于投影面时，截交线在所平行的投影面上的投影为圆，另两面投影为直线；当截平面垂直于投影面时，截交线在所垂直的投影面上的投影为直线，另两面投影为椭圆；当截平面倾斜于投影面时，三面投影皆为椭圆。

如图 3-22（a）所示，圆球被水平面截切，其截交线的水平投影为反映实形的圆，正面投影为直线；如图 3-22（b）所示，圆球被正垂面截切，截交线的正面投影为直线，水平投影为椭圆。

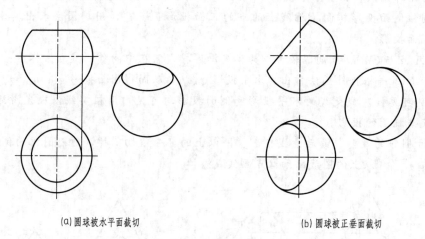

(a) 圆球被水平面截切   (b) 圆球被正垂面截切

图 3-22　平面切球

[例 3.14]　如图 3-23 所示，球被正垂面截切，补全球被截切后的水平投影。

[分析]　截交线为圆，其水平投影为椭圆。作出椭圆上的特殊点、一般点的水平投影，光滑连线即是所求。

作图过程： 如图 3-23 所示。

① 设截平面与正平大圆、水平大圆的交点的正面投影分别为 a'、b' 和 e'、f'，作铅垂投影连线，得到水平投影 a、b 和 e、f。设截平面与侧平大圆的交点的正面投影为 g'、h'，用纬圆法作出其水平投影 g、h。

② a、b 为截交线的水平投影即椭圆的短轴端点，椭圆长轴端点的正面投影在直线 $a'b'$ 中点处，设为 c'、d'。通过点 C、D 在球面上作水平纬圆，即可作出其水平投影 c、d。

③ 由于椭圆上的特殊点的间距较小，所以不用另取一般点，截交线的水平投影可见，用粗实线光滑连接各点的水平投影即得截交线的水平投影。

④ 圆球的水平投影转向轮廓线以 e、f 点为分界点，只有 e、f 右侧存在，用粗实线绘制该部分圆弧，即为所求。

[例 3.15]   如图 3-24 所示，半球上切有前后贯通的矩形槽，已知半球切槽后的正面投影及半球的水平投影，补画切槽后半球的水平投影和侧面投影。

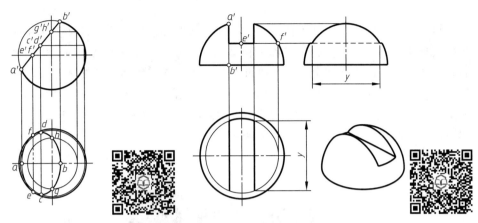

图 3-23   圆球被正垂面截切后的投影　　　图 3-24   补画半球切槽的投影

[分析]   由图 3-24 可知，矩形槽由一个水平面和两个侧平面截切球而成。水平面与半球的截交线为前后对称的水平圆弧，水平投影反映实形，正面投影和侧面投影为直线。侧平面与半球的截交线是侧平圆弧，侧面投影反映实形，因为左右对称，所以侧面投影重合，只作左半部分侧面投影即可，而正面投影和水平投影为直线。两个侧平面与水平面的交线为两条正垂线。

作图过程：如图 3-24 所示。

① 画出完整半球的侧面投影。

② 若两侧平面完全切割球，则在球面上所得交线为侧平半圆，$a'b'$ 为半径实长。而侧平面切方槽所得交线为该侧平半圆上的一段圆弧，侧面投影反映实形；因左右两侧对称切割，侧面投影重合，画粗实线圆弧。水平投影也可见，画粗实线。

③ 若水平面完全切割球，则在球面上所得交线为水平圆，$e'f'$ 为其半径实长。而水平面切方槽所得交线为该水平圆上前后对称的两段水平圆弧，水平投影反映实形；其侧面投影为直线，且投影可见，画粗实线。

④ 水平面与侧平面的交线为正垂线，其水平投影与侧平面切方槽所得交线的水平投影重合；侧面投影不可见，画细虚线。

⑤ 半球的左右对称面在方槽区域内被切割，所以侧面投影中，去掉方槽高度内半球侧面投影转向轮廓线，即为所求。

回转体被平面截切的投影问题一般可按如下思路求解：

① 分析立体的截交线的性质，判断是单面还是多面切割，若为多面切割，则逐个面分析作图。

② 根据立体的形状、截切位置判定截交线的形状，参照表 3-2、表 3-3 等。分析截交线的投影特点，如积聚性、类似性及实形性等。

③ 具体求作截交线的投影。通常先作特殊点，然后按要求再作一般点，最后判别其可见性，光滑连成完整的截交线投影；多面切割时，要画出面与面间交线投影；最后，要去掉被切割掉的部分的投影。

3.5 两回转体相交

机件结构形状中除了基本体被平面截切的情况外，还经常出现两立体相交的情况。立体相交又称为相贯，其表面的交线称为相贯线。立体相贯可分为两平面立体相贯、平面立体与回转体相贯、两回转体相贯等。两平面立体相贯、平面立体与回转体相贯，相贯线分别与求平面截切平面立体、平面截切回转体的截交线相似，故本节主要讨论两回转体相贯的情况。如图 3-25 所示的三通管上，就存在两个圆柱相交产生的相贯线；并且，在这个三通管的内部还有两个圆柱孔的孔壁相交所形成的相贯线。

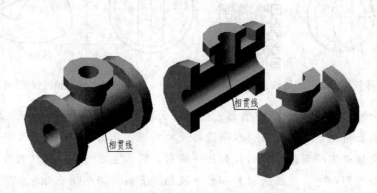

图 3-25　回转体相贯线示例-三通管

两回转体的相贯线是两回转体表面的共有线，相贯线上的点是两回转体表面的共有点。相贯线的形状与两回转体的大小、形状及相交位置有关。一般情况下，两回转体的相贯线是闭合的空间曲线。求作两回转体相贯线的投影时，一般是先作出两立体表面上的共有点的投影，再连成相贯线的投影。

通常采用两种方法作相贯线的投影，即圆柱面投影的积聚性法和辅助平面法。辅助平面法是通用的求解相贯线的作图方法，但通常用于不能采用积聚性法来求解相贯线的情况。本书只介绍积聚性法。

3.5.1 积聚性法求相贯线

两回转体相交，如果有一个是轴线垂直于投影面的圆柱，则相贯线在该投影面内的投影就积聚在圆柱面的有积聚性的投影上。于是，求相贯线的投影，就可以看作是已知一面投影，求作其他投影的问题。这样，就可以在相贯线上取一些点，按已知这些点的一个投影，求其他投影的方法，作出这些点，判别可见性，顺次连线，即可作出相贯线的投影。

作图时，需注意相贯线可见性的判别。当一段相贯线位于两回转体都可见表面上时，这段相贯线的投影才是可见的；否则就不可见。

（1）两实心圆柱垂直相交

[例 3.16]　如图 3-26 所示，已知相交两圆柱的三面投影，求作它们的相贯线。

[分析]　由图可知，两圆柱轴线垂直相交，相交后的立体前后、左右对称曲线，相贯线是一条空间闭合曲线，也是前后、左右对称曲线。因为相贯线为两圆柱面的共有线，相贯线水平投影积聚在小圆柱面的水平投影上，是一个圆；相贯线的侧面投影则积聚在大圆柱面的侧面

投影上（小圆柱穿进去的一段），是一段圆弧。即已知相贯线的两面投影，只需求正面投影，可想象出为一条曲线。

作图过程：

① 作特殊点。在相贯线的已知水平投影上取最左、最右、最前、最后点 A、B、C、D 的投影 a、b、c、d，并对应作出其侧面投影 a''、b''、c''、d''，然后根据水平投影和侧面投影作出对应的正面投影 a'、b'、c'、d'。同时，A、B 也是相贯线上最高点，C、D 是最低点。

② 作一般点。在相贯线的水平投影上，选取对称的四个一般点 e、f、g、h，并作出对应的侧面投影 e''、f''、g''、h''，从而作出对应的正面投影 e'、f'、g'、h'。

③ 判别可见性，按水平投影中各点的顺序，连接正面投影中各投影点，即得到两圆柱相贯线的正面投影。实际上，前半相贯线正面投影可见，后半相贯线正面投影不可见，与前半相贯线正面投影重合。

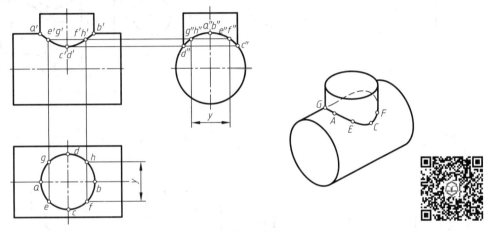

图 3-26　求作两圆柱相贯线

轴线垂直相交两圆柱，当圆柱直径大小变化时，相贯线的位置和形状会发生变化，如图 3-27 所示。

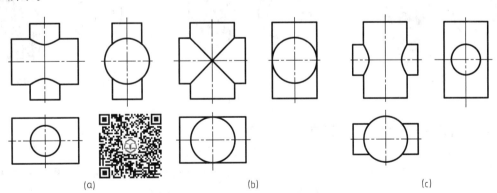

(a)　　　　　　　　　　(b)　　　　　　　　　　(c)

图 3-27　垂直相交两圆柱相贯线的变化趋势

① 如图 3-27 (a)、(c) 所示，直径不相等的两圆柱轴线垂直相交时，相贯线为空间闭合曲线，在其非圆投影上的相贯线投影为曲线，弯曲趋势总是向大圆柱轴线方向弯曲。

② 当大圆柱直径不变而小圆柱直径逐渐变大时，相贯线弯曲的程度越来越大。当两圆

柱直径相等时，相贯线从空间曲线变为平面曲线——两相交椭圆，且垂直于两圆柱具有非圆投影的投影面，在此投影面上，相贯线的投影为交叉两直线，如图 3-27（b）所示。

（2）实心圆柱与孔相交

两圆柱轴线垂直相交，除了两实心圆柱相交的情况（图 3-27）外，通常还有圆柱孔与实心圆柱相交、两圆柱孔相交这两种情况。它们的相贯线形状是一样的，只是内孔壁交线投影不可见，应画虚线，如图 3-28 所示。

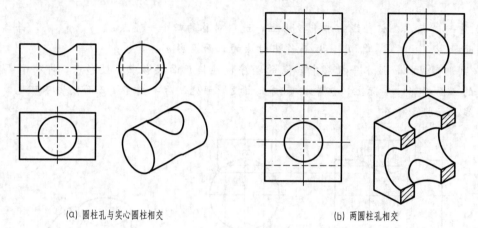

(a) 圆柱孔与实心圆柱相交　　　　　　　　　(b) 两圆柱孔相交

图 3-28　圆柱孔的相贯线

圆柱上开圆柱孔是零件上常见的结构，除了圆柱孔外，通常还有方孔、U 形孔等，如图 3-29 所示。

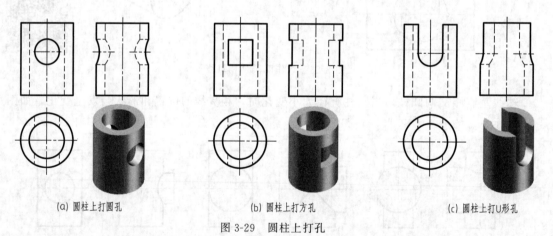

(a) 圆柱上打圆孔　　　　　　(b) 圆柱上打方孔　　　　　　(c) 圆柱上打U形孔

图 3-29　圆柱上打孔

（3）圆柱孔与其他回转体相交

［例 3.17］　如图 3-30 所示，求作半球被穿孔后的正面投影和侧面投影。

［分析］　由图可知，圆柱孔分别与半球的底面和球面相交，得到两条相贯线。与底面相交，相贯线为水平圆曲线，水平投影重合在圆上，正面投影和侧面投影是与球底面投影相重合的直线，所以，该水平圆曲线的三面投影均已知。与球面相交时，相贯线为空间闭合曲线，前后对称，水平投影积聚在圆柱孔内壁有积聚性的投影上，为已知圆，正面投影和侧面投影的具体作图过程如图 3-30 所示。

作图时，首先在相贯线已知的水平投影上作特殊点的投影，即最左点 A（最低点）、最

右点 E（最高点）、最前点 C 及最后点 G 的投影。A、E 点为圆柱孔正面投影转向轮廓线与半球正面投影转向轮廓线的交点，根据从属性，正面投影和侧面投影可直接作出；C、G 点为圆柱孔侧面投影转向轮廓线上的点，具体位置不知，但根据其是球面上的一般点，过 C、G 作正平纬圆可作出正面投影，从而得到侧面投影。然后，在水平投影中取 4 个对称的一般点，用纬圆法作出其正面投影，从而得到侧面投影，作法同 C、G 点。最后，判别可见性，按水平投影点的顺序连线，即得到相贯线的投影，再补出圆柱孔侧面投影转向轮廓线，即是所求。

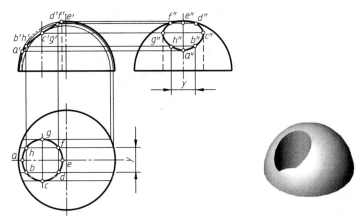

图 3-30　补画半球穿孔的投影

3.5.2　相贯线的特殊情况

两个回转体相贯，其相贯线一般为封闭的空间曲线，但在某些特殊情况下，可能是平面曲线或直线。

① 相交的圆柱或圆锥，轴线相交且平行于同一个投影面，若它们能公切于一个球，则它们的相贯线是垂直于这个投影面的椭圆。

如图 3-31 所示，三种情况的两回转体轴线都相交，且平行于正面，还可公切于一个球，所以，它们的相贯线都是垂直于正面的两个椭圆，正面投影为相交两直线。

(a) 圆柱与圆柱　　　　　(b) 圆柱与圆锥　　　　　(c) 圆锥与圆锥

图 3-31　公切于一个球的圆柱、圆锥的相贯线

② 两个同轴回转体相交，相贯线是垂直于轴线的圆。

如图 3-32 所示，圆柱与球相交，同轴且轴线铅垂，相贯线为水平圆，正面投影为直线，水平投影为圆。

③ 两轴线平行的圆柱或共锥顶的圆锥相交，相贯线为直线。

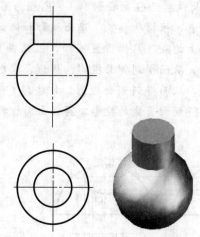

图 3-32　同轴回转体的相贯线

如图 3-33 所示。

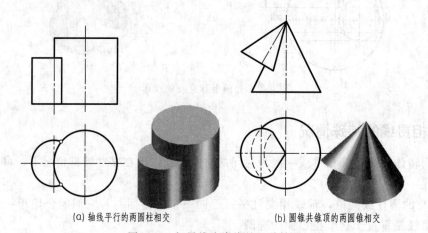

(a) 轴线平行的两圆柱相交　　　　　　　(b) 圆锥共锥顶的两圆锥相交

图 3-33　相贯线为直线的两种情况

第4章 组 合 体

工程制图中，常将棱柱、棱锥、圆柱、圆锥、球等立体简单地叠加或切割后形成基本立体，简称基本体。组合体是由两个或两个以上的基本体按一定的方式组合而成的。本章主要介绍组合体三视图的形成，组合体画图和读图的方法以及尺寸标注。

4.1 三视图的形成

4.1.1 三视图的形成

视图指的是采用正投影法，根据制图国家标准绘制的多面正投影。国家标准规定，能够正确反映物体长、宽、高三个方向尺寸的视图称为三视图。它包括主视图、俯视图和左视图。

这三个视图是根据投影方向来命名的，分别为：

① 主视图——投影方向由前向后投射所得的视图，即为正面投影图；

② 俯视图——投影方向由上向下投射所得的视图，即为水平投影图；

③ 左视图——投影方向由左向右投射所得的视图，即为侧面投影图。

三视图的形成如图 4-1（a）所示，把物体放在第一分角内，用正投影法得到三个投影图，并按照要求展开即可得到主、俯、左三视图。

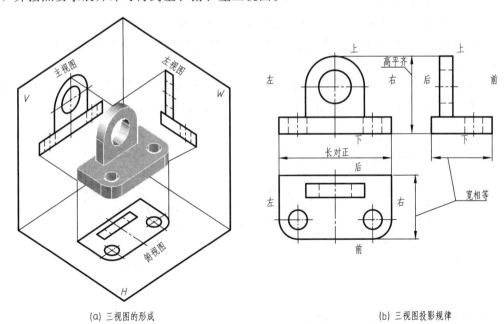

(a) 三视图的形成　　　　　　　　　　(b) 三视图投影规律

图 4-1　组合体三视图的形成及投影特性

4.1.2　三视图的投影规律

物体在第一分角投影展开后，即可得到三视图，三视图的配置如图 4-1（b）所示，无须标注视图的名称。通过三视图可以看出：主视图反映组合体的左右和上下的相对位置关系，即反映了物体的长和高；俯视图反映组合体的左右和前后的相对位置关系，即反映了物体的长和宽；左视图反映组合体的上下和前后的相对位置关系，即反映了物体的高和宽。主视图和俯视图都反映物体的长度；主视图和左视图都反映物体的高度；俯视图和左视图都反映物体的宽度。从而得到三视图的投影规律：

① 主、俯视图——长对正；

② 主、左视图——高平齐；

③ 俯、左视图——宽相等，前后对应。

这个投影规律不仅适用于物体整体的投影，也适用于物体局部结构的投影，比如图中底板和竖板上的孔结构，也需满足上述的投影规律。三视图也可以反映物体的空间结构，其上、下、左、右、前、后方位如图 4-1（b）所示。

4.2　画组合体视图

4.2.1　组合体的形体分析

（1）组合体的组成方式

任何复杂零件，略去其工艺和细节，仅从形体角度去看，都是由一些基本体组合而成的，这种由若干基本体组合而成的整体称为组合体。从工程制造的成形过程和分析理解图样的方便性的角度出发，常见的组合体的组成方式有以下三种。

① 叠加式。由两个或两个以上的基本体叠加而成的形体称为叠加式组合体，如图 4-2（a）所示的组合体是由圆柱和六棱柱两个基本体端面贴合堆砌而成的。

② 切割式。一个基本体被切去某些部分后形成的组合体称为切割式组合体，如图 4-2（b）所示的组合体可看成是六棱柱上挖切一个圆柱体而成。

③ 综合式。通常由于实际的零件形状较复杂，不会单纯地通过叠加或切割构成，往往是既有叠加又有切割综合运用共同构成，这种构成组合体的方式称为综合式，如图 4-2（c）所示。

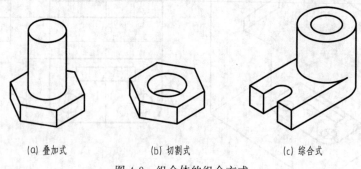

(a) 叠加式　　　　(b) 切割式　　　　(c) 综合式

图 4-2　组合体的组合方式

（2）组合体连接表面之间的关系

无论是哪种方式组成的组合体，两个基本体的表面都可能发生连接。连接表面的关系有平齐、不平齐、相切和相交。

① 平齐和不平齐。平齐是指相连接两个表面是共面的关系。如图 4-3（a）所示，上下两基本体的前后表面均是平齐关系，接合面处不存在分界线，故在主视图中两表面相接处不应画线。如果两基本体的表面是错开的，即为不平齐。如图 4-3（b）所示，上下两个基本体的后表面是不平齐关系，接合面处存在分界线，故在主视图中应画细虚线。

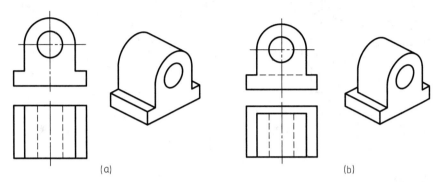

图 4-3　连接表面平齐和不平齐

② 相切。两个基本体的表面光滑过渡连接时就是相切关系［见图 4-4（a）］，相切处光滑过渡，没有分界线，在视图中不画线。如图 4-4（b）所示，画图的方法是先通过俯视图确定切点的位置，对应画出主视图和左视图的切线位置，连接处不画切线。图 4-4（c）是错误画法。

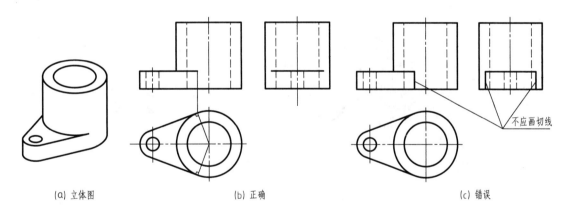

(a) 立体图　　　　　　　　　(b) 正确　　　　　　　　　(c) 错误

图 4-4　连接表面相切

③ 相交。两基本体相交时，内部整个融为一体［见图 4-5（a）］，但是连接表面相交处有明显分界线，视图上应画出交线的投影。如图 4-5 所示，圆柱体与底板的左右侧面相交，必须画出交线的投影。图 4-5（b）和（c）是该组合体的正确和错误画法对比，需要注意交线在左视图的投影位置。

4.2.2　组合体视图的画法

假想将组合体按照其构成方式分解成若干个基本体，并弄清楚各基本体的形状和它们间的相对位置和表面连接关系，这种分析方法称为形体分析法。画组合体视图通常采用的就是这种方法，下面以图 4-6 所示组合体为例，详细介绍组合体视图的画法和步骤。

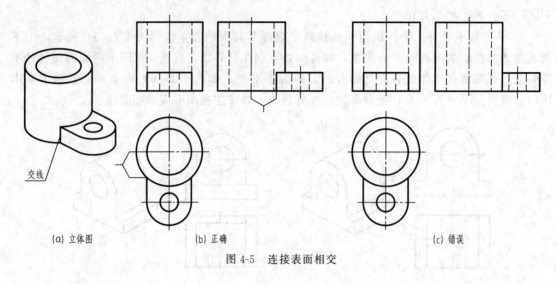

（a）立体图   （b）正确   （c）错误

图 4-5　连接表面相交

（1）形体分析

如图 4-6（a）所示，这是一个叠加型组合体，首先应用形体分析法把组合体分解为四个基本体，分别是圆柱筒、底板、肋板和凸台；然后分析各基本体之间的位置关系，其中圆柱筒与底板之间是相切关系，底面平齐，肋板与圆柱筒和底板都是相交关系，凸台和圆柱筒之间是相交关系，由于圆柱筒和凸台是两个垂直相交的空心圆柱体，所以内外表面均存在相贯线。

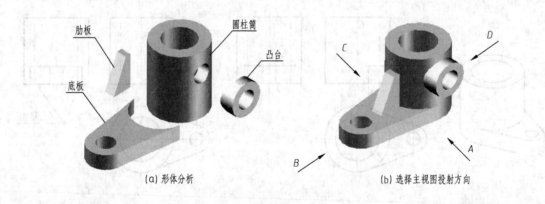

（a）形体分析   （b）选择主视图投射方向

图 4-6　画组合体视图

（2）选择主视图

选择能完整、清晰、正确地表达组合体形状的三视图，其中主视图是组合体三视图中最主要的视图，所以在画组合体视图之前，要先选择合理的主视图。将组合体按自然位置摆放后，确定主视图的投影方向，选择的原则是要保证主视图能反映组合体主要形状特征，现对组合体的形状特点及各个方向的视图进行分析对比。如图 4-6（b）所示，有 A、B、C、D 四个投影方向的方案，对应的投影图如图 4-7 所示。

四个方向的视图中，A 向与 C 向视图方案相似，D 向与 B 向视图方案相似，但由于 D 向视图中虚线较多，表达不清楚，首先排除掉此方案；C 向与 A 向视图虽然虚实线的情况相同，但若以 C 向作为主视图，则左视图为 D 向视图，同样出现较多虚线，所以 A 向比 C

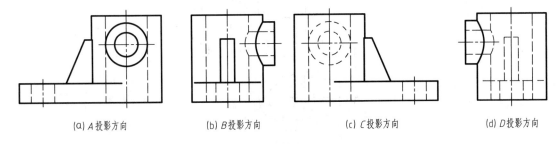

| (a) A投影方向 | (b) B投影方向 | (c) C投影方向 | (d) D投影方向 |

图 4-7　组合体主视图的四种方案

向好；A 向与 B 向视图比较，A 向更能反映组合体各基本体的主要形状特征，尤其是中间肋板的外形结构，故在此选择 A 向作为主视图投射方向。主视图确定后，俯视图和左视图的投影方向也就随之确定。

（3）画三视图

① 选比例，定图幅。画图之前，要根据物体的复杂程度和尺寸大小，按照制图国家标准规定选择画图的比例和图幅。为了方便绘图，比例应尽量选用 1∶1，图幅则要根据视图所占面积及各视图中间的间距大小而定。

② 布置视图。根据已确定的比例确定组合体长、宽、高三个方向上的最大轮廓尺寸，均匀地布置好三个视图的位置，还要在视图中间预留出尺寸标注的空间。确定视图的位置后，画出各视图的主要定位线、回转体的轴线、对称中心线以及长、宽、高三个方向上的作图起始线的位置，如图 4-8（a）所示。

③ 画底稿。根据基本体之间的位置关系，逐个画出各基本体的三个视图，注意处理好基本体相邻表面之间的连接关系。绘制底稿的图线力求清晰、准确。画三视图底稿的顺序是：先画主要基本体，后画次要基本体；先画大体结构，后画局部细小结构。具体画图步骤如图 4-8（b）、（c）、（d）、（e）所示。

④ 检查和加深。底稿完成后应仔细检查，尤其注意组合体各基本体相邻表面连接关系是否表达正确。检查修改无误后加深，完成三视图。加深时应先描圆或圆弧，后描直线，加深后的图线保持粗细有别，浓淡一致，如图 4-8（f）所示。

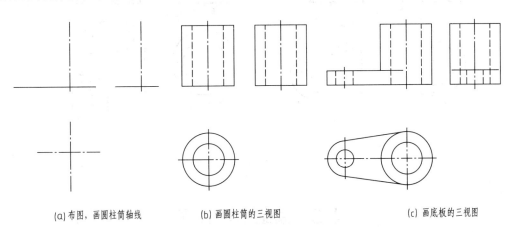

| (a) 布图，画圆柱筒轴线 | (b) 画圆柱筒的三视图 | (c) 画底板的三视图 |

图 4-8

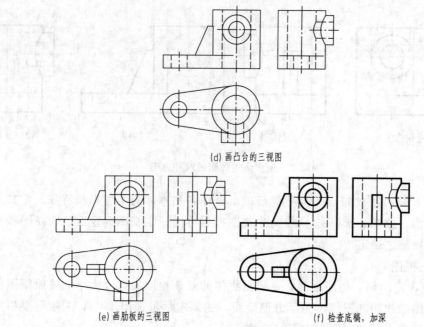

(d) 画凸台的三视图

(e) 画肋板的三视图　　　　　(f) 检查底稿，加深

图 4-8　组合体的画图步骤

4.2.3　相贯线的简化画法

组合体上有很多常见的相贯线，一般为非圆曲线，作图比较麻烦，国家标准规定，在不影响真实感的情况下，可以采用简化画法。非等径两圆柱或圆柱孔轴线垂直相交时，相贯线可用大圆柱或圆柱孔半径所作的圆弧来代替，如图 4-9（a）所示；当相交的不是完整圆柱而是 U 形体时，也可以用此法来画相贯线，如图 4-9（b）所示。

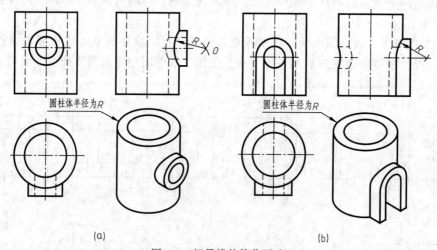

圆柱体半径为R　　　　　　　　　　　圆柱体半径为R

(a)　　　　　　　　　　　　　　(b)

图 4-9　相贯线的简化画法

4.3　读组合体视图

读图是根据已知的视图，经过投影分析，想象组合体的空间结构形状，它是画图的逆过

程。读图是工程技术人员必须具备的一种能力，学会读图是本门课程的主要目的之一。

4.3.1 读组合体视图的要点

（1）把几个视图联系起来读

通常一个组合体需要用两个或三个视图才能表达出其结构形状。从投影原理来说，每个视图只能反映一个方向的投影情况，只有几个视图互相联系起来识读，才能弄清并想象出空间的实际情况。读图时，同样需要运用"长对正、高平齐、宽相等，前后对应"的投影特性来分析视图。读图时，一般从主视图入手，再联系其他视图想象其空间形状。

图 4-10 所示的五组视图中，主视图完全相同，只有联系俯视图一起读图，才能唯一确定每组视图所对应组合体的实际形状。

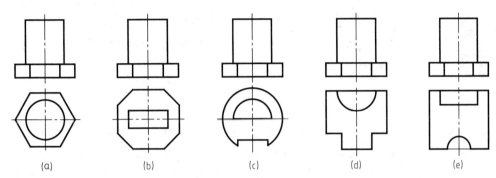

图 4-10　具有相同主视图的不同形体

（2）明确视图中图线及封闭线框的含义

由点线面部分的知识可知，图形投影到某一视图方向后，要么积聚成直线，要么反映为实形或相似形。

在读图过程中，对于视图中一些难懂的线或面需要应用线面分析法去分析和构思，从而明确这些图线和封闭线框投影的含义。

① 视图中图线对应的形体结构有三种情况，分别是：面与面交线的投影、具有积聚性的平面或柱面的投影和曲面转向轮廓线的投影。

② 视图中封闭线框一般对应一个面的投影，根据视图对应关系，结合另两个投影就能确定这个面到底是平行面、垂直面、一般位置面还是回转面。

（3）善于抓住形状特征视图

读图时，除了要联系几个视图一起分析外，还要善于抓住特征视图。所谓特征视图就是指能反映物体形状特征和位置特征的那个视图，这是看懂图的关键。

例如图 4-10 中的俯视图就是特征视图，找到特征视图，再结合其他视图就能准确地确定组合体的结构形状。

对于相对复杂的组合体来说，组成组合体的各基本体的形状特征，并非总是集中反映在一个视图上，而往往分散在几个视图上。如图 4-11 所示，基本体 1 和 2 的形状特征视图是俯视图，基本体 3 的形状特征视图是主视图，基本体 4 的形状特征视图则是左视图。

4.3.2 读图的方法和步骤

读组合体视图的基本方法有形体分析法和线面分析法两种。

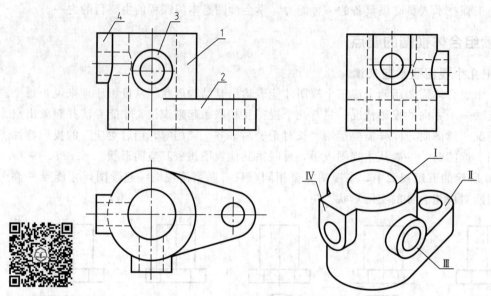

图 4-11 特征视图分析

形体分析法是在反映形状特征比较明显的主视图上按线框将组合体划分为几个部分，即几个基本体；然后通过投影关系找到各线框所表示的部分在其他视图中的投影，从而分析各部分的形状以及它们之间的相对位置与构成方式；最后综合起来想象组合体的整体形状。

线面分析法是运用投影规律，分清视图上线、面的空间位置，再通过对这些线、面的投影分析想象出其几何形状，进而综合想出组合体形状的方法。读图时一般以形体分析法为主，确定基本体的大体形状；以线面分析法为辅，分析视图中局部难懂的线和面的空间位置。

读组合体视图的具体步骤是：

① 分析组合体各个视图，在主视图中划分线框，分基本体；

② 抓住特征视图，确定各基本体的形状；

③ 将各基本体按主视图中所示的相对位置综合起来，想整体形状；

④ 对不清楚的线或面进行线面分析，最终完成读图。

[例 4.1] 已知组合体的主、俯视图，补画其左视图，如图 4-12 所示。

[分析] 如图 4-12（a）所示，从主视图入手，将组合体分为 1、2、3 三个封闭线框，即该组合体由三个基本体组成。将这三个线框根据"长对正"的投影关系，对照俯视图，逐个想出形状并画其左视图。然后，分析它们之间的相对位置和表面连接关系，综合起来想出整个组合体的形状。最后，校核并加深已补出的左视图。

作图过程如图 4-12（b）、（c）、（d）所示：

① 主视图上分离的线框 1，其主视图就能反映其特征，对应俯视图的投影，可看出它是一块竖板，形状与主视图线框外形一致，厚度从俯视图中可以体现，根据投影规律画出竖板的左视图，如图 4-12（b）所示。

② 主视图上分离的线框 2 在主视图上同样可以反映其特征，对应俯视图的投影，不难想象出它是一块平行于正面的 U 形竖板，这块竖板叠加在基本体 1 的前方，厚度大致相同。最后根据投影规律画出 U 形竖板的左视图，如图 4-12（c）所示。

③ 线框 3 是一个圆，由对应俯视图投影是虚线可知，线框 3 对应的是一个从前向后的圆柱形通孔。

④ 根据三个线框对应基本体的形状，以及它们之间的相对位置，可以得出此组合体的构成方式是基本体 1 和 2 叠加，然后与基本体 3 切割而成，想象出组合体的整体结构。最后，按想出的整体形状校核补画左视图，并按规定的线型加深，如图 4-12（d）所示。

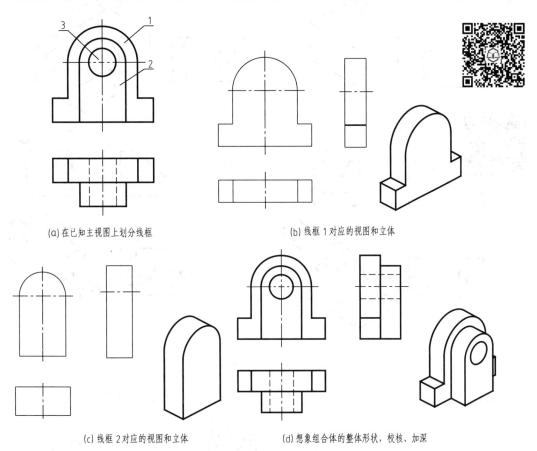

(a) 在已知主视图上划分线框　　　　　　　　　　(b) 线框 1 对应的视图和立体

(c) 线框 2 对应的视图和立体　　　　　　　　　　(d) 想象组合体的整体形状，校核、加深

图 4-12　读组合体视图并补画左视图

[例 4.2]　如图 4-13（a）所示，补画组合体三视图中所缺图线。

[分析]　通过形体分析法可以看出，该组合体是由长方体切割几个基本体构成的。通过线面分析法，采用边想象切割边补线的方法补画三视图中的漏线。在补图过程中，应充分运用"长对正、高平齐、宽相等和前后对应"的投影关系。

具体的作图过程如下：

① 由图 4-13（a）可知组合体主体结构是长方体。

② 通过分析主视图中的斜线 a 可看出，矩形块被正垂面 A 切去左上角；所以在俯、左视图上补画切去基本体Ⅰ后产生交线的投影，如图 4-13（b）所示。

③ 通过分析左视图中的梯形结构 b 可看出，矩形块被两个侧垂面 B 和一个水平面从左向右切去一个梯形槽Ⅱ；在主视图和俯视图上画出梯形槽相对应的交线，如图 4-13（c）所示。

④ 通过分析俯视图中的 U 形结构 c 可看出，在矩形块左下方的底板上垂直切通一个 U

形槽；在主视图和左视图上补画因切块Ⅲ而产生的漏线。最后，按想象出的立体结构对照校核，补全三视图的图线，作图结果如图 4-13（d）所示。

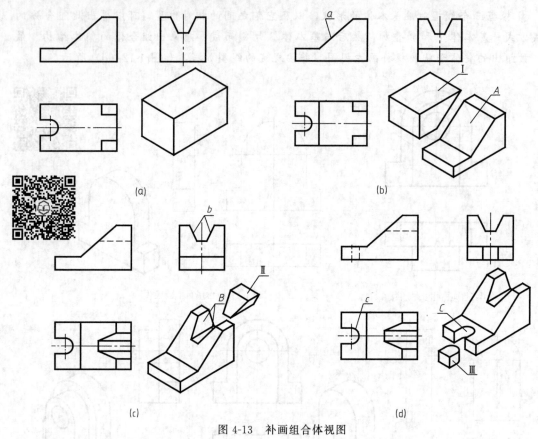

(a)

(b)

(c)

(d)

图 4-13　补画组合体视图

[例 4.3]　根据图 4-14（a）所示支架的主、俯视图，补画其左视图。

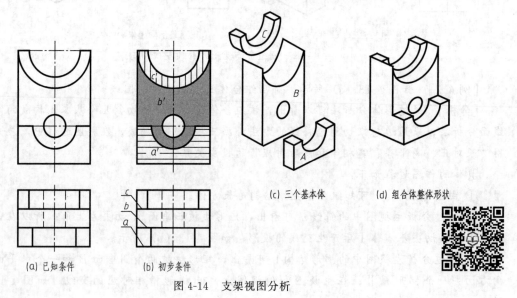

(c) 三个基本体

(d) 组合体整体形状

(a) 已知条件

(b) 初步条件

图 4-14　支架视图分析

[分析]　从已知视图中可看出，该组合体的形体特点不明显，应结合形体分析与线面分

析求解。如图 4-14（b）所示，主视图共有三个封闭线框 a'、b'、c'，按照投影关系，对应在俯视图上为 a、b、c 三条平行的直线。

对照主、俯视图可想象出，这个架体分前、中、后三层，如图 4-14（c）所示：前层切割成一个直径最小的半圆柱槽，可由线框 a 拉伸可得；中层切割成一个直径较大的半圆柱槽，由线框 b 拉伸一定宽度得到；后层切割成一个直径较小的穿通的半圆柱槽，由线框 c 拉伸得到；另外，中层和后层有一个圆柱形通孔。将三个拉伸体叠加，想象出架体的整体形状，如图 4-14（d）所示。

通过以上分析，逐步补画出其左视图，如图 4-15 所示。

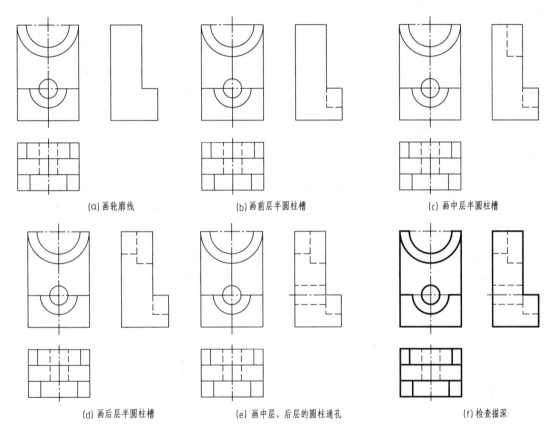

图 4-15　补画支架左视图的作图过程

4.4　组合体的尺寸标注

工程图样中的视图只能表达出组合体的形状，而组合体各部分的真实大小及其相对位置，则需要通过尺寸来确定，所以尺寸标注是工程图样中不可缺少的一部分。

在生产加工过程中，必须根据图样上所标注的尺寸进行加工制造、检验、装配等生产工艺。因此，尺寸标注十分重要。

为了使组合体的尺寸标注完整，还是用形体分析法假想将组合体分解为若干基本体，然后标注出各基本体的定形尺寸，接着确定这些基本体之间相对位置的定位尺寸，最后根据组合体的结构特点标注总体尺寸。

4.4.1 尺寸种类

（1）定形尺寸

定形尺寸是用来确定基本体形状大小的尺寸。在三维空间中，定形尺寸一般包括长、宽、高三个方向的尺寸。对于不同形状的形体，其定形尺寸的标注方法以及定形尺寸的数目是不同的，图4-16给出了常见基本体的定形尺寸标注。

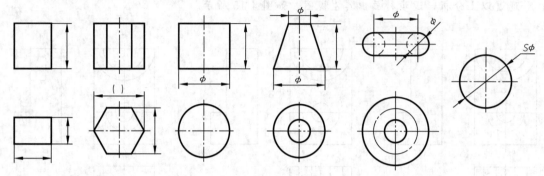

图4-16　常见基本体的尺寸注法

在图4-16中，正六边形的尺寸有两种标注形式，一种是标注对角尺寸（外接圆直径）；一种是标注对边尺寸（内切圆直径）。若两个尺寸都注上，则应将其中一个尺寸作为参考尺寸，加括号表示。对于圆柱、圆台、圆环等回转体，其尺寸一般集中标注在非圆的视图上。

组合体是由基本体相交、叠加或切割而成的，从而形成截交线或相贯线。需要注意的是，这些截交线和相贯线不能直接标注，只需标注出截平面和基本体之间的相对位置即可。如图4-17所示，图中画"×"号的尺寸是不应标注的。

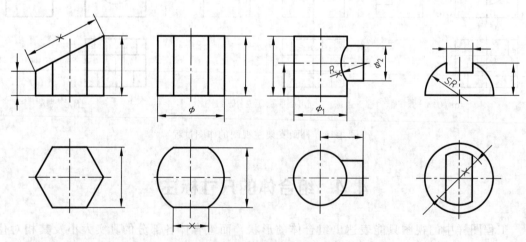

图4-17　截交线和相贯线的尺寸标注

（2）定位尺寸

定位尺寸是用来确定各基本体之间相对位置的尺寸。若两形体间在某一方向处于共面、对称、同轴时，就可省略该方向的一个定位尺寸。标注定位尺寸之前需要先确定长、宽、高三个方向的尺寸基准。所谓尺寸基准就是标注尺寸的起点。通常采用组合体的对称平面（对称中心线）、主要回转体的轴线和较大的平面（底面、端面）作为尺寸基准。

（3）总体尺寸

总体尺寸是指组合体的总长、总宽和总高。实际上，当各基本体的定形尺寸和定位尺寸标注结束后，组合体的尺寸标注已经完整，这时可能存在两种情形：一种情形是总体尺寸已经反映出来，即总体尺寸与基本体的定形、定位尺寸重合，就不必再标注；另一种情形是总体尺寸没有反映出来，需要调整。增加总体尺寸后，有时会出现多余尺寸，需在同方向减去一个尺寸，避免形成封闭尺寸链。

下面以图 4-18 为例，对其进行尺寸分析：

① 确定尺寸基准，以组合体右端面、底面和前后对称中心面分别作为长度方向、高度方向和宽度方向的尺寸基准；

② 标注定形尺寸，底板的定形尺寸有 40、25 和 8，方槽的定形尺寸是 15 和 4，圆角和两个圆柱孔的定形尺寸是 $R6$ 和 $2\times\phi7$，U 形竖板的定形尺寸是 $R8$、$\phi8$ 和 8；

③ 组合体上定位尺寸有 34、13 和 10，其中 34 和 13 用于确定两个圆柱孔的位置，10 用于确定方槽的位置；

④ 总体尺寸是 40、25 和 30。

需要注意的是，当组合体的端部是回转面时，该方向一般不直接标注总体尺寸，而是由确定回转面轴线的定位尺寸和回转面的定形尺寸（半径或直径）来间接确定。如图 4-18 所示的组合体总体高度为 $22+R8=30$，但总高尺寸只需标注 22。

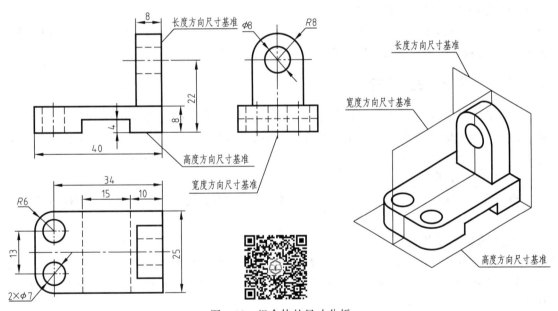

图 4-18　组合体的尺寸分析

图 4-19 中所示的几个常见机件的底板，由于其端部是回转面，所以不需要标注底边的总长尺寸，只需标注到图示位置，图中画"×"号的尺寸是不应标注的。

4.4.2　标注尺寸基本要求

标注组合体尺寸的基本要求是：正确、完整、清晰。所谓"正确"是指尺寸注法符合国家标准规定；"完整"是指所标注的尺寸应能完全确定物体的形状大小及相对位置，没有遗

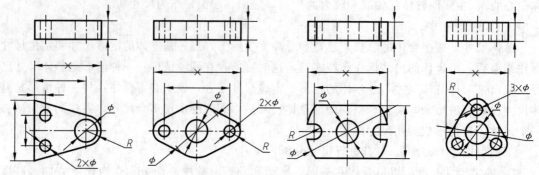

图 4-19　不注总长的尺寸标注示例

漏和重复；"清晰"就是要求所标注的尺寸排列适当、整齐、清楚，便于看图。标注过程中还需要注意以下几点。

① 突出特征，便于看图：尺寸尽量标注在形状特征明显的视图上。如图 4-18 所示底板上圆孔尺寸 $2 \times \phi 7$，圆角尺寸 $R6$ 应标注在俯视图上，U 形竖板的定形尺寸 $R8$ 和 $\phi 8$ 要标注在左视图上。

② 集中标注：同一基本体的尺寸应尽量集中标注。如图 4-18 所示底板的尺寸，大多集中标注在俯视图上。

③ 布局整齐：同方向的平行尺寸，应使小尺寸在内，大尺寸在外，避免尺寸线与尺寸界相交，如图 4-18 所示的长度尺寸 10、15 和 34。

④ 尺寸尽量标注在两视图之间，并尽量注在视图外部，必要时，也可标注在视图内部。如图 4-18 所示，主视图中长度尺寸均标注在主、俯视图之间。

4.4.3　标注尺寸的方法和步骤

标注组合体尺寸时，应先对组合体进行形体分析，并根据组合体的结构特点确定长、宽、高三个方向的尺寸基准；然后是标注基本体的定形尺寸和定位尺寸；最后是标注总体尺寸，并进行检查。下面以图 4-20 为例说明组合体尺寸标注的方法和步骤。

（1）形体分析

根据给出的组合体三视图读图可知，该组合体是由圆柱筒、底板、肋板和圆柱凸台四个基本体组成的，如图 4-20（a）所示。

（2）选择尺寸基准

该组合体在长和高方向上不对称，宽度方向忽略凸台结构大体对称。所以选大圆柱筒轴线为长度方向尺寸基准，选前后对称面为宽度方向尺寸基准，选底板的底面为高度方向尺寸基准，如图 4-20（b）所示。

（3）标注定形尺寸

按形体分析法逐个标注基本体定形尺寸［见图 4-20（c）］：圆柱筒定形尺寸是 $\phi 9$、$\phi 15$ 和 18；底板定形尺寸是 $R5$、$\phi 5$ 和高度 4，由于底板与圆柱筒是相切关系，切点位置是作图获得，不需要标注；小圆柱凸台的定形尺寸是 $\phi 9$ 和 $\phi 5$；肋板的定形尺寸是高度 9 和宽度 3。

（4）标注定位尺寸

根据选定的三个方向的尺寸基准，标注各基本体之间的相对位置的定位尺寸。由于圆柱

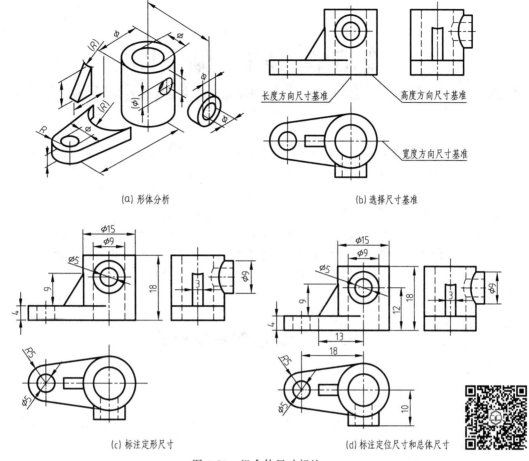

(a) 形体分析　　　　　　　　　　　　　　　(b) 选择尺寸基准

(c) 标注定形尺寸　　　　　　　　　　　　　(d) 标注定位尺寸和总体尺寸

图 4-20　组合体尺寸标注

筒是基本体中的最大结构，所以其他基本体都是以它作为基准定位的。如图 4-20（d）所示，圆柱筒和底板之间的长度方向定位尺寸是 18，由于高度方向底板底面与圆柱筒底面平齐和宽度方向对称，所以这两个方向的定位尺寸省略；圆柱筒和凸台之间的定位尺寸是 12 和 10；圆柱筒和肋板之间的定位尺寸是 13。

（5）标注总体尺寸

由于长度方向两端端部均为圆柱回转面，宽度方向后面为圆柱回转面，所以总长、总宽尺寸不能直接标注；总高尺寸即为圆柱筒的高度尺寸 18，之前已标出。

（6）检查

对已标注的尺寸，按正确、完整、清晰的要求进行检查，如有不妥，应作适当的修改或调整。经检查无误后，即完成了组合体尺寸标注。

第5章 轴 测 图

使用多面正投影法绘制的工程图样,是工程上应用最广的图样,虽然表述详尽、绘制简便,但是单看其中一个投影,通常不能同时反映出物体的长、宽、高三个方向的尺寸和形状,缺乏立体感,需要对照其他投影和运用正投影原理在头脑中进行翻译,才能得到物体的形状;因此,有时还需要用具有立体感的轴测图作为辅助图样。

轴测图直观性好,有一定的立体感和一定的可直接度量性,但绘制较为烦琐,不过随着计算机图形学的发展,很多三维软件现在可以很轻松地完成轴测图的绘制,轴测图的使用也越来越多,尤其在装备制造业和现场安装中,得到了广泛的应用。

本章介绍轴测图的形成、投影特性及常用轴测图的绘制方法。

5.1 轴测图的基本知识

5.1.1 定义

GB/T 4458.3—2013《机械制图　轴测图》对轴测图进行了定义,轴测图是将物体连同其参考直角坐标系,沿不平行于任一坐标平面的方向,用平行投影法将其投射在单一投影面上所得到的图形,如图 5-1 所示。

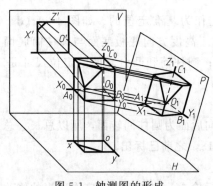

图 5-1　轴测图的形成

生成轴测图的投影面称为轴测投影面;三个坐标轴的投影称为轴测轴;轴测轴之间的夹角称为轴间角;轴测轴上的单位长度与相应坐标轴上的单位长度的比值,称为轴向伸缩系数,简称伸缩系数,分别用 p_1、q_1 和 r_1 表示,则

$$p_1 = \frac{O_1A_1}{O_0A_0}, \; q_1 = \frac{O_1B_1}{O_0B_0}, \; r_1 = \frac{O_1C_1}{O_0C_0}$$

轴测轴的伸缩系数可以简化,简化后称简化伸缩系数,简称简化系数,分别用 p、q、r 来表示。

5.1.2 特性

由于轴测投影是用平行投影法形成的,所以具有平行投影法的全部特性:

① 相互平行的两条直线的轴测投影仍相互平行。

② 空间同一线段上各段长度之比在轴测投影中保持不变。

③ 空间平行于某坐标轴的线段,其轴测投影长度等于该线段实际长度与该坐标轴轴向伸缩系数的乘积。若轴向伸缩系数已知,就可以计算出该线段的轴测投影长度,并根据此长度直

接量测，作出其轴测投影。"沿轴测轴方向可以直接量测作图"就是"轴测"二字的含义。

④ 与坐标轴不平行的线段则具有不同的伸缩系数，不能直接量测和绘制，只能根据端点坐标，作出两端点后连线绘出。

5.1.3　轴测图的分类

轴测图应分为正轴测图和斜轴测图两类。当投射方向垂直于轴测投影面时，称为正轴测图，当投射方向倾斜于轴测投影面时，称为斜轴测图。

理论上轴测图可以有无数种，常用的轴测图分类如表 5-1 所示。

从作图简便等方面考虑，国家标准推荐采用正等轴测图、正二轴测图和斜二轴测图三种，但机械制图中使用最多是正等测和斜二测。

表 5-1　常用轴测图分类

分类	名称	简称	特　　点	说明
正投影法形成的轴测图	正等轴测图	正等测	三个坐标轴的轴向伸缩系数相等	推荐使用
	正二等轴测图	正二测	只有两个坐标轴的轴向伸缩系数相等	推荐使用
	正三轴测图	正三测	三个坐标轴的轴向伸缩系数互不相等	视具体要求选用
斜投影法形成的轴测图	斜等轴测图	斜等测	三个坐标轴的轴向伸缩系数相等	视具体要求选用
	斜二等轴测图	斜二测	只有两个坐标轴的轴向伸缩系数相等	推荐使用
	斜三轴测图	斜三测	三个坐标轴的轴向伸缩系数互不相等	视具体要求选用

作物体的轴测图时，应先选择画哪一种轴测图，从而确定各轴向伸缩系数和轴间角。轴测轴可根据已确定的轴间角，按表达清晰和作图方便的原则来安排，而 Z 轴常画成铅垂方向。

GB/T 14692—2008《技术制图　投影法》中还提出：轴测图中，应用粗实线画出物体的可见轮廓，不可见轮廓一般省略不画，必要时也可用细虚线画出物体的不可见轮廓。

5.2　轴测图的画法

GB/T 4458.3—2013 列出了技术制图中的正等测、正二测和斜二测轴测图特性及其画法，本章只简单介绍正等测及斜二测的画法，其他没有列出的，需要时可查阅标准相关内容。

5.2.1　正等测

（1）正等测的轴间角和轴向伸缩系数

如图 5-2（a）所示，使三条坐标轴对轴测投影面处于倾角都相等的位置，也就是将图中立方体的对角线 A_0O_0 放成垂直于轴测投影面的位置，并以 A_0O_0 的方向作为投射方向，所得到的轴测图就是正等测。

如图 5-2（b）所示，正等测的三个轴间角都是 $120°$，三个坐标轴的伸缩系数都相等，即 $p_1=q_1=r_1≈0.82$。为了制图方便，作正等测时，常采用简化系数，即 $p=q=r=1$，这样就可以直接从投影图中测量形体的尺寸，并度量到轴测轴上。这样简化的结果使轴测轴方向的尺寸放大了约 1.22 倍，绘出的轴测图的立体感比直接看实物的立体感要大，但因为这个图形与用各轴向伸缩系数 0.82 画出的轴测图是相似图形，所以通常都用简化系数画正等测，本书也只要求用简化系数画正等测。

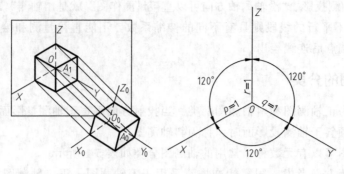

| (a) 正等测的形成(示意图) | (b) 轴间角及轴向简化系数 |

图 5-2　正等测

（2）正等测的绘图方法

绘制轴测图前，必须先读懂已知的投影图，要明确所表达立体的形状特点及各表面的投影，包括各部分结构长、宽、高方向尺寸的度量等。

正等测的作图步骤如下：

① 对物体进行形体分析，确定坐标轴的原点及坐标轴的方向。

② 画轴测轴，常将 OZ 轴画成铅垂方向。

③ 按照投影图的坐标方向，以 1∶1 的比例量取形体的各部分投影长度，并在轴测轴体系中对应的坐标方向上直接绘制出来。

④ 图形画完后，擦掉看不见的轮廓线及轴测轴等辅助直线，即得到轴测图。

由于轴测图上不表达看不见的轮廓线，绘图时应注意顺序，尽量减少工作量。

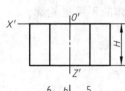

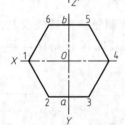

图 5-3　正六棱柱的投影图

以下通过举例来说明平面立体和曲面立体正等轴测图的画法。

① 平面立体的正等测。平面立体有确定的表面、棱线及顶点，度量性比较好，轴测图容易绘制。

[例 5.1]　试根据图 5-3 所示正六棱柱的投影图，绘制其正等测。

[分析]　从图 5-3 中看出，正六棱柱的顶面和底面都是处于水平位置的正六边形，可以选择六棱柱顶面的中心 O 为原点，确定图 5-3 中所附加的坐标轴。在两视图中不仅附加了坐标轴，在俯视图中还附加了顶面正六边形的六个顶点和前、后边中点的投影符号，在主视图中标注了这个正六棱柱的高度尺寸。由于六棱柱的底面不可见，从上向下画图，就可以避免不必要的作图。

作图过程如图 5-4 所示。

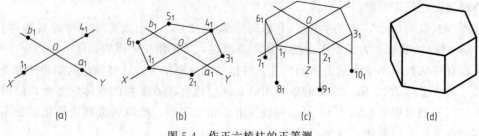

| (a) | (b) | (c) | (d) |

图 5-4　作正六棱柱的正等测

具体作图过程如下：

a. 作轴测轴，并在其上量得1_1、4_1和a_1、b_1。

b. 通过a_1、b_1作轴的平行线，量得2_1、3_1和5_1、6_1，连成顶面。

c. 由点6_1、1_1、2_1、3_1沿Z轴量H，得7_1、8_1、9_1、10_1。

d. 连接7_1、8_1、9_1、10_1，擦掉作图线和符号，加深。

② 曲面立体的正等测。由于曲面自身的特点，度量性不好，所以曲面立体轴测图的绘制相对来说要麻烦。

[例5.2] 如图5-5（a）所示正方体的三面投影，假设三个表面上各有一个直径为D的内切圆，试绘制该正方体的正等测。

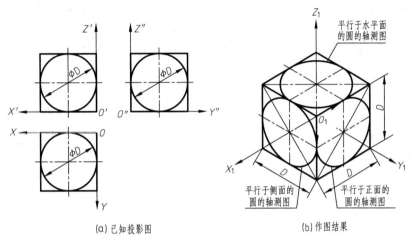

(a) 已知投影图　　　　　　　　(b) 作图结果

图 5-5　平行于坐标面的圆的正等测

[分析] 从理论上说，可以根据圆上各点的坐标位置，将其在轴测体系中一一描绘出来，最后连接各点，即形成其轴测图，但这样做非常麻烦。从图5-5（a）中看出，每个圆都对应一个外切正方形，该正方形的正等测正好是个菱形，那么每个圆的正等测就是菱形的内切椭圆。

图5-6表示了正方体上表面椭圆的作图过程，同样的方法可以作出另外两个表面上圆的正等测。图5-5（b）为完整的正方体的正等测。

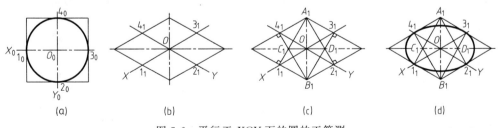

(a)　　　　　　(b)　　　　　　(c)　　　　　　(d)

图 5-6　平行于XOY面的圆的正等测

具体作图过程如下：

a. 通过圆心O_0作坐标轴和圆的外切正方形，切点为1_0、2_0、3_0、4_0。

b. 作轴测轴和切点1_1、2_1、3_1、4_1，通过这些点作外切正方形的轴测菱形，并作对角线。

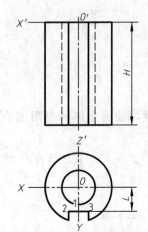

图 5-7 已知投影图

c. 过 1_1、2_1、3_1、4_1 作各边的垂线，交得圆心 A_1、B_1、C_1、D_1。A_1、B_1 即短对角线的顶点，C_1、D_1 在长对角线上。

d. 以 A_1、B_1 为圆心，$A_1 1_1$ 为半径，作弧 $1_1 2_1$、弧 $3_1 4_1$；以 C_1、D_1 为圆心，$C_1 1_1$ 为半径作弧 $1_1 4_1$、弧 $2_1 3_1$，连成近似椭圆。

[例 5.3] 试绘制图 5-7 所示轴套的正等测。

[分析] 轴套由圆筒切割而成，对于有缺口的形体，可以先画出它完整形体的轴测图后，再按缺口进行切割，这样可使绘图简单。选择上表面圆的圆心为原点，让 OZ 轴方向向下，由上向下作图，这样可避免底面椭圆不可见部分的不必要的作图。利用端面圆的外切正方形（或圆柱的外切四棱柱），按菱形内切椭圆的作图方法先作出完整圆筒的正等测，再切割出槽。

作图过程如图 5-8 所示。

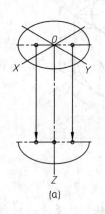
(a)

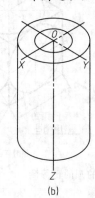
(b)

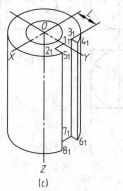
(c)

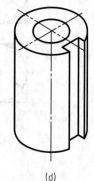
(d)

图 5-8 轴套正等测的作图过程

具体作图过程如下：

a. 作轴测轴，画顶面的近似椭圆，再将连接圆弧的圆心向下移 H，作底面近似椭圆的可见部分。

b. 作与两个椭圆相切的圆柱面轴测投影的转向轮廓线及轴孔。

c. 由 L 定出 1_1。由 1_1 定 2_1、3_1，由 2_1、3_1、4_1、5_1 作平行于轴测轴的诸轮廓线，画全键槽。

d. 擦去作图线和符号，加深。

[例 5.4] 画出图 5-9 所示支架的正等测。

[分析] 从图 5-9 中看出，支架由上、下两块板组成，上面竖板的顶部为圆柱面，与板的两侧斜壁相切，中间带有一圆柱孔；下面底板为带圆角的长方形板，板上有两个圆柱孔。

因为支架左、右对称，取底板后底边的中点为原点，确定图 5-9 中所示的坐标轴。

作图过程如图 5-10 所示。

具体作图过程如下：

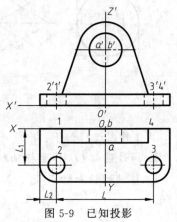

图 5-9 已知投影

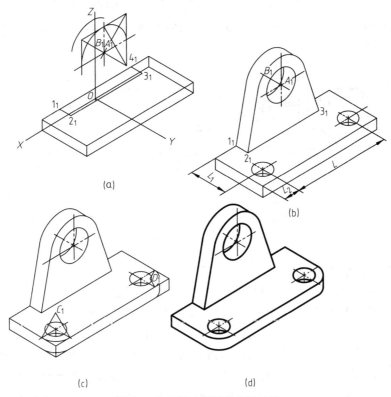

图 5-10　支架正等测的作图过程

a. 作轴测轴。先画底板的轮廓，再画竖板与它的交线 $1_1 2_1 3_1 4_1$。确定竖板后孔口的圆心 B_1，由 B_1 定出前孔口的圆心 A_1，画出竖板圆柱面顶部的正等测近似椭圆。

b. 由 1_1、2_1、3_1 诸点作切线，再作出竖板上的圆柱孔，完成竖板的正等测。由 L_1、L_2 和 L 确定底板顶面上两个圆柱孔口的圆心，作出这两个孔的正等测近似椭圆。

c. 从底板顶面上圆角的切点作切线的垂线，交得圆心 C_1、D_1，再分别在切点间作圆弧，得顶面圆角的正等测，再作出底面圆角的正等测。最后，作右边两圆弧的公切线。

d. 擦掉作图线和符号，加深。

5.2.2　斜二测

（1）斜二测的轴间角和轴向伸缩系数

如图 5-11（a）所示，将直角坐标系的坐标轴 $O_0 Z_0$ 放置在竖直位置，并使坐标面 $X_0 O_0 Z_0$ 平行于轴测投影面，且三个壁面紧贴于坐标面的长方体的后壁位于轴测投影面的前方。在轴测投影面上任意位置作与坐标轴 $O_0 Z_0$、$O_0 X_0$ 相平行的轴测轴 OZ、OX，并画出与 OZ、OX 都成 $135°$ 的轴测轴 OY，在 OY 上量取 OA_1，使之等于长方体紧贴于 $O_0 Y_0$ 上的一边 $O_0 A_0$ 的长度的一半，连接 A_0 与 A_1，以 $A_0 A_1$ 为投射方向，就可以在轴测投影面上作出图 5-11（a）所示的这个长方形的斜二测。

斜二测是采用斜投影方法形成的，将空间直角坐标系的 XOZ 面以投影面平行面的位置作平行斜投影，显然 $\angle XOZ = 90°$，OX 轴和 OZ 轴的伸缩系数都是 1，即 $p = r = 1$，而 OY 轴的伸缩系数则随斜投影的方向而定，为使度量方便，选择 OY 与水平成 $45°$ 的方向，其伸

缩系数定为 $q=0.5$，如图 5-11（b）所示。因为这种斜二测的坐标面 $X_0O_0Z_0$ 行于轴测投影面，所以物体在坐标面 $X_0O_0Z_0$ 上或平行于坐标面 $X_0O_0Z_0$ 的平面图形，在轴测图中的形状和大小都不变。

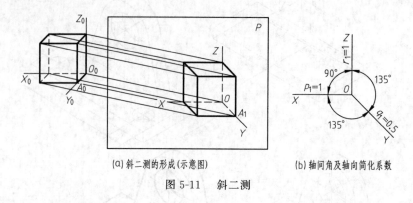

(a) 斜二测的形成(示意图)   (b) 轴间角及轴向简化系数

图 5-11 斜二测

（2）斜二测的绘图方法

斜二测的绘制过程与正等测是相似的，以下通过举例说明：

[例 5.5] 试分析图 5-12 所示平行于各坐标面的圆的斜二测的画法。

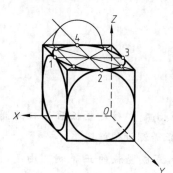

[分析] 本例题与例 5.2 是相似的，都是作正方形的内切圆的轴测图。从图中可以看出，平行于坐标面 $X_0O_0Z_0$ 的圆的斜二测，仍是大小相同的圆；平行于坐标面 $X_0O_0Y_0$ 和 $Y_0O_0Z_0$ 的圆的斜二测是椭圆，由于其外切正方形的斜二测不是菱形，所以不能采用例 5.2 中的方法。这两个椭圆可采用八点法作椭圆（具体作图方法查阅相关文献，本书略），图 5-12 中表示了平行于坐标面 $X_0O_0Y_0$ 的圆的斜二测椭圆的画法。同样地，也可以作出平行于坐标面 $Y_0O_0Z_0$ 的圆的斜二测椭圆。

图 5-12 平行于坐标面圆的斜二测

作平行于坐标面 $X_0O_0Y_0$ 或 $Y_0O_0Z_0$ 的圆的斜二测椭圆，也可由四段圆弧相切拼成近似椭圆，但画法较麻烦，所以通常就用八点法绘制。又因为用八点法绘制椭圆也不是很方便，所以当物体只有平行于坐标面 $X_0O_0Z_0$ 的圆时，采用斜二测最有利。当有平行于坐标面 $X_0O_0Y_0$ 或 $Y_0O_0Z_0$ 的圆时，则最好避免选用斜二测，而以选用正等测为宜。

[例 5.6] 试作出图 5-13 所示圆台的斜二测。

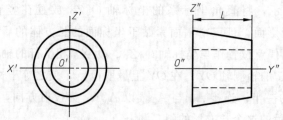

图 5-13 圆台已知投影图

[分析] 根据斜二测的特点，应让圆台端面与坐标面 $X_0O_0Z_0$ 平行。确定如图 5-13 所示的坐标轴，作图过程如图 5-14 所示。

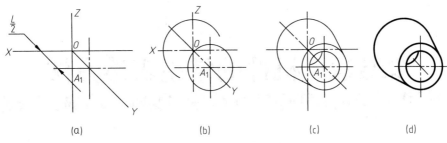

图 5-14　圆台的斜二测作图

具体作图过程如下：

a. 作轴测轴，并在 Y 轴上量取 $L/2$，定出前端面圆的圆心 A_1。

b. 画出前、后两个端面的斜二测，分别是反映实形的圆。

c. 作两端面圆的切线以及前、后孔口的可见部分。

d. 擦掉作图线和符号，加深。

[例 5.7]　试作出图 5-15（a）所示支架的斜二测。

[分析]　根据斜二等轴测图的特点，应将支架前面以实形来作图，即让前端面与坐标面 $X_0O_0Z_0$ 平行。确定图 5-15 所示的坐标轴，作图过程如图 5-16 所示。

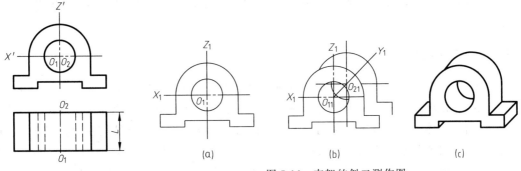

图 5-15　支架已知投影图　　　　图 5-16　支架的斜二测作图

具体作图过程如下：

a. 作轴测轴，定出前端面圆的圆心 O_1。

b. 画出前、后两个端面的斜二测以及前、后孔口的可见部分。

c. 擦掉作图线和符号，加深。

第6章 机件的常用表达方法

在工程实际中，由于使用功能要求的不同，机件结构的形状多种多样。当机件结构形状比较复杂时，仅仅采用组合体三视图就很难把机件的内外形状准确、完整、清晰地表达出来。为此，国家标准《机械制图》中规定了视图、剖视图、断面图、局部放大图和其他规定画法等一系列表达方法，这些方法是正确绘制和阅读工程图样的基本条件。本章重点介绍机件常用表达方法的画法及特点，以便能够灵活地运用。

6.1 视 图

视图主要用于表达机件的外部结构形状，一般用粗实线画出机件的可见轮廓，必要时也可用细虚线画出机件的不可见轮廓。视图通常分为基本视图、向视图、局部视图和斜视图四种。

6.1.1 基本视图

当机件结构形状比较复杂时，用三视图不能清楚地表达机件的上下、左右、前后各个方向的形状时，则可根据国家标准规定，在原有三个投影面的基础上再增加三个投影面，组成一个正六面投影体系，该投影体系的六个表面称为基本投影面。将机件放在六个基本投影面体系内，分别向各基本投影面进行投影所得的视图称为基本视图，如图 6-1 所示。在六个基本视图中除了前面介绍过的三视图外，还有：从右向左投影所得的右视图；从后向前投影所得的后视图；由下向上投影所得的仰视图。

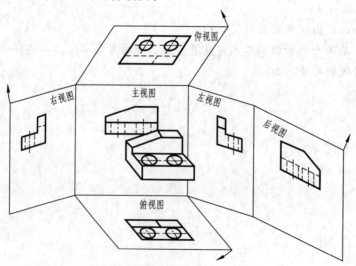

图 6-1 六个基本投影面及展开

投影面按图 6-1 展成同一平面后，六个基本视图的规定配置如图 6-2 所示。各基本视图按图配置时，一律不需标注各视图的名称。而且，六个基本视图之间仍保持"三等"投影规律，即：主、俯、仰三个视图长对正，主、左、右、后四个视图高平齐，俯、左、仰、右四个视图宽相等。实际画图时，一般无须将六个基本视图全部画出，而是应根据机件的结构特点和表达需要，选择必要的基本视图。在完整、清晰地表达机件各部分结构形状的前提下，应使视图数量最少，力求制图简便。

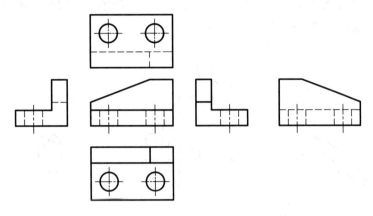

图 6-2　基本视图的规定配置

6.1.2　向视图

向视图是一种可以自由配置的视图。为了合理利用图纸，国家标准规定可以将机件的基本视图不按规定的位置配置，而采用向视图绘制，如图 6-3 所示。

在向视图的上方要标注出向视图的名称"×"（"×"为大写拉丁字母，并按 A、B、$C\cdots$顺次使用），而且要在相应的视图附近用箭头指明投射方向，并标注相同的字母。

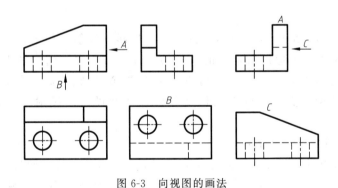

图 6-3　向视图的画法

6.1.3　局部视图

将机件的某一部分结构形状向基本投影面投射，所得的视图称为局部视图。局部视图适用于表达机件上的局部结构形状，即当采用一定数量的基本视图后，机件上仍有部分结构形状尚未表达清楚，而又没有必要画出完整的基本视图时，可以采用局部视图，如图 6-4 所示。

画局部视图时的注意事项如下：

① 画局部视图时，一般应标注，标注的形式和向视图的标注方法一样。当局部视图按投影关系配置，中间又没有其他视图隔开时，可省略标注。

② 局部视图的断裂边界用波浪线或双折线表示，如图中局部视图 *B*。但当所表达的局部结构形状是完整的且外轮廓线又是封闭图形时，则波浪线可省略不画，如图中的局部视图 *A* 和局部视图 *C*。

③ 局部视图常配置在箭头所指方向，并画在有关视图附近，以保持投影关系对应。当布置有困难时，也可把局部视图配置在其他适当位置。

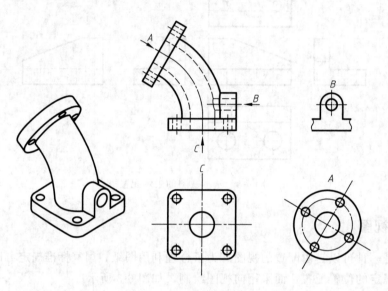

图 6-4　局部视图的画法

6.1.4　斜视图

将机件的某一部分结构形状向不平行于基本投影面投射所得的视图称为斜视图。如图 6-5 所示，主视图所示弯板右上部的倾斜结构部分，在主、俯视图上均不能反映该部分的实形。为了表达该部分的实形，可选择一个与倾斜结构部分平行且垂直于某一个基本投影面的辅助投影面，将倾斜结构部分向该辅助投影面投射所得到的视图即为斜视图。

画斜视图时的注意事项如下：

① 斜视图必须标注，标注的形式也与向视图的标注方法一样。而且，斜视图只画出机件倾斜结构的部分即可，其余部分不必全部画出，需用波浪线或双折线断开，如图 6-6（a）所示。

② 斜视图通常按投影关系配置，为了作图方便和节省图纸，也可以配置在其他适当位置。在不致引起误解时，还允许将斜视图旋转配置。当斜视图旋转配置时，还需加注旋转符号，旋转符号采用以字高为半径的半圆弧，箭头指向要与实际旋转方向一致。此时，表示斜视图名称的字母应靠近旋转符号的箭头端，也允许将旋转角度值标注在字母之后，如图 6-6（b）和图 6-6（c）所示。

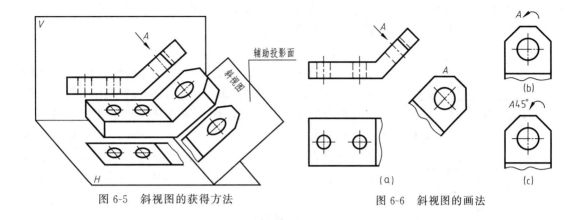

图 6-5　斜视图的获得方法

图 6-6　斜视图的画法

6.2　剖　视　图

当机件内部结构形状比较复杂时，在视图上就会出现虚线与虚线、虚线与实线重叠以及虚线过多，这不仅影响视图清晰，而且会给读图和标注尺寸增加困难。为了更清楚地表达机件内部结构形状，国家标准《机械制图》中规定了剖视图的画法。

6.2.1　剖视图的概念

假想用剖切面剖开机件，并将处在观察者和剖切面之间的部分移去，而将剩余部分向投影面投射所得的图形称为剖视图，也可简称剖视。如图 6-7（a）所示的机件主视图，就出现了一些表达内部结构形状的细虚线。在这种情况下，就可以采用剖视图的形成过程，获得该机件主视图位置上的剖视图，如图 6-7（b）和图 6-7（c）所示。这样就可以使原主视图中表达内形的细虚线成为了粗实线，给读图和标注尺寸带来方便。

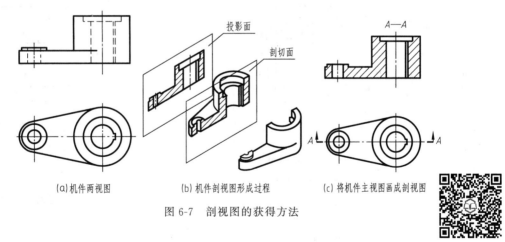

(a)机件两视图　　　　　(b)机件剖视图形成过程　　　　　(c)将机件主视图画成剖视图

图 6-7　剖视图的获得方法

6.2.2　剖视图的画法

下面以图 6-8 所示机件为例，将主视图画成剖视图，其画法如下。

（1）确定剖切面的位置

一般常用平面作为剖切面（也可用柱面）。剖切面应尽量通过机件较多的内部结构（孔、槽等）的轴线、对称面等，并平行于相应的投影面。如图 6-8 所示，剖切面选择正平面且通过机件的前后对称平面，即与俯视图的对称线重合。

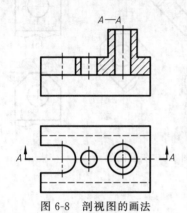

图 6-8　剖视图的画法

（2）画剖视图

剖视图主要由两部分组成，一部分是剖切面和机件接触的区域，该部分也称为剖面区域，另一部分是剖切面后边的可见部分的投影。因此，画剖视图时要想清楚剖切后的情况，哪些部分移走了，哪些部分留下来了，哪些部分切到了，其投影如何等。画图步骤是先画整体后画局部，画出外形的轮廓及内部结构形状，并注意剖切面后面部分的投影线不要漏掉。

（3）画剖面符号

为了区分机件空心部分和实心部分，还应在剖面区域中画出剖面符号。机件的材料不同，其剖面符号也不同，如表 6-1 所示。金属材料的剖面符号可用剖面线的形式表示，此时剖面线应画成与水平方向成 45°的细实线，同一机件的剖视图上的剖面线方向、间隔应一致。当视图中的主要轮廓线与水平方向成 45°时，该图形的剖面线应画成与水平成 30°或 60°的平行线。

表 6-1　常用剖面符号

材　料　名　称	剖　面　符　号	材　料　名　称	剖　面　符　号
金属材料 （已有规定剖面符号者除外）		木质胶合板 （不分层数）	
非金属材料 （已有规定剖面符号者除外）		基础周围的泥土	
线圈绕组元件		混凝土	
转子、电枢、变压器和电抗器等的叠钢片		钢筋混凝土	
型砂、填砂、粉末冶金、砂轮、陶瓷刀片、硬质合金刀片等		砖	
玻璃及供观察用的其他透明材料		格网（筛网、过滤网等）	
木材　纵剖面 横剖面		液体	

6.2.3 剖视图的标注

为了便于读图，在画剖视图时，应将剖切符号、投射方向和剖视图名称标注在相应的视图上。标注剖视图的内容如下。

（1）剖切符号

用以表示机件剖切面的位置。在相应的视图上用剖切符号（长约 5～10mm 的粗实线）表示剖切面的起讫和转折处位置，并在其附近注上相同的大写拉丁字母。而且，剖切符号尽可能不要与图形的轮廓线相交，应留有少量距离。

（2）投射方向

用以表示机件被剖切后的投射方向。表示投射方向的箭头应画在剖切符号的起讫处，且与代表剖切符号的粗实线垂直。

（3）剖视图名称

在剖视图的上方，用与标注剖切符号相同的大写拉丁字母标出剖视图的名称"×—×"。

关于剖视图标注的内容，在下列情况时可以省略标注：

① 当剖视图按投影关系配置，中间又无其他图形隔开时，可以省略箭头。

② 当剖切平面通过机件的对称面，且剖视图按投影关系配置，中间又无其他图形隔开时，可省略标注。

6.2.4 剖视图的分类

为了更清晰、更合理地表达机件内部结构形状，按照剖切面、剖切部位和剖切方法的不同，国家标准中规定了全剖视图、半剖视图、局部剖视图、斜剖视图、旋转剖视图和阶梯剖视图等几种常见剖视图。

（1）全剖视图

用剖切平面完全地剖开物体所得的剖视图称为全剖视图。图 6-7、图 6-8 和图 6-9 中的主视图采用的便是全剖视图的画法。

① 适用范围。主要适用于外形比较简单、内形比较复杂的机件。

② 全剖视图的画法。假想机件被剖切面完全剖开所作的剖视图。

③ 全剖视图的标注。全剖视图的标注依据前述 6.2.3 节的剖视图标注原则即可。值得注意的是，当全剖视图的剖切面通过机件对称面，剖视图按投影关系配置，中间又无其他图形隔开时，可省略标注。

对于含有肋、轮辐及薄壁等结构的机件，如按纵向剖切，这些结构通常按不剖绘制，即不画剖面符号，而用粗实线将它与邻接部分分开。图 6-9 所示机件的全剖视图中的肋，就是按上述规定画出的。

（2）半剖视图

机件具有对称面时，向垂直于对称平面的投影面上投射所得的图形，可以以对称中心线为界，一半画成剖视图，另一半画成视图，这种剖视图称为半剖视图，如图 6-10 所示。

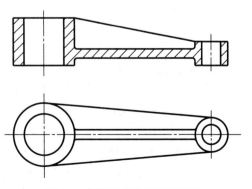

图 6-9　剖视图中肋的规定画法

半剖视图的特点是用剖视和视图各一半组合的方式来表达机件的内形和外形。

① 适用范围。主要适用于内外结构形状都比较复杂，且具有对称或基本对称的机件。

② 半剖视图的画法。在半剖视图中，半个剖视图和半个外形视图的分界线应画成细点画线，不能画成粗实线。由于图形对称，机件内部结构已在半个剖视图中表达清楚，所以在表达外形的半个视图中，细虚线应省略不画。

③ 半剖视图的标注。剖切平面与机件的主要对称面重合，且按投影关系配置时，不需要标注。当剖切平面不与主要对称面重合，但按投影关系配置时，需要标注剖切符号及字母，而表示投影方向的箭头可以省略，如图 6-10 所示。

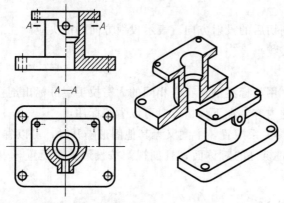

图 6-10　半剖视图的画法

（3）局部剖视图

用剖切平面将机件局部剖开，并通常用波浪线表示其剖切范围，这样得到的剖视图称为局部剖视图，如图 6-11 所示。

图 6-11　局部剖视图的画法

① 适用范围。局部剖视图的表达方式比较灵活，通常主要适用于以下几种情况：

a. 当机件上只有局部的内部结构形状需要表达，但又没有必要画成全剖视图时，可采用局部剖视图，如图 6-12 所示。

b. 当机件既需要表达内部结构形状，又要保留某些外部轮廓形状，还不能采用全剖及半剖视图时，可采用局部剖视图，如图 6-12（a）所示。

c. 对于带有孔或槽的实心杆件，如轴、连杆、螺钉等零件，一般采用局部剖视图来表示其内部的孔或槽，如图 6-12（b）所示。

② 局部剖视图的画法：

a. 在同一个视图中，采用局部剖视图的数量不宜过多。

b. 表示剖切范围的波浪线采用细实线绘制（见图 6-13），波浪线不能与图中其他轮廓线重合或画在它们的延长线上，如图 6-13（b）和图 6-13（d）所示。波浪线不能超出视图轮廓线，也不能穿越孔或槽（应断开），如图 6-13（f）所示。

③ 局部剖视图的标注。局部剖视图的标注与全剖视图的标注方法相同，但对剖切位置比较明显的局部剖视图，一般可以省略标注。

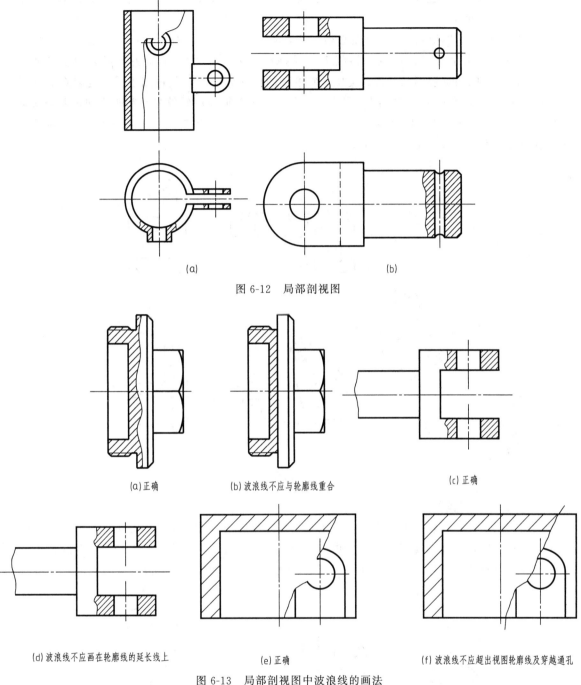

(a)   (b)

图 6-12　局部剖视图

(a)正确　　　　　　(b)波浪线不应与轮廓线重合　　　　　　(c)正确

(d)波浪线不应画在轮廓线的延长线上　　　　(e)正确　　　　(f)波浪线不应超出视图轮廓线及穿越通孔

图 6-13　局部剖视图中波浪线的画法

（4）斜剖视图

　　当机件上倾斜部分的内形及有关外形在基本视图上不能反映其实形时，可用一个不平行于任何基本投影面的投影面垂直面作为剖切平面来剖切机件，剖切后再投影到与剖切平面平行的辅助投影面上，这样得到的剖视图称为斜剖视图，如图 6-14 所示。

　　① 适用范围。主要用于表达机件上具有倾斜部分的内部结构形状，其原理与斜视图相同。

② 斜剖视图的画法。斜剖视图的画法与全剖视图的画法相同，只是剖切平面不平行于任何基本投影面而已。

③ 斜剖视图的标注。斜剖视图必须标注，其方法也与全剖视图的标注方法相同，但要注意字母一律水平书写。而且，斜剖视图最好按投影关系配置在箭头所指方向上，如图6-14（a）所示的斜剖视图 $A—A$。类似于斜视图的标注方法，斜剖视图也可以配置在其他适当位置并允许旋转配置。当斜剖视图旋转配置时，也需加注旋转符号。箭头指向也要与实际旋转方向一致，表示斜剖视图名称的字母应靠近旋转符号的箭头端，也允许将旋转角度值标注在字母之后，如图6-14（b）和图6-14（c）所示。

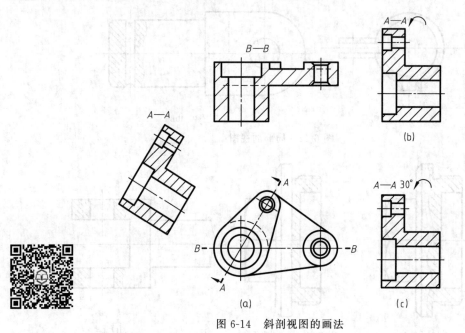

图 6-14　斜剖视图的画法

（5）旋转剖视图

用几个相交的剖切平面（交线垂直于某一基本投影面）剖开机件的方法，习惯上称为旋转剖。采用旋转剖画剖视图时，先假想按剖切位置剖开机件，然后将被剖切面剖开的结构及其有关部分旋转到与选定的投影面平行后，再进行投射，如图6-15所示。

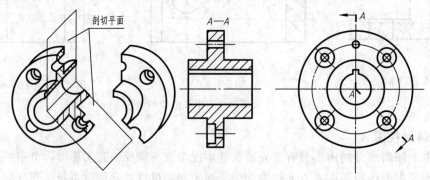

图 6-15　旋转剖视图的画法

① 适用范围。机件内部结构形状仅用一个剖切平面不能完全表达，且这个机件又具有较明显的回转中心，而其孔、槽等又不在同一平面内时，常采用旋转剖视图，如法兰、手

轮、皮带轮等盘盖类机件和某些叉杆类机件。

② 旋转剖视图的画法：

a. 剖切平面的交线一般应与机件的回转轴线重合，这样画出的剖视图能反映实形，如图 6-15 和图 6-16 所示。

b. 倾斜剖切平面旋转到与选定的基本投影平面平行后，选定平面位置上原有结构不再画出，剖切平面后面的其他结构形状仍按原来位置画出其可见部分投影，如图 6-16（a）所示。

c. 当剖切后产生不完整要素时，应将此部分结构按不剖绘制，如图 6-16（b）所示。

③ 旋转剖视的标注。旋转剖视图必须标注，即在剖切平面的起始、转折、终止处标出剖切符号及相同的字母；一般还应画上箭头表明旋转和投射方向，并在旋转剖视图上方标注相应的字母，如图 6-15 所示。当转折处地方有限又不致引起误解时，允许省略字母；当旋转剖视图按投影关系配置，中间又无其他图形隔开时，可以省略箭头，如图 6-16 所示。

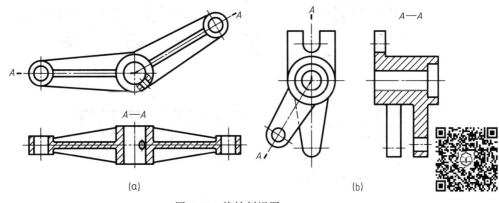

图 6-16　旋转剖视图

（6）阶梯剖视图

用几个平行的剖切平面剖开机件所得的剖视图称为阶梯剖视图，如图 6-17 所示。

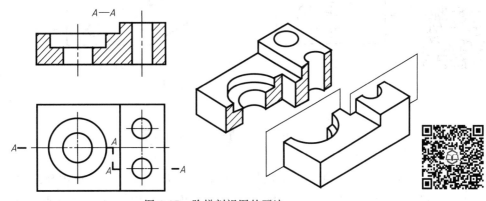

图 6-17　阶梯剖视图的画法

① 适用范围。机件上有较多的孔、槽及空腔等，且它们的轴线或对称面不在同一平面内，用一个剖切平面不能把机件的内部形状同时表达清楚时，常采用阶梯剖视图。

② 阶梯剖视图的画法：

a. 不应画出剖切平面转折处的界线，如图 6-18（a）和图 6-18（b）所示。

b. 剖切平面的转折处不应与图形中的轮廓线（粗实线或细虚线）重合。

c. 图形中不应出现不完整的要素，只有当两个要素在图形上具有公共对称中心线或轴线时，才可以各画一半，如图 6-18（c）和图 6-18（d）所示。

③ 阶梯剖视图的标注。阶梯剖视图必须标注，标注方法与旋转剖视图的标注相同，即在剖切平面的起始、转折和终止处，要用带字母的剖切符号标注，剖视图若按投影关系配置，箭头可以省略，而在剖视图的上方还要用相同的字母标注阶梯剖视图的名称。

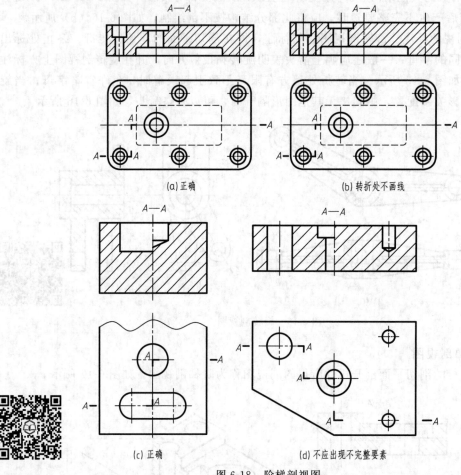

图 6-18　阶梯剖视图

6.3 断面图

类似于剖视图，为了进一步提高绘图效率和更简洁地表达图形内部结构，国家标准（GB/T 17452—1998）中规定了另外一种表达零件内部结构的方法，就是断面图。断面常用来表示机件上某一局部结构的断面形状，如机件上的肋板、轮辐、键槽、小孔、杆件和型材的截面等结构。

6.3.1 断面图的概念

（1）断面图的定义

假想用剖切平面将机件的某处切断，仅画出该剖切面与机件接触部分的图形，这种图形称为断面图（简称断面），如图 6-19 所示。

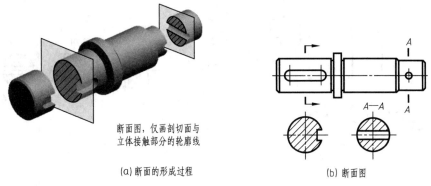

断面图，仅画剖切面与
立体接触部分的轮廓线

(a) 断面的形成过程

(b) 断面图

图 6-19　断面图

（2）断面图与剖视图的区别

① 断面图仅画出机件［图 6-20（a）］与剖切平面接触部分的图形，如图 6-20（b）所示；

② 剖视图除需要画出剖切平面与机件接触部分的图形外，还要画出其后的所有可见部分的图形，如图 6-20（c）所示；

③ 断面图一般仅应用在零件图的表达当中，剖视图的应用范围更广。

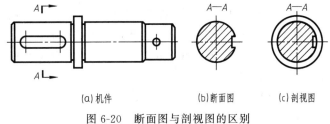

(a) 机件　　　　　(b) 断面图　　　(c) 剖视图

图 6-20　断面图与剖视图的区别

6.3.2　断面图的种类

根据 GB/T 17452—1998，断面图分为移出断面和重合断面两种。

（1）移出断面

画在视图之外的断面，称为移出断面，如图 6-20（b）所示。

① 移出断面的画法：

a. 移出断面的轮廓用粗实线绘制，并在断面画上剖面符号，如图 6-20 所示。

b. 移出断面应尽量配置在剖切符号的延长线上，如图 6-19（b）所示。必要时也可画在其他适当位置，但需要绘制观察方向"×"及标注相应视图"×—×"，如需旋转，需标注旋向符号，如图 6-21（a）所示。

c. 当剖切平面通过由回转面形成的凹坑、孔等轴线或非回转面的孔、槽导致断面完全分离时，这些结构应按剖视绘制，如图 6-21（a）、（b）所示。

d. 由两个（或多个）相交的剖切平面剖切得到的移出断面图，可以画在一起，但中间必须用波浪线隔开，如图 6-22 所示。

e. 当移出断面对称时，可将断面图画在视图的中断处，如图 6-23 所示。

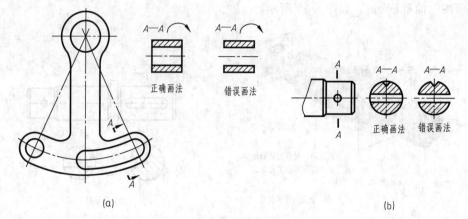

(a)   (b)

图 6-21　移出断面图的画法和标注

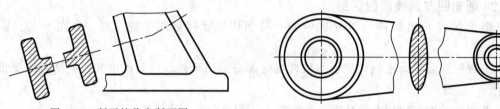

图 6-22　断开的移出断面图　　　　　图 6-23　配置在视图中断处的移出断面图

② 移出断面的标注。移出断面一般应用剖切符号表示剖切位置，用箭头表示投射方向并注上大写拉丁字母，在断面图上方，用相同的字母标注出相应的名称。

a. 完全标注。不配置在剖切符号延长线上的不对称移出断面或不按投影关系配置的不对称移出断面，必须标注，如图 6-21（a）所示的"$A—A$"。

b. 省略字母。配置在剖切符号延长线上或按投影关系配置的移出断面，可省略字母，如图 6-19（b）所示的断面。

c. 省略箭头。对称的移出断面和按投影关系配置的断面，可省略表示投影方向的箭头，如图 6-21（b）所示的断面。

d. 不必标注。配置在剖切符号延长线上的对称移出断面和配置在视图中断处的对称移出断面以及按投影关系配置的移出断面，均不必标注，如图 6-22、图 6-23 所示的断面 。

（2）重合断面

画在视图之内的断面，称为重合断面，如图 6-24、图 6-25 所示。

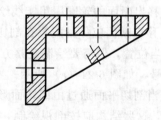

图 6-24　不对称的重合断面图　　　　　　　图 6-25　对称的重合断面图

① 重合断面的画法。重合断面的轮廓线用细实线绘制，如图 6-24、图 6-25 所示；当重合断面轮廓线与视图中的轮廓线重合时，视图的轮廓线仍应连续画出，不可间断，如图6-24

所示。

② 重合断面的标注。因为重合断面直接画在视图内的剖切位置上，标注时可省略字母，如图 6-24 所示；不对称的重合断面，仍要画出剖切符号，如图 6-24 所示；对称的重合断面，可不必标注，如图 6-25 所示。

6.4 局部放大图和简化画法

6.4.1 局部放大图

当机件上某些细小结构在视图中不易表达清楚和不便标注尺寸时，可将这些结构用大于原图形所采用的比例画出，这种图形称为局部放大图，如图 6-26 所示。

局部放大图可画成视图、剖视图或断面图，它与被放大部分所采用的表达形式无关。局部放大图应尽量配置在被放大部位的附近。

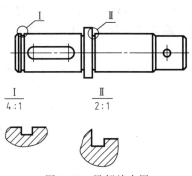

局部放大图必须进行标注，一般应用细实线圈出被放大的部位，类似放大镜的图形，如图 6 26 所示。当同一机件上有几处被放大的部分时，必须用罗马数字依次标明被放大的部位，并在局部放大图的上方标注出相应的罗马数字和所采用的比例（系指放大图中机件要素的线性尺寸与实际机件相应要素的线性尺寸之比，与原图形比例无关）。

图 6-26　局部放大图

6.4.2 简化画法

（1）当回转体的机件上有均匀分布的肋、轮辐、孔等，且不处于剖切平面上时，可将这些结构假想旋转到剖切平面上画出，且不需加任何标注，如图 6-27 所示。

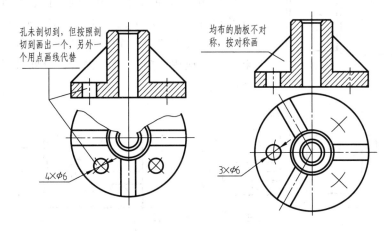

图 6-27　回转体上均匀结构的简化画法

（2）当机件上具有若干相同结构（孔、齿或槽等）时，只需要画出几个完整的结构，其余用细实线连接，但必须在图上注明该结构的总数，如图 6-28（a）所示。

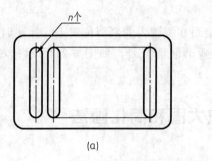
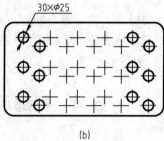

(a)

(b)

图 6-28　相同结构的简化画法

（3）当机件上具有若干直径相同且成规律分布的孔时，可以仅画出一个或几个，其余用细点画线或"＋"表示其中心位置，如图 6-28（b）所示。

（4）在不致引起误解时，对称机件的视图可只画一半或四分之一，并在图形对称中心线的两端分别画两条与其垂直的平行细实线（细短画），如图 6-29 所示。

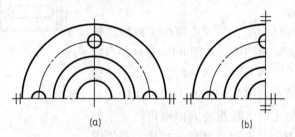

(a)

(b)

图 6-29　对称结构的简化画法

（5）机件上对称结构的局部视图，可按图 6-30 所示的方法绘制。

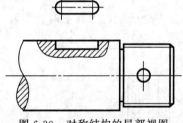

图 6-30　对称结构的局部视图

（6）机件上较小结构所产生的交线（截交线、相贯线），如在一个视图中已表达清楚时，可在其他图形中简化或省略，如图 6-31 所示。

（7）为了避免增加视图、剖视图、断面图，可用细实线绘出对角线表示平面，如图 6-31（a）所示。

（8）较长的机件（轴、型材、连杆等）沿长度方向形状一致，或按一定规律变化时，可断开后绘制，如图 6-32所示。

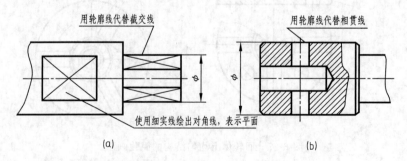

用轮廓线代替截交线

用轮廓线代替相贯线

使用细实线绘出对角线，表示平面

(a)

(b)

图 6-31　截交线、相贯线、小平面的简化画法

（9）除确系需要表示的圆角、倒角外，其他圆角、倒角在零件图均可不画，但必须注明

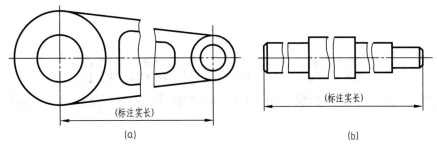

(a)
(b)

图 6-32　较长机件的折断画法

尺寸，或在技术要求中加以说明，如图 6-33 所示。

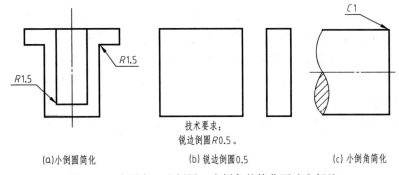

(a)小倒圆简化

技术要求：
锐边倒圆R0.5。

(b) 锐边倒圆0.5

(c) 小倒角简化

图 6-33　小圆角、小倒圆、小倒角的简化画法和标注

第7章 标准件和常用件

标准件是指结构、尺寸、画法、标记及成品质量均已标准化的机械零件。例如：螺钉、螺栓、螺柱、螺母、垫圈、键、销、滚动轴承等。在机械设计中，标准件一般都是根据标记直接采购的，所以不必画零件图。

在机器或部件中，除了标准件以外的其他零件为一般零件。有一些一般零件，如齿轮、弹簧等，某些部分的结构形状与尺寸也已标准化，习惯上将它们称为常用件。

在绘图时，对上述零件已标准化的结构形状，如螺纹的牙型、齿轮的齿廓等，不需按真实投影画出，只需根据国家标准规定的画法、代号或标记进行绘图和标注，它们的结构和尺寸可查阅相应的国家标准或机械零件手册得出。

本章主要介绍螺纹、螺纹紧固件、齿轮、键、销、滚动轴承和弹簧等的规定画法、代号及其标注。

7.1 螺　　纹

7.1.1 螺纹的形成及螺纹要素

（1）螺纹的形成

螺纹是在圆柱、圆锥等回转体的内、外表面上沿着螺旋线所形成的具有相同轴向断面的连续凸起和沟槽。在圆柱、圆锥等外表面上形成的螺纹称为外螺纹；在圆柱、圆锥等内表面上形成的螺纹称为内螺纹，一般成对使用。

形成螺纹的加工方式有很多，外螺纹通常用车床车削形成，也可以辗压成形，如图 7-1 所示；对于内螺纹，当孔径尺寸较大时可以用车床加工，当孔径尺寸较小时，先用钻头钻出光孔，再用丝锥攻螺纹，如图 7-2 所示。

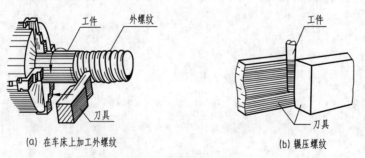

(a) 在车床上加工外螺纹　　　　　　　(b) 辗压螺纹

图 7-1　外螺纹的形成

无论内、外螺纹，其表面凸起部分的顶端均称为螺纹的牙顶，而沟槽的底部均称为螺纹的牙底，如图 7-3 所示。与外螺纹牙顶或内螺纹牙底相重合的假想圆柱的直径称为大径，其

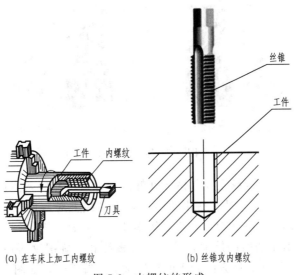

图 7-2　内螺纹的形成

中内螺纹大径用 D 表示，外螺纹大径用 d 表示；与外螺纹牙底或内螺纹牙顶重合的假想圆柱的直径称为小径，其中内螺纹小径用 D_1 表示，外螺纹小径用 d_1 表示；通过牙顶和牙底宽度相等处的假想圆柱的直径称为中径，其中内螺纹中径用 D_2 表示，外螺纹中径用 d_2 表示。

（2）螺纹的要素

当内、外螺纹连接时，螺纹的几何要素——牙型、公称直径、线数、螺距（导程）和旋向必须一致。

① 牙型。螺纹的牙型是指通过螺纹轴线断面上的螺纹的轮廓形状。常见的螺纹牙型有三角形（分为 55°、60° 两种）、梯形和锯齿形等。不同的牙型，具有不同的用途。

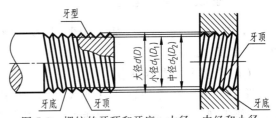

图 7-3　螺纹的牙顶和牙底，大径、中经和小径

② 公称直径。公称直径是代表螺纹尺寸的直径，指螺纹大径的基本尺寸，如图 7-3 所示。

③ 螺纹线数 n。螺纹有线数之分，沿一条螺旋线形成的螺纹叫单线螺纹；沿两条螺旋线形成的螺纹叫双线螺纹；通常把沿轴向等距分布的两条或两条以上的螺旋线形成的螺纹叫多线螺纹。螺纹线数用 n 表示。在图 7-4 中，单线螺纹，$n=1$；双线螺纹，$n=2$。

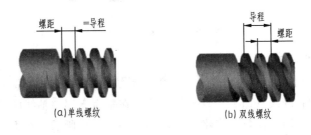

图 7-4　螺纹的线数、螺距和导程

（a）左旋(逆时针方向旋入)　　　　（b）右旋(顺时针方向旋入,常用)

图 7-5　螺纹的旋向

④ 螺距 P 和导程 P_h。螺纹上相邻两牙在螺纹中径线上对应两点间的轴向距离叫螺距，用 P 表示；在同一条螺纹上，螺纹上相邻两牙在中径线上对应两点间的轴向距离叫导程，用 P_h 表示。对于单线螺纹 $P_h = P$；对于多线螺纹 $P_h = nP$。

⑤ 旋向。螺纹按其形成时的旋向，分为右旋螺纹和左旋螺纹两种，沿顺时针方向旋入的螺纹称为右旋螺纹，沿逆时针方向旋入的螺纹称为左旋螺纹，如图 7-5 所示。

为了便于设计计算和加工制造，国家标准对有些螺纹（如普通螺纹、梯形螺纹等）的牙型、公称直径和螺距都作了规定。牙型、公称直径和螺距都符合国家标准的螺纹，称为标准螺纹。若牙型符合标准，公称直径或螺距不符合标准的，称为特殊螺纹。对于牙型不符合标准的（如方形螺纹），称为非标准螺纹。

7.1.2　螺纹的规定画法

GB/T 4459.1—1995《机械制图　螺纹与螺纹紧固件表示法》规定了在机械图样中螺纹和螺纹紧固件的画法。

（1）外螺纹的规定画法

螺纹牙顶所在的轮廓线（即大径），画成粗实线；螺纹牙底所在的轮廓线（即小径），画成细实线，应一直画到螺杆头部的倒角（或倒圆）处，且小径通常画成大径的 0.85 倍（实际的小径数值可查阅有关标准），如图 7-6 主视图所示。在垂直于螺纹轴线的投影面视图中，表示牙底的细实线圆只画约 3/4 圈，倒角圆省略不画，如图 7-6 的左视图所示。

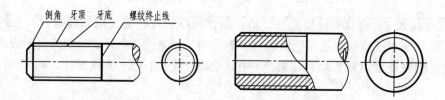

图 7-6　外螺纹的规定画法

（2）内螺纹的规定画法

内螺纹通常采用剖视图表达。在剖视图中，螺纹牙顶所在的轮廓线（即小径）画粗实线，螺纹牙底所在的轮廓线（即大径）画细实线；在垂直于螺纹轴线的投影面视图中，表示牙底的细实线圆画 3/4 圈，倒角圆省略不画，如图 7-7（a）所示。在不可见的螺纹中，除螺孔的轴线画细点画线外，所有图线均按细虚线绘制，如图 7-7（b）所示。

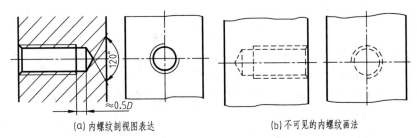

(a) 内螺纹剖视图表达　　　　　(b) 不可见的内螺纹画法

图 7-7　内螺纹的规定画法

（3）其他规定画法

完整螺纹的终止界线（简称螺纹终止线）用粗实线表示，外螺纹终止线如图 7-6（a）所示。在剖视图中螺纹终止线只画出牙高部分，如图 7-6（b）所示，内螺纹终止线如图 7-7 所示。

螺纹的长度指有效螺纹长度，即不包括螺尾部分（螺尾指螺纹的一段牙型不完整的部分），螺尾一般不画；当需要表达时，螺尾部分的牙底用与轴线成 30° 的细实线绘制，如图 7-8（a）所示。工程上为避免产生螺尾，通常预先在螺纹末尾处加工出退刀槽，再加工螺纹，如图 7-8（b）、（c）所示。

对于不穿通的螺孔，钻孔深度应比螺孔深度深，通常取 0.5D。由于钻头的锥角约为 120°，因此，钻孔底部以下的圆锥坑的锥角应画成 120°。

无论是外螺纹或内螺纹，在剖视或断面图中的剖面线都必须画到牙顶轮廓线处，即画到粗实线处。

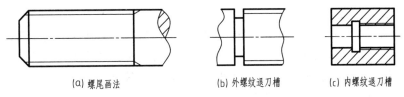

(a) 螺尾画法　　　　(b) 外螺纹退刀槽　　　　(c) 内螺纹退刀槽

图 7-8　螺尾和退刀槽

（4）螺纹旋合的规定画法

如图 7-9 所示，以剖视图表示内、外螺纹旋合时，其旋合部分应按外螺纹绘制，其余部分仍按各自的画法画出。应该注意的是，表示大、小径的粗实线和细实线应分别对齐，而与倒角的大小无关。

7.1.3　螺纹的分类和标注

螺纹按用途分为两大类，即连接螺纹和传动螺纹。连接螺纹起连接作用，传动螺纹用来传递运动和动力。

常用的连接螺纹分为普通螺纹和管螺纹两种，普通螺纹又分为粗牙普通螺纹和细牙普通螺纹，相同公称直径的细牙螺纹比粗牙螺纹的螺距小；管螺纹分为非螺纹密封管螺纹和用螺纹密封管螺纹。普通螺

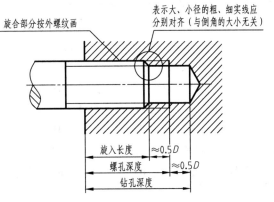

图 7-9　内、外螺纹旋合的规定画法

纹和管螺纹的牙型均为三角形，其中普通螺纹的牙型角为 60°，管螺纹的牙型角为 55°，螺纹尺寸规格以英寸（in❶）为单位，常用于水、气管路连接。

常用的传动螺纹分为梯形螺纹、锯齿形螺纹两种。梯形螺纹的牙型为等腰梯形，牙型角为 30°，用于传递双向力。因梯形加工方便、强度好、传动效率高，所以是各类机器上最常用的传动螺纹，如机床丝杠。锯齿形螺纹因牙型如锯齿而命名，其牙型角为 33°，用于传递单向力，如千斤顶中的螺杆。

从螺纹的规定画法中无法区别螺纹的种类，如牙型、公称直径、螺距、线数和旋向等要素，因此，国家标准规定了各种螺纹用规定代号加以标注。各种常用螺纹的标注示例如表 7-1 所示。

（1）普通螺纹

特征代号为 M，普通螺纹的公称直径、螺距可查附录附表 1。粗牙普通螺纹的同一公称直径只对应一种螺距，细牙普通螺纹的同一公称直径对应一种或一种以上的螺距。因此，标记细牙螺纹时，必须注出螺距。细牙螺纹多用于细小的精密零件与薄壁零件上。普通螺纹的螺距与直径的关系，可查阅附录附表 2。

普通螺纹的完整标记为：螺纹特征代号　尺寸代号-螺纹公差带代号-旋合长度代号-旋向代号。

① 螺纹特征代号：表示牙型，不同牙型的螺纹有不同的螺纹特征代号。普通螺纹的特征代号为"M"。

尺寸代号：表示螺纹的大小，包括螺纹直径、导程和螺距。单线螺纹标注为"公称直径×螺距"，多线螺纹标注为"公称直径×Ph 导程 P 螺距"，单线粗牙螺纹可省略标注螺距，只需标注为"公称直径"。

② 螺纹公差带代号：普通螺纹的公差带代号的有关内容可查阅国家标准 GB/T 197—2003。螺纹公差带代号包括中径公差带代号和顶径（螺纹牙顶轮廓所对应直径，即外螺纹大径、内螺纹小径）公差带代号。公差带代号是由表示公差等级的数字和表示基本偏差位置的字母所组成的。例如 6H、6g 等，小写字母表示外螺纹，大写字母表示内螺纹。如果螺纹的中径公差带代号和顶径公差带代号不同，则应分别标注，前者表示中径公差带代号，后者表示顶径公差带代号；如果中径和顶径的公差带代号相同，则只标注一个代号。

③ 旋合长度代号：螺纹公差带按短（S）、中（N）、长（L）三种旋合长度给出了精密、中等、粗糙三种精度，可按国家标准 GB/T 197—2003 选用。在一般情况下不标注螺纹的旋合长度，螺纹公差带按中等旋合长度确定，必要时注旋合长度代号 S 或 L。

④ 旋向代号：表示螺纹的旋向。左旋标注 LH，右旋螺纹不标注旋向代号。

例如：M10-5g6g-S：表示公称直径为 10mm、中径公差带代号为 5g、顶径公差带代号为 6g 的右旋单线粗牙普通螺纹（外螺纹），短旋合长度。

M14×P_h6P2-7H-L-LH：表示公称直径为 14mm、导程为 6mm、螺距为 2mm 的左旋三线细牙普通螺纹（内螺纹），中径和顶径的公差带代号都是 7H，长旋合长度。

M20×2-6H-LH：表示公称直径为 20mm、螺距为 2mm 的左旋单线细牙普通螺纹（内螺纹），中径和顶径公差带代号均为 6H，中等旋合长度。

有特殊需要时，还可以注明旋合长度的数值。例如：M20×2-5g6g-40-LH。

---

❶　1in＝0.0254m。

内、外螺纹装配在一起时，其公差带代号用斜线分开，左边为内螺纹公差带代号，右边为外螺纹公差带代号。例如 M20×2-6H/6g：表示公称直径为 20mm、螺距为 2mm 的细牙普通内螺纹与外螺纹相旋合，其中内螺纹的中径和顶径公差带代号均为 6H，外螺纹的中径和顶径公差带代号均为 6g，右旋。

普通螺纹标注时，尺寸界线由螺纹大径线引出。本书在这里只讲述单线螺纹。

（2）管螺纹

管螺纹是位于管壁上用于管子连接的螺纹，有 55°非密封管螺纹和 55°密封管螺纹。非密封管螺纹连接由圆柱内、外螺纹旋合获得；密封管螺纹连接则由圆锥外螺纹和圆锥内螺纹或圆柱内螺纹旋合获得。55°非密封管螺纹的特征代号为 G。55°密封管螺纹的特征代号分别为：与圆锥外螺纹旋合的圆柱内螺纹 R_P；与圆锥外螺纹旋合的圆锥内螺纹 R_C；与圆柱内螺纹旋合的圆锥外螺纹 R_1；与圆锥内螺纹旋合的圆锥外螺纹 R_2。

管螺纹的标记由螺纹特征代号和尺寸代号组成。当螺纹为左旋时，在尺寸代号后需注明代号 LH。55°非密封管螺纹的外螺纹的公差等级有 A、B 两级，所以标记时需在尺寸代号之后或尺寸代号与旋向代号之间加注公差等级代号。

例如：

① G1/2：表示尺寸代号为 1/2、右旋的 55°非密封管螺纹（内螺纹）。

② G1/2A-LH：表示尺寸代号为 1/2、左旋、公差等级为 A 级的 55°非密封管螺纹（外螺纹）。

③ R_C3/4LH：表示尺寸代号为 3/4、左旋、与圆锥外螺纹旋合的圆锥螺纹（内螺纹）。

管螺纹的尺寸代号及基本尺寸（牙型、螺距、牙高、大径、中径、小径等）见附录附表 3。

管螺纹标注方法与其他螺纹不同，不使用尺寸界线和尺寸线，而是用指引线的形式进行标注。需注意的是指引线应从大径线上引出，且不应与剖面线平行。

（3）梯形螺纹

梯形螺纹的特征代号为 Tr，梯形螺纹直径与螺距系列、基本尺寸见附录附表 4。

梯形螺纹标记与普通螺纹相似，完整标记为：螺纹代号-公差带代号-旋合长度代号。

① 螺纹代号：由特征代号和尺寸规格组成。单线螺纹，尺寸规格用"公称直径×螺距"表示；多线时用"公称直径×导程（P 螺距）"表示。当左旋时，在尺寸规格后加注 LH。

② 梯形螺纹的公差带代号：只标注中径公差带代号。需用梯形螺纹的公差时，可查阅 GB/T 5796.4—2005。

③ 旋合长度代号：旋合长度分中等旋合长度（N）和长旋合长度（L）两组。当旋合长度为 N 组时，不标注旋合长度代号；当特殊需要时，可直接注写旋合长度数值。

例如：Tr40×7-7H：表示公称直径为 40mm、螺距为 7mm、中径公差带代号为 7H、单线、右旋的梯形螺纹（内螺纹）。

Tr40×7LH-7e-140：表示公称直径为 40mm、螺距为 7mm、中径公差带为 7e、单线、左旋、旋合长度为 140mm 的梯形螺纹（外螺纹）。

Tr40×14（P7）-8e-L：表示公称直径为 40mm、螺距为 7mm、导程为 14mm、双线、右旋、中径公差带为 8e、长旋合长度的梯形螺纹（外螺纹）。

（4）锯齿形螺纹

锯齿形螺纹的特征代号为 B，有关锯齿形螺纹的各项数据，需用时可查阅 GB/T

13576.1—2008～GB/T 13576.4—2008。锯齿形螺纹的标记及标注同梯形螺纹。

例如：B40×10（P5）LH-8C：表示公称直径为 40mm、螺距为 5mm、导程为 10mm、双线、左旋、中径公差带代号为 8C、中等旋合长度的锯齿形螺纹（内螺纹）。

表 7-1　各种螺纹的标注内容与标注方法

螺纹种类	特征代号	标记示例		说明
普通螺纹	M	粗牙	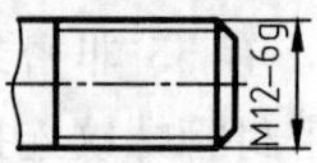 M12-6g	粗牙普通螺纹（外螺纹），公称直径为 12mm，右旋，中径、大径公差带代号均为 6g，中等旋合长度
		细牙	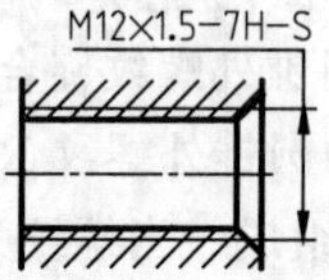 M12×1.5-7H-S	细牙普通螺纹（内螺纹），公称直径为 12mm，右旋，螺距为 1.5mm，中径、小径公差带代号均为 7H，短旋合长度
管螺纹	G	55°非螺纹密封的管螺纹	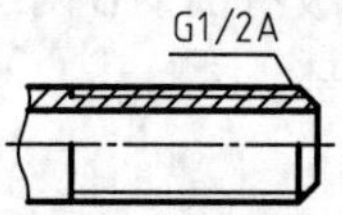 G1/2A	55°非密封管螺纹（外螺纹），尺寸代号 1/2，公差等级 A 级，右旋。用引出标注
	R_P R_C R_1 R_2	55°螺纹密封的管螺纹	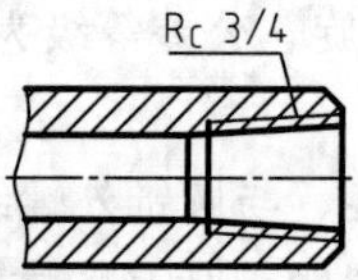 Rc 3/4	与圆锥外螺纹旋合的 55°密封圆锥内螺纹，尺寸代号为 3/4，右旋。用引出标注。R_P：与圆锥外螺纹旋合的圆柱内螺纹；R_C：与圆锥外螺纹旋合的圆锥内螺纹；R_1：与圆柱内螺纹旋合的圆锥外螺纹；R_2：与圆锥内螺纹旋合的圆锥外螺纹
梯形螺纹	Tr		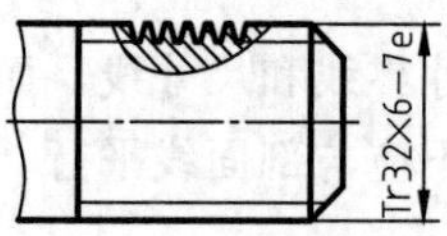 Tr32×6-7e	梯形螺纹（外螺纹），公称直径为 32mm，螺距为 6mm，单线，右旋，中径公差带为 7e，中等旋合长度
锯齿形螺纹	B		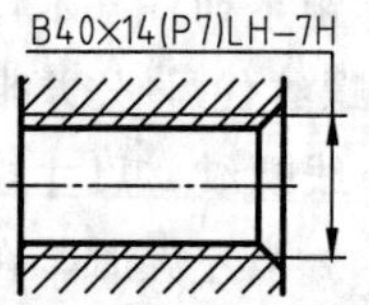 B40×14(P7)LH-7H	锯齿形螺纹（内螺纹），公称直径为 40mm，导程为 14mm，螺距为 7mm，双线，左旋，中径公差带为 7H，中等旋合长度

7.2　螺纹紧固件

螺纹紧固件利用一对内、外螺纹的连接作用来连接和紧固一些零部件。常用螺纹紧固件主要包括螺栓、双头螺柱、螺钉、螺母和垫圈等，如图 7-10 所示。

7.2.1　螺纹紧固件的标记

螺纹紧固件的结构和尺寸均已标准化，根据螺纹紧固件的规定标记，就能在相应的标准中查到其结构形式和有关尺寸。因此，对符合标准的螺纹紧固件，不需再详细画出它们的零件图。紧固件的标记方法见国家标准 GB/T 1237—2000，其中有完整标记和简化标记两种标记方法，本书采用不同程度的简化标记。表 7-2 是一些常用螺纹紧固件的图例与标记，其

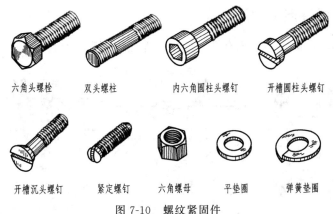

六角头螺栓　　双头螺柱　　内六角圆柱头螺钉　　开槽圆柱头螺钉

开槽沉头螺钉　　紧定螺钉　　六角螺母　　平垫圈　　弹簧垫圈

图 7-10　螺纹紧固件

各部分结构尺寸详见附录附表 5～附表 14。

表 7-2　常用的螺纹紧固件及其标记示例

名称及视图	规定标记示例	名称及视图	规定标记示例
六角头螺栓	螺栓　GB/T 5782　2016 M12×50	开槽锥端紧定螺钉	螺钉　GB/T 71 M12×40
双头螺柱	螺柱　GB 899　M10×50	1 型六角螺母	螺母　GB/T 6170—2015 M16
开槽盘头螺钉	螺钉　GB/T 67—2016 M10×50	平垫圈 A 级	垫圈　GB/T 97.1—2002 16—200HV
内六角圆柱头螺钉	螺钉　GB/T 70.1—2008 M16×40	标准型弹簧垫圈	垫圈　GB 93—1987　20

由表 7-2 中标记示例可知：

① 接近完整的标记由名称、标准编号、螺纹规格（或螺纹规格×公称长度）、性能等级或硬度组成，标记的格式是：名称　标准编号　螺纹规格—性能等级或硬度。名称后、标准编号后均空一格，螺纹规格与硬度间用"—"连接。

如表中的平垫圈标记：垫圈　GB/T 97.1—2002　16—200HV。名称为垫圈；标准编号为 GB/T 97.1—2002；16 指螺纹规格为 16mm，不是垫圈本身的结构尺寸；HV 表示维氏硬度，硬度值为 200。

② 现行标准规定的各螺纹紧固件标记中，标准编号中的年号可以省略，如表中双头螺柱的标记；螺纹紧固件的名称也可以省略，如表中开槽锥端紧定螺钉的标记。

③ 当性能等级或硬度是标准规定的常用等级时，可以省略不注明，如表中除平垫圈以外的其他螺纹紧固件标记所示。

7.2.2　螺纹紧固件连接画法

常用的螺纹紧固件的连接形式有螺栓连接、螺柱连接和螺钉连接等，如图 7-11 所示。

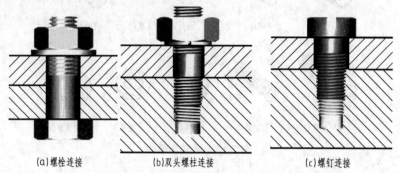

(a)螺栓连接　　(b)双头螺柱连接　　(c)螺钉连接

图 7-11　常用螺纹紧固件连接示意图

（1）螺栓连接

螺栓连接由螺栓、螺母、垫圈组成，用来连接不太厚且可以钻成通孔的零件。垫圈起增加支撑面积、防止损伤零件表面的作用。连接示意图如图 7-11（a）所示。图 7-12 表示用螺栓连接两块板的画法，采用剖视图表达。图 7-12（a）为连接前的情况，被连接的两块板的剖面采用方向相反、间隔一致的剖面符号表示，板上钻有直径比螺栓直径略大的孔（孔径≈1.1d，设计时可按附录附表 28 选用）。连接时，先将螺栓穿过被连接板的通孔中，一般到螺栓头部抵住被连接板下端面为止。然后，在螺栓上部套上垫圈，旋紧螺母。绘图时需知道螺栓连接中各螺纹紧固件的结构形式、公称直径、被连接件的厚度。螺栓连接的装配画法如图 7-12（b）所示。

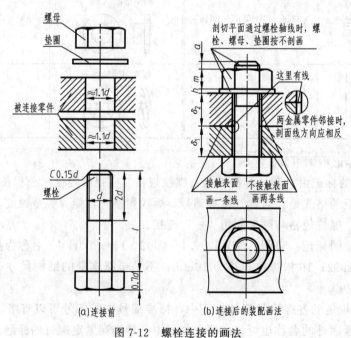

(a)连接前　　(b)连接后的装配画法

图 7-12　螺栓连接的画法

画图时，规定画法如下：

① 两零件的接触表面画一条线，不接触表面画两条线。

② 在剖视图中，邻接两零件的剖面线方向应该相反或者方向一致、间隔不等。

③ 当剖切平面通过标准件和实心零件（如：螺栓、螺母、垫圈、销和轴等）的基本轴线时，这些零件按不剖绘制，画外形图，需要时可采用局部剖视。

④ 当两个零件装配出现重叠时，前面的零件挡住了后面的零件，被遮挡的图线不画。

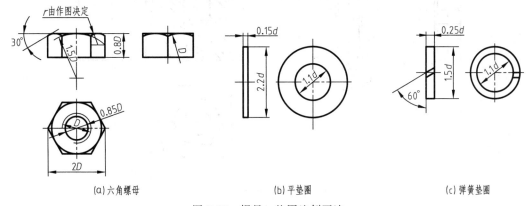

(a) 六角螺母　　　　　　　　　　(b) 平垫圈　　　　　　　　　(c) 弹簧垫圈

图 7-13　螺母、垫圈比例画法

单个螺纹紧固件的画法有查表画法和比例画法两种。查表画法可根据公称直径查附录附表 5～附表 14 或有关标准，得出各部分的尺寸；比例画法是按照公称直径 d（或 D）进行比例折算，得出各部分尺寸。在实际设计中，为了提高画图速度，通常采用比例画法。螺母、垫圈的比例画法如图 7-13 所示；螺栓比例画法见图 7-12（a），其中，螺栓头部除高度外，其余结构画法与螺母画法相同。

画图后，通常需要标记。需计算出螺栓的公称长度 l。如图 7-12（b）所示，螺栓 l 的大小可近似按下式计算：$l=\delta_1+\delta_2+h+m+a=\delta_1+\delta_2+0.15d+0.8d+0.3d=\delta_1+\delta_2+1.25d$。其中，$\delta_1$、$\delta_2$ 为被连接件的厚度；h 为垫圈厚度；m 为螺母厚度；a 为螺栓伸出螺母长度，一般取 $a\approx0.3d$。h、m 值也可查阅关于垫圈、螺母的附表得到。根据上式计算出长度后，再从相应的螺栓标准所规定的长度系列中选取接近的标准长度。螺栓的型式、尺寸和规定标记，可查阅附录附表 10。图 7-12 中选用 GB/T 5780 的螺栓、GB/T 6170 的螺母、GB/T 97.1 的垫圈，标记分别为：螺栓　GB/T 5780　M$d\times l$；螺母　GB/T 6170　MD；垫圈　GB/T 97.1　d。

（2）双头螺柱连接

双头螺柱连接用双头螺柱、垫圈、螺母紧固被连接件，常用于被连接件中有一个较厚不能加工成通孔，或因结构限制不便使用螺栓连接的情况。双头螺柱的特点是两端均有螺纹，一端全部旋入较厚零件的螺孔中，称为旋入端；另一端穿过较薄零件上的通孔，与螺母连接，称为紧固端。如图 7-11（b）所示，双头螺柱连接的上半部分与螺栓连接相似，并且，连接时，双头螺柱的旋入端应完全旋入到连接件的螺孔中，即旋入端螺纹终止线与较厚连接件螺孔端面对齐，画图时画一条线。双头螺柱的装配画法如图 7-14（b）所示。绘图时需知道螺柱的结构形式、公称直径、被连接件的厚度、旋入端材料。

螺柱的比例画法见图 7-14（a），螺母、平垫圈的的比例画法如图 7-13 所示，按双头螺柱的螺纹规格 d 进行比例折算。旋入端的螺纹长度为 b_m，其值与旋入端材料及螺纹公称直径 d 有关，国家标准规定有四种，可按表 7-3 选取。螺孔深度 $\approx b_m+0.5d$，钻孔深度 $\approx$ 螺孔深度 $+0.5d$。

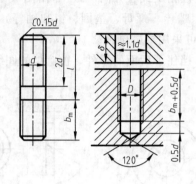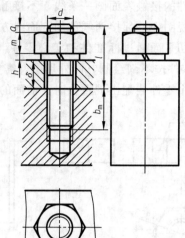

(a)连接前　　　　　　　　　　　　　　(b)连接后

图 7-14　螺柱连接的画法

表 7-3　旋入端长度 b_m

国家编号	旋入端长度 b_m	旋入端材料
GB/T 897—1988	d	铜、青铜
GB/T 898—1988	$1.25d$	铸铁
GB/T 899—1988	$1.5d$	铸铁
GB/T 900—1988	$2d$	铝

　　双头螺柱的公称长度 l 可通过计算得到，$l=\delta+h+m+a$。其中，δ 为较薄零件的厚度，h 为弹簧垫圈厚度，通常取 $h=0.25d$，其他各数值与螺栓连接相似。计算出 l 后，仍应从双头螺柱标准中所规定的长度系列里选取合适的 l 值。

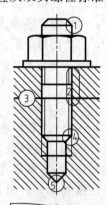

　　双头螺柱的型式、尺寸和规定标记，可查阅附录附表11。例如：螺柱　GB/T 898　M$d×l$ 表示公称直径为 $d$mm、公称长度为 $l$mm、标准编号为 GB/T 898 的双头螺柱。

　　[例 7.1]　圈出图 7-15 双头螺柱连接图中错误画法，并说明。

　　图中螺柱连接共 6 处错误，现说明如下：

　　① 螺柱伸出螺母处，漏画了表示螺纹小径的细实线。

　　② 上部被连接件的孔径，应比螺柱的大径稍大，孔径 $≈1.1d$，即此处不是接触面，应画两条线。

　　③ 两相邻零件的剖面线方向，没有画成相反或错开。

　　④ 基座螺孔中表示螺纹小径的粗实线，未与表示螺柱小径的细实线对齐。

　　⑤ 钻孔底部的锥角，未画成120°。

　　⑥ 俯视图中细实线圆是螺柱伸出螺母段螺纹小径圆，应画约 3/4 圈。

图 7-15　找出螺柱
连接中的错误

（3）螺钉连接

　　螺钉按用途分为连接螺钉和紧定螺钉两种，前者用来连接零件，后者主要是用来固定零件。

连接螺钉用于受力不大且不经常拆卸的场合。连接时，在较厚的零件上加工不通的螺孔，在另一零件上加工通的光孔，把螺钉穿过通孔旋进螺孔将两个零件连接起来即为螺钉连接，如图7-11（c）所示。

开槽圆柱头螺钉、开槽沉头螺钉连接的装配画法分别如图7-16（a）、（b）所示。螺钉旋入端的连接画法与螺柱旋入端的情况相似。螺钉头部的一字槽在反映螺钉轴线的视图上应画成垂直于投影面；在俯视图上，应画成与水平线成45°角。

连接螺钉的公称长度 $l=\delta+b_m$，其中，δ 为较薄零件的厚度，b_m 为旋入长度。确定螺钉旋入长度和螺孔深度的方法与双头螺柱连接相似，计算出 l 后，仍应从螺钉标准中所规定的长度系列里选取合适的 l 值。

连接螺钉的种类很多，如开槽圆柱头螺钉、开槽盘头螺钉、开槽沉头螺钉、内六角圆柱头螺钉等。各种螺钉的型式、尺寸及其标记，可查阅附录附表5～附表9或有关标准。例如：GB/T 65—2016 M$d\times l$ 表示公称直径为 d mm、公称长度为 l mm、标准编号为 GB/T 65—2016 的开槽圆柱头螺钉。

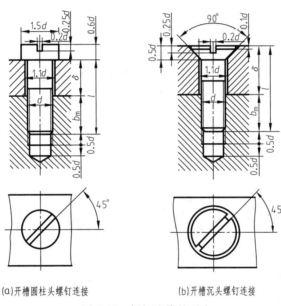

(a)开槽圆柱头螺钉连接　　　　　　(b)开槽沉头螺钉连接

图7-16　螺钉连接的画法

紧定螺钉用来固定两个零件的相对位置，使它们不产生相对运动。图7-17（a）为用一个开槽锥端紧定螺钉固定轴与带轮的相对位置，图7-17（b）为用一个开槽平端紧定螺钉固定两工件。标记分别为：螺钉　GB/T 71—1985 M$d\times l$，螺钉　GB/T 73—1985　M$d\times l$。

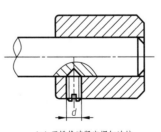

(a)开槽锥端紧定螺钉连接　　　(b)开槽平端紧定螺钉连接

图7-17　紧定螺钉连接

工程中为了作图方便，螺纹紧固件连接图常采用简化画法，如图7-18所示。由图可知，简化画法主要是螺母处的圆弧、钻孔中剩余光孔段省略不画，螺钉头部的一字槽用加粗的粗实线绘制等。

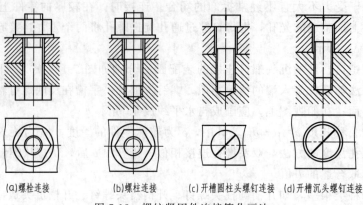

(a)螺栓连接　　(b)螺柱连接　　(c)开槽圆柱头螺钉连接　　(d)开槽沉头螺钉连接

图 7-18　螺纹紧固件连接简化画法

7.3　键、销、滚动轴承和弹簧

7.3.1　键连接

键是标准件，常用于将轴和装在轴上的传动件（齿轮、带轮等）连接在一起，以传递转矩。在轴和轴孔的连接处（孔所在的部位称为轮毂）制有键槽，可将键嵌入，如图 7-19 所示。

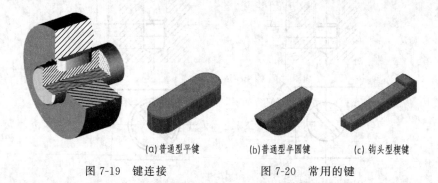

(a)普通型平键　　　　(b)普通型半圆键　　　　(c)钩头型楔键

图 7-19　键连接　　　　　　图 7-20　常用的键

常用的键有普通型平键、普通型半圆键、钩头型楔键等，如图 7-20 所示。最常用的是普通型平键。普通型平键的结构形状与尺寸可查阅附录附表 15 和附表 16。普通型半圆键和钩头型楔键本书不作介绍，需要时可参阅有关参考书。普通型平键有 A 型（双圆头）、B 型（方头）、C 型（单圆头）三种，如图 7-21 所示。

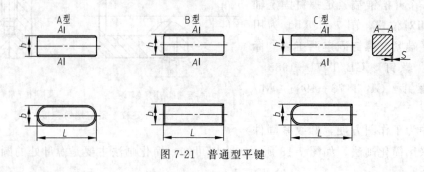

图 7-21　普通型平键

图 7-22 (a)、图 7-22 (b) 表示轴与带轮的键槽及其尺寸注法。轴的键槽用轴的主视图 (局部剖视) 和键槽处的局部视图、移出断面图表示。尺寸标注中，d 为轴径，L 为键槽长度，b 为键槽宽度 (也为键宽度)，t_1 为轴上键槽深度，t_2 为轮毂上键槽深度，h 为键高度。t_1、t_2 可按 b 由附录附表 15 查得；L 则应根据设计要求按 b 由附录附表 16 选定。图 7-22 (c) 表示用键连接轴和带轮的装配画法。当剖切平面通过轴和键的轴线或对称面时，轴和键按不剖来画。为了表示轴上的键槽，轴采用局部剖视表达。普通型平键连接时，靠键两侧面受挤压与剪切来传递运动和动力，因此，键的两侧面与轴上的键槽、轮毂上键槽的两侧均接触，应画一条线；键的两端和底面与轴上键槽的两端、底面均接触，也应画一条线；而键的顶面与轮毂键槽的底面有间隙，应画两条线。

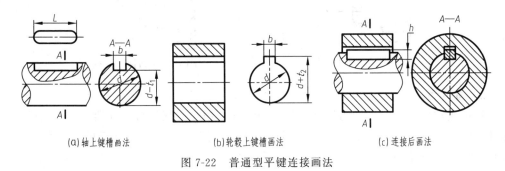

(a)轴上键槽画法 (b)轮毂上键槽画法 (c)连接后画法

图 7-22　普通型平键连接画法

键的标记由标准编号、名称、型式与尺寸三部分组成。标记时，A 型平键省略 A 字，而 B 型和 C 型要在尺寸前写出 B 或 C。

例如 A 型普通型平键，$b=12\text{mm}$，$h=8\text{mm}$，$L=50\text{mm}$，其标记为：

GB/T 1096 键　$12\times8\times50$

又如 C 型普通型平键，$b=18\text{mm}$，$h=11\text{mm}$，$L=100\text{mm}$，其标记为：

GB/T 1096 键 C　$18\times11\times100$

7.3.2　销连接

销也是标准件，通常用于零件间的连接和定位，常用的有圆柱销、圆锥销和开口销等，如图 7-23 所示。

(a)圆柱销　　　　(b)圆锥销　　　　(c)开口销

图 7-23　常用的销

（1）圆柱销

圆柱销通常适用于不经常拆卸的场合，其连接画法如图 7-24 所示。绘制销连接图时，若剖切平面经过销的基本轴线，销通常按不剖绘制。

常用的圆柱销分为不淬硬钢圆柱销和淬硬钢圆柱销两种，分别对应 GB/T 119.1—2000 和 GB/T 119.2—2000 两种不同国家标准，具体尺寸和标记可查阅附录附表 17。销的标记分为完整标记和简化标记两种，完整标记的内容和顺序与螺纹紧固件相似，简化标记一般由名称、标准编号、规格组成。例如，表示公称直径为 $d=8\text{mm}$、公差为 m6、公称长度 $l=$

30mm、材料不经淬火、不经表面处理的不淬硬钢圆柱销的标记为：

销　GB/T 119.1　8m6×30

再如，表示公称直径 $d=8$mm、公差为 m6、公称长度 $l=30$mm、材料为钢、A 型（普通淬火）、表面氧化处理的淬硬钢圆柱销的标记为：

销　GB/T 119.2　8m6×30

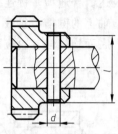 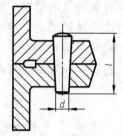

图 7-24　圆柱销连接　　　　　　　图 7-25　圆锥销连接

（2）圆锥销

圆锥销通常用于经常拆卸的场合，其对中性好，销孔磨损后可以补偿。圆锥销可查阅国家标准 GB/T 117—2000，以小端直径为公称尺寸，其型式、尺寸和标记见附录附表 18，其连接画法如图 7-25 所示。

（3）开口销

开口销常与六角开槽螺母配合使用，以防止螺母松动，其连接画法如图 7-26 所示。开口销可查阅 GB/T 91—2000。例如，表示公称规格为 5mm、公称长度 $l=50$mm、材料为 Q235、不经热处理的开口销的简化标记为：

销　GB/T 91　5×50

其中公称规格为 5mm 是指与开口销相配的销孔直径，根据它可查出开口销实际直径。

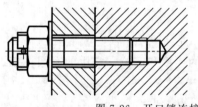 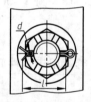

图 7-26　开口销连接

7.3.3　滚动轴承

滚动轴承是支撑转动轴的部件，它结构紧凑、摩擦力小，故应用广泛。滚动轴承一般由外圈（座圈）、内圈（轴圈）、滚动体和保持架等组成，通常外圈装在机座的孔内，固定不动，而内圈套在转动的轴上，随轴转动。滚动轴承是标准部件，需要时根据要求确定型号，不必画出零件图，选购即可。常用的滚动轴承有深沟球轴承、圆锥滚子轴承和推力球轴承三种，下面简介这三种轴承的画法和标记。

（1）滚动轴承的结构及画法

国家标准 GB/T 4459.7—1998 中规定，滚动轴承可以用规定画法、特征画法、通用画法三种画法绘制。三种常用的滚动轴承的代号、结构形式、规定画法、特征画法和用途如表

7-4 所示。其型式和尺寸可查阅附录附表 19～附表 21。

表 7-4　常用滚动轴承的规定画法和特征画法

轴承类型及 标准代号	结构形式	规定画法	特征画法	用途
深沟球轴承 GB/T 276—2013 类型代号 6 主要参数 D、d、B				主要 承受 径向 力
圆锥滚子轴承 GB/T 297—2015 类型代号 3 主要参数 D、d、T				可同时承 受径向力 和轴向力
推力球轴承 GB/T 301—2015 类型代号 5 主要参数 D、d、T				承受单方面 的轴向力

当不需要确切表示轴承的外形轮廓、载荷特性、结构特征时，可将轴承按通用画法画出，即用粗实线画出正十字，如图 7-27 所示。装配图 7-28 中的圆锥滚子轴承上的一半按规

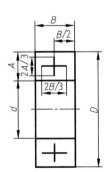

图 7-27　滚动轴承的通用画法

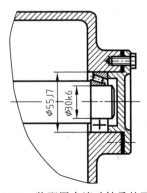

图 7-28　装配图中滚动轴承的画法

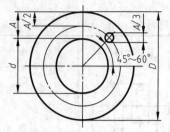

图 7-29　滚动轴承端面视图的画法

定画法画出，轴承的内圈和外圈的剖面线方向和间隔均要相同，而另一半按通用画法画出。

在表示滚动轴承端面的视图上，无论滚动体的形状（球、柱、锥、针等）和尺寸如何，一般均按图 7-29 所示的方法绘制。

（2）滚动轴承的代号和标记

滚动轴承的代号、滚动轴承的分类可分别查阅 GB/T 272—1993、GB/T 271—2008。滚动轴承的标记由名称、基本代号和标准编号组成，而基本代号（不包括滚针轴承）由轴承类型代号、尺寸系列代号、内径代号三部分组成。尺寸系列代号由轴承的宽（高）度系列代号（一位数字）和外径系列代号（一位数字）左、右排列组成。关于内径代号，当 $10\text{mm} \leqslant$ 内径 $d \leqslant 495\text{mm}$ 时，代号 00、01、02、03 分别表示内径 $d = 10\text{mm}$、12mm、15mm、17mm；代号数字 $\geqslant$ 04，代号数字乘以 5，即为轴承内径 d 的毫米数（22、28、32 除外）；当内径 d 为 22mm、28mm、32mm 时，内径代号直接用内径毫米数直接表示，但与尺寸系列代号之间用"/"隔开。滚动轴承的标记示例如下：

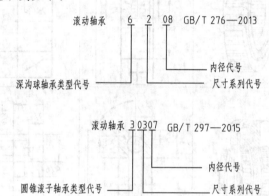

7.3.4　弹簧

弹簧是一种常用件，应用很广。主要用于减振、夹紧、储存能量和测力等。弹簧的种类较多，常用的是圆柱螺旋弹簧。圆柱螺旋弹簧根据受力方向不同，又分为压缩弹簧、拉伸弹簧和扭转弹簧三种，如图 7-30 所示。机械制图中，弹簧应按国家标准 GB/T 4459.4—2003 绘制，这里主要介绍圆柱螺旋压缩弹簧，其尺寸和参数由 GB/T 2089—2009 规定，需要时可查阅附录附表 22。

(a) 压缩弹簧

(b) 拉伸弹簧

(c) 扭转弹簧

图 7-30　常用弹簧

（1）圆柱螺旋压缩弹簧的几何参数（见图 7-31）

线径 d——弹簧钢丝直径。

弹簧中径 D——弹簧的平均直径。

弹簧内径 D_1——弹簧内圈直径，$D_1 = D - d$。

弹簧外径 D_2——弹簧外圈直径，$D_2=D+d$。

节距 t——除两端支撑圈外，相邻两圈的轴向距离。

支撑圈数 n_2——为使弹簧工作平稳、受力均匀，将其两端并紧磨平（或锻平）。这部分圈数仅起支撑、定位的作用，称为支撑圈。支撑圈数一般有 1.5、2、2.5 圈三种。有效圈数 n——除支撑圈外，保持节距相等的圈数。

总圈数 n_1——有效圈数与支撑圈数之和，即 $n_1=n+n_2$。

自由高度 H_0——弹簧无负荷作用时的高度（长度）。当 $n_2=1.5$ 时，$H_0=nt+d$；当 $n_2=2$ 时，$H_0=nt+2.5d$；当 $n_2=2.5$ 时，$H_0=nt+2d$。

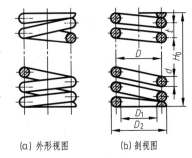

(a) 外形视图　　(b) 剖视图

图 7-31　圆柱螺旋压缩弹簧的参数及规定画法

弹簧丝展开长度 L——制造弹簧时坯料的长度 L，$L\approx n_1\sqrt{(\pi D)^2+t^2}$。

（2）圆柱螺旋压缩弹簧的规定画法

弹簧的真实投影比较复杂，国家标准对圆柱螺旋压缩弹簧的画法作了一些规定，如图 7-31、图 7-32 所示。

① 国标规定，不论弹簧的支撑圈数是多少，均可按支撑圈为 2.5 圈时的画法绘制。

② 在非圆视图中，各圈的轮廓画成直线；有效圈数 4 圈以上的螺旋弹簧，中间部分可以省略，如图 7-31 所示。

③ 螺旋压缩弹簧均可画成右旋，但左旋弹簧在标记中应注明旋向代号为左。

④ 在装配图中，被弹簧挡住的结构一般不画，未被弹簧挡住的部分应从弹簧的外轮廓线或从弹簧钢丝剖面的中心线画起，如图 7-32 所示。

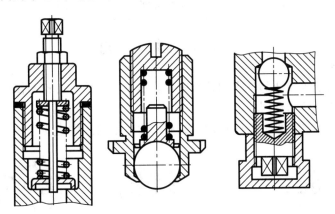

(a) 不画挡住部分的零件轮廓　　(b) 簧丝剖面涂黑　　(c) 簧丝示意画法

图 7-32　装配图中的弹簧的规定画法

⑤ 螺旋弹簧被剖切时，剖视图中簧丝直径应绘剖面符号；当钢丝直径 $d\leqslant 2mm$ 时，剖面允许涂黑表示，如图 7-32（b）所示，也允许用示意画法表示，如图 7-32（c）所示。

（3）圆柱螺旋压缩弹簧的画法示例

[**例 7.2**]　已知簧丝直径 $d=6mm$，弹簧中径 $D=45mm$，螺距 $t=12$，有效圈数 >4，右旋，自由高度为 $H_0=105mm$，试画出该弹簧。

作图步骤如图 7-33 所示。

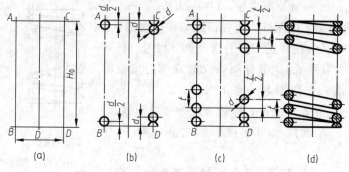

图 7-33　圆柱螺旋压缩弹簧的画法步骤

① 根据 D 及 H_0 画出矩形 $ABCD$，如图 7-33（a）所示。

② 画出支撑圈部分，d 为线径，如图 7-33（b）所示。

③ 画出部分有效圈，t 为节距，如图 7-33（c）所示。

④ 按右旋方向作相应圆的公切线，画出剖视图，如图 7-33（d）所示。

（4）圆柱螺旋压缩弹簧的标记

国家标准规定圆柱螺旋压缩弹簧的标记由类型代号、规格、精度代号、旋向代号和标准编号组成。类型代号由名称代号和型式代号组成，名称代号为 Y，其端圈型式分为 A 型（磨平）和 B 型（锻平）两种；规格包括线径、弹簧中径和自由高度；制造精度分为 2、3 级，精度代号 3 和右旋代号省略不标，左旋弹簧需标注旋向代号"LH"。

例如，标记为 YB 30×160×310-2LH　GB/T 2089 的圆柱螺旋压缩弹簧，其含义为国家标准编号为 GB/T 2089 的 YB 型（两端圈并紧锻平）左旋弹簧，弹簧线径为 30mm，中径为 160mm，自由高度为 310mm，精度等级为 2 级。

7.4　齿　轮

齿轮是广泛用于机器或部件中的传动零件，属于常用件。齿轮不仅可以用来传递运动和动力，并且还能改变转速和回转方向。

齿轮的种类很多，常见的齿轮传动有三种形式，如图 7-34 所示。

(a) 圆柱齿轮传动　　　(b) 圆锥齿轮传动　　　(c) 蜗轮蜗杆传动

图 7-34　三种齿轮传动

圆柱齿轮传动——用于两平行轴之间的传动，如图 7-34（a）所示。

圆锥齿轮传动——用于两相交轴之间的传动，如图 7-34（b）所示。

蜗轮蜗杆传动——用于两交叉轴之间的传动，如图 7-34（c）所示。

本书重点介绍直齿圆柱齿轮的基本知识及其画法。

7.4.1　直齿圆柱齿轮的各几何要素及尺寸关系

直齿圆柱齿轮简称直齿轮，齿向与齿轮轴向平行，是最普通也是应用最多的齿轮传动，其各部分几何要素如图 7-35 所示。

① 分度圆直径 d（节圆直径 d'）：加工齿轮时，作为齿轮轮齿分度的圆，也是设计、制造齿轮时进行各部分尺寸计算的基准圆，其直径用 d 表示。节圆是连心线 O_1O_2 上两相切的圆，其直径用 d' 表示。

② 齿顶圆直径 d_a、齿根圆 d_f：通过齿轮顶部的圆为齿顶圆，其直径用 d_a 表示；通过齿轮根部的圆为齿根圆，其直径用 d_f 表示。

③ 齿高 h、齿顶高 h_a、齿根高 h_f：齿顶圆到齿根圆的径向距离称为齿高，用 h 表示；分度圆到齿顶圆的径向距离称为齿顶高，用 h_a 表示；分度圆到齿根圆的径向距离称为齿根高，用 h_f 表示。$h＝h_a＋h_f$。

④ 齿距 p、齿厚 s：在分度圆上，相邻两齿廓对应点之间的弧长称为齿距，用 p 表示；每个齿廓在分度圆上的弧长称为齿厚，用 s 表示。对于标准齿轮来说，$p＝2s$。

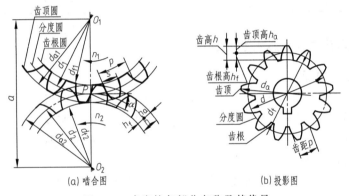

图 7-35　直齿轮各部分名称及其代号

⑤ 模数 m：如果齿轮的齿数为 z，则分度圆周长与齿数间的关系可以写成 $\pi d＝zp$，所以分度圆直径 $d＝pz/\pi$。令 $p/\pi＝m$，则 $d＝mz$。

m 称为齿轮的模数，单位为 mm。模数是齿轮设计与制造中的一个重要参数，模数越大，齿轮越大。不同模数的齿轮要用不同模数的刀具来加工制造。为了便于设计和加工，模数的值已系列化，其数值如表 7-5 所示。

mm

表 7-5　齿轮模数系列

第一系列	1	1.25	1.5	2	2.5	3	4	5	6	8	10	12	16	20
	25	32	40	50										
第二系列	1.75	2.25	2.75	(3.25)		3.5	(3.75)		4.5		5.5(6.5)		7	9
	(11)	14	18	22		28	36		45					

注：选用模数时，优先先选用第一系列；其次选用第二系列；括号内的模数尽可能不用。本表未摘录小于 1 的模数。

⑥ 齿形角 α：在节点 P 处，两齿廓曲线的公法线与两节圆的公切线所夹的锐角，称为齿形角，用 α 表示。我国采用的齿形角一般为 20°。

⑦ 中心距 a：两圆柱齿轮轴线间最短距离，称为中心距，用 a 表示。

$$a = \frac{d'_1 + d'_2}{2} = \frac{m(z_1 + z_2)}{2}$$

⑧ 传动比：主动轮的转速 n_1 与从动轮的转速 n_2 之比称为传动比，用 i 表示，它也等于从动齿轮齿数 z_2 与主动齿轮齿数 z_1 之比，即

$$i = \frac{n_1}{n_2} = \frac{z_2}{z_1}$$

以上各几何要素与齿轮的模数 m 有关，模数 m 确定后，按照与 m 的关系可计算出各几何要素的尺寸。标准直齿圆柱齿轮各几何要素的尺寸计算公式见表 7-6。

表 7-6 标准直齿圆柱齿轮各几何要素的计算公式

名称	符号	计算公式
基本要素：模数 m，齿数 z		
齿距	p	$p = \pi m$
齿顶高	h_a	$h_a = m$
齿根高	h_f	$h_f = 1.25m$
齿高	h	$h = h_a + h_f = 2.25m$
分度圆直径	d	$d = mz$
齿顶圆直径	d_a	$d_a = m(z+2)$
齿根圆直径	d_f	$d_f = m(z-2.5)$
中心距	a	$a = m(z_1 + z_2)/2$

7.4.2 直齿圆柱齿轮的规定画法

（1）单个齿轮的画法

国家标准 GB/T 4459.2—2003 规定了齿轮画法。在视图中，齿顶圆和齿顶线用粗实线绘制，分度圆和分度线用细点画线绘制，齿根圆和齿根线用细实线绘制（也可省略不画），如图 7-36（a）所示；在剖视图中，当剖切平面通过齿轮轴线时，规定轮齿按不剖处理，齿根线用粗实线绘制，如图 7-36（b）所示。

当需要表示斜齿、人字齿的齿线形状时，可用三条与齿向一致的细实线表示，如图 7-36（c）、图 7-36（d）所示。

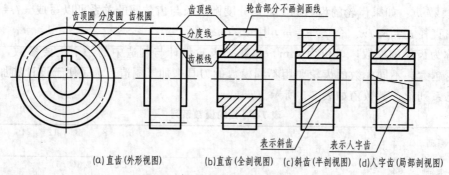

(a)直齿(外形视图)　(b)直齿(全剖视图)　(c)斜齿(半剖视图)　(d)人字齿(局部剖视图)

图 7-36 圆柱齿轮的规定画法

（2）两圆柱齿轮啮合的画法

图 7-37 所示为一对相互啮合的圆柱齿轮，一般用两个视图表示。在垂直于齿轮轴线的投影面的视图中，两节圆相切；齿根圆通常省略不画；啮合区域内的齿顶圆用粗实线绘制，

如图 7-37（a）中的左视图所示，也可省略不画，如图 7-37（b）所示。在剖视图中，当剖切平面通过两啮合齿轮轴线时，在啮合区内，将一个齿轮的轮齿用粗实线绘制，另一个齿轮的齿顶用细虚线绘制，如图 7-37（a）中的主视图所示，也可省略不画。若在平行于圆柱齿轮轴线的投影面上画外形图，啮合区只需用粗实线画出节线即可；其他处的节线仍用细点画线绘制，如图 7-37（c）所示。

啮合区投影关系如图 7-38 所示。由于齿顶高与齿根高相差 0.25m，因此，一个齿轮的齿顶线与另一个齿轮的齿根线之间应有 0.25m 的间隙。

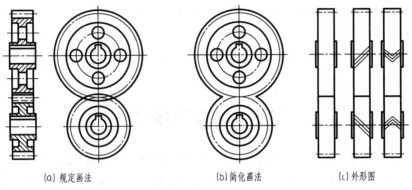

(a) 规定画法　　　　　(b) 简化画法　　　　　(c) 外形图

图 7-37　圆柱齿轮啮合的画法

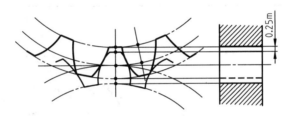

图 7-38　齿轮啮合区画法

第8章 零件图

任何一台机器或一个部件都是由若干零件按照一定的装配关系构成的。用来表达零件结构、大小及技术要求的图样称为零件图。

本章将介绍识读和绘制零件图的基本方法，并简单介绍零件图的尺寸标注、技术要求等内容。

8.1 零件图概述

零件图是表达设计信息的主要媒体，是设计部门提交给生产部门的重要技术文件，是制造和检验零件的依据。因此，零件图中必须包括制造和检验该零件所需的全部内容。图 8-1 是一个轴承盖的零件图，其内容包括：

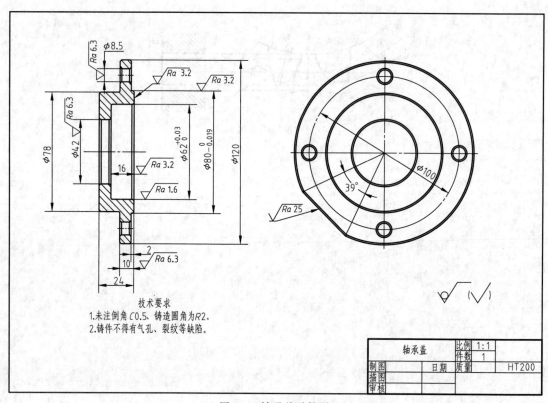

图 8-1 轴承盖零件图

① 一组视图：用一组图形，表达出零件的内、外形状和结构。这一组图形可以包括视图、剖视图、断面图、局部放大图和简化画法等各种表达方法。图形的表达方式和数目以表

达清楚为原则。在表达清楚并正确的前提下，尽量运用简洁的表达方法和较少的图形数目。

该轴承盖用了主视图和左视图表达，主视图采用全剖视显示结构特征，左视图未作剖视，显示形状。

② 完整的尺寸：用若干尺寸把零件各部分的大小和位置确定下来，同时辅助说明形状。图中标注的尺寸 $\phi120$、24、$\phi78$、10 和 39 确定了轴承盖的轮廓形状，尺寸 $\phi42$ 确定中心通孔尺寸，尺寸 $\phi62_{0}^{+0.03}$ 和 16 确定轴承槽位置，尺寸 $\phi100$ 和 $\phi8.5$ 确定了轴承盖的 4 个固定孔的位置和尺寸。

③ 技术要求：说明零件在制造时应达到的一些质量要求，如表面粗糙度、尺寸公差、几何公差、材料及热处理等，并用符号注写在图上或在图纸空白处统一写出。如图中注出的表面粗糙度 $Ra1.6$、$Ra3.2$、$Ra6.3$ 和 $Ra25$ 等，以及下面的技术要求中的内容。

④ 标题栏：按照国家标准 GB/T 10609.1—2008《技术制图 标题栏》要求的尺寸和格式，写明该零件的名称、数量、材料、比例、图号以及设计、审核人员姓名及日期等。学生作业标题栏仍按图 1-6 所示的简化格式绘制。

8.2 零件图的视图选择

选择零件图视图时应首先考虑看图方便，根据零件的结构特点，选用适当的表示方法，并尽可能了解零件在机器或部件中的位置和作用，确定合理的表达方案。

8.2.1 视图选择过程

（1）分析零件

① 分析零件的功能及其在部件和整机中的位置、工作状态、定位和固定方法、运动方式以及相邻零件的关系等。

② 分析零件的结构。分清主次，确定零件主体功能结构和局部功能结构。

③ 分析零件的制造过程和加工方法、加工状态。

（2）选择主视图

主视图是一组视图的核心，选择表达零件信息量最多的视图作为主视图，主视图一旦确定，零件在基本投影面体系中的位置就确定了。选择主视图时，应考虑以下两点：

① 安放位置——应使主视图尽可能反映零件的主要加工位置或在机器中的工作位置。

加工位置是按零件在主要加工工序中的装夹位置选取主视图，主视图与加工位置一致是为了看图方便。如轴、套、轮盘等零件主视图应尽量将其轴线水平放置，使其与车床或磨床上的加工方位一致。

工作位置是指零件在整机或部件中工作时的位置。如支座、箱体外壳等零件，结构形状比较复杂，加工工序较多，装夹位置经常变化，在画图时应按使主视图反映工作位置的原则来确定，这样使零件图便于与装配图直接对照。

② 投影方向——应能清楚地表达零件的形状和特征。

当零件安装位置确定以后，再把能较好地反映零件的加工位置或工作位置，并能够明显地反映该零件各部分结构形状和它们之间相对位置的一面作为主视图，从而选定主视图的投射方向。

（3）选择视图表达方案

主视图确定以后，要分析该零件在主视图上还有哪些尚未表达清楚的结构，对这些结构应选用其他视图，并采用各种方法表达出来，使每个视图都有表达的重点，几个视图互相补充而不重复。在选择视图时，优先选用基本视图以及在基本视图上作适当的剖视。综上，选择视图表达方案时应注意下面几点：

① 在满足要求的前提下，使视图数量为最少，力求制图简便。

② 视图数目根据零件的复杂程度确定，不必拘泥于基本视图，可以与辅助视图（如局部剖视图、局部放大视图及斜视图等）配合使用，使每个视图都有明确的功能。

③ 避免使用虚线表达零件结构，充分利用剖视、断面等各种图样画法，让零件的表达更加明确，防止发生混淆和歧义。

④ 视图方案要经过认真分析、对比，既要考虑零件的结构、形状，又要考虑其工作状态和加工状态。

8.2.2 典型零件视图表达

实际生产中所使用零件的结构和形状千差万别，但就其结构特点来分析，大致可分为：轴类、盘类、箱体类、支架类零件等。

下面就这几类零件的视图表达方法分别作简要介绍。

（1）轴类零件

轴类零件是用来支承传动件（如：齿轮、皮带轮等）以传递运动和动力的零件，通常由若干段直径不同的圆柱体组成。为了连接齿轮、皮带轮等其他零件，在轴上需要有键槽、销孔和固定螺钉的凹坑等结构，如图 8-2 所示。

① 主视图的选择：轴的主要加工工序是在车床上进行的。为加工时看图方便，应将轴线按水平位置放置绘制主视图，如图 8-2 所示。

② 其他视图的选择：轴上键槽在主视图上未表达清楚时，可以在主视图的适当部位用移出断面图表示，如图 8-2 所示。对轴上的局部结构还可以采用局部剖视、局部放大图等，以便确切表达其形状和标注尺寸。

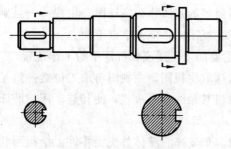

图 8-2　轴类零件视图

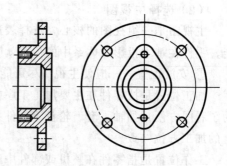

图 8-3　盘类零件视图

（2）盘类零件

各种法兰、皮带轮、齿轮、手轮等都属于盘类零件。盘类件一般是由在同一轴线上的不同直径的圆柱面或非圆柱面组成的，其厚度相对直径小得多，即呈盘状。在盘类零件上常有一些孔、槽、筋和轮辐等结构。

① 主视图的选择：盘类零件的主视图，一般采用全剖或旋转剖。因为一般盘类零件也

是主要在车床上加工的，所以将其轴线按水平方向放置来绘制主视图。

②其他视图的选择：盘上的孔、槽、筋、轮辐等结构的分布状况一般要采用左视图来表示，如图8-3所示。

（3）箱体类、支架类零件

箱体类、支架类零件具有箱形特点，起包容和支撑作用，其形体较为复杂，有时候甚至没有明确的主要加工方法和状态。

①主视图的选择：一般按工作状态选择主视图。其工作位置从不同方向观察可能会有多种选择方案，要注意综合分析，择优选取。

②其他视图的选择：根据其投影方向以能充分显示出零件的形状、结构为选取原则。

③当箱体类、支架类零件以倾斜状态工作时，若简单地按工作状态选取主视图，则会对制图、读图造成不必要的影响；此时，应将零件摆正形成主视图。

图8-4是一个轴承座的视图，考虑到轴承座加工时加工工序较多，故在选择主视图时，将其按工作位置放置并且加强筋朝前，作为主视图的投影方向。为了表达轴承孔内腔结构及筋板等形状，采用了全剖的左视图。用 $B—B$ 剖视图则表达了底板和筋板的断面形状。用 A 向视图表达了凸台形状。有了这些视图才能把轴承座的形体结构完整地表达出来。

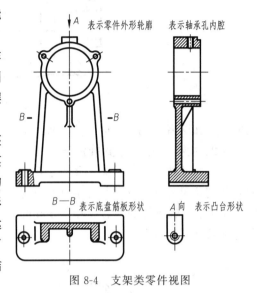

图8-4 支架类零件视图

8.3 零件图的尺寸标注

只有对零件进行尺寸标注才能够确定其真实大小及形状。尺寸标注是一项看起来容易，但实际上十分烦琐并难以完整准确掌握的重要工作。本节将介绍在零件图中标注零件尺寸时的一些原则和常见结构注法等内容，需要详细了解，请查阅国家标准 GB/T 4458.4—2003《机械制图 尺寸注法》及 GB/T 16675.2—2012《技术制图 简化表示法 第2部分：尺寸注法》中的相关内容。

（1）合理选择基准

尺寸的起点称为尺寸基准。根据基准的作用不同，又可分为设计基准和工艺基准。

①设计基准——是按照零件的结构特点和设计要求所选定的基准，大多是工作时确定零件在整机或机构中位置的面、线或点。零件的重要尺寸应从设计基准出发标注。

②工艺基准——是为了保证加工精度和方便测量所选定的基准，大多是加工时用作零件定位及测量起点的面、线或点。机械加工的尺寸应从工艺基准出发标注。

图8-5是在装配图中轴的设计基准和工艺基准的具体例子。

由于每个零件都有长、宽、高三个方向的尺寸，因此每个方向都有一个主要尺寸基准。在同一方向上还可以有一个或几个与主要尺寸基准有尺寸关联的辅助基准。

在设计时，要尽量使设计基准和工艺基准一致。这样，既能满足设计要求，又能满足工

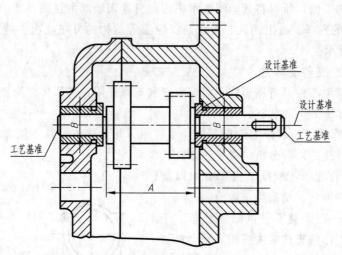

图 8-5　两种基准的具体例子

艺要求。如两者不能统一时，应以保证设计要求为主。

（2）主要功能尺寸直接注出

功能尺寸指的是直接影响零件装配精度和工作性能的尺寸，如零件间的配合尺寸、重要的安装定位尺寸等。这些尺寸应从设计基准出发直接注出，而不应用其他尺寸推算出来。如图 8-6 所示，轴承孔的中心高和安装孔的间距应直接标出，而不能由其他尺寸计算得到，避免造成尺寸误差的积累。

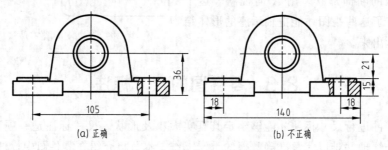

(a) 正确　　　　　　　　　　(b) 不正确

图 8-6　主要功能尺寸直接标出

（3）避免出现封闭尺寸链

零件同一方向的尺寸可以首尾相接，列成尺寸链的形式，如图 8-7（a）所示的阶梯轴上标注的尺寸；但不能如图 8-7（b）所示，长度方向尺寸首尾相接，从一个始点开始，一个尺寸接一个尺寸，最后又回到始点，构成封闭尺寸链，这种情况应避免。因为总长是四个阶梯轴长度之和，而每个尺寸在加工的时候都存在难以避免的误差，则总长的误差为另外三个尺寸误差的总和，可能达不到设计要求。故当几个尺寸构成封闭尺寸链

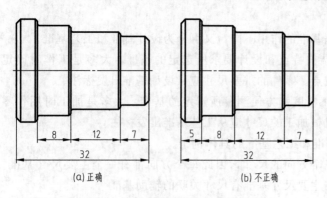

(a) 正确　　　　　　　(b) 不正确

图 8-7　避免出现封闭尺寸链示例

时，应当在链中挑选一个最次要的尺寸空出不注。如因某种需要必须将其注出时，应将此尺寸用圆括号括起，称为"参考尺寸"。

（4）标注尺寸应尽量方便加工和测量

① 考虑符合加工顺序的要求。如图 8-8 所示的轴，长度方向的尺寸标注与车床加工的顺序相符，每一道加工工序都在图中有明确的尺寸。图 8-8（b）所示的是该轴在车床上的加工顺序，已在图中注出所需尺寸。

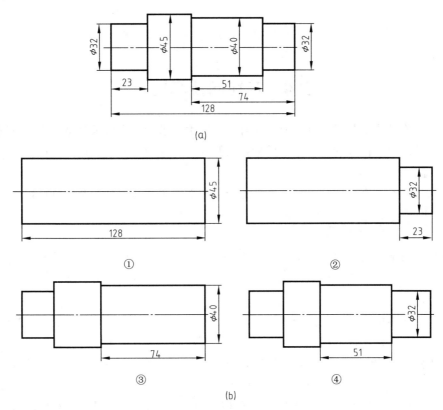

图 8-8　轴的尺寸标注及加工顺序

② 考虑测量、检验方便的要求。图 8-9 所示套筒，显然图 8-9（a）将内孔深度的尺寸标注在两端可以方便进行测量、检验。

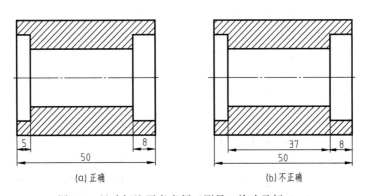

图 8-9　尺寸标注要考虑便于测量、检验示例（一）

图 8-10 是常见的几种断面形状，显然 8-10（a）中标注的尺寸可以方便进行测量、检验。

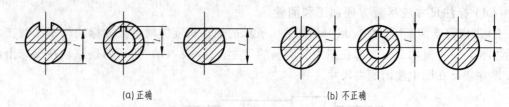

(a) 正确　　　　　　　　　(b) 不正确

图 8-10　尺寸标注要考虑便于测量、检验示例（二）

8.4　零件的技术要求

零件图中除了图形和尺寸外，通常还有一些技术要求。技术要求是指对零件在制造、检验、使用、维修及生命周期过程中的质量要求及其他一些相关要求，通常以符号或文字方式注写在零件图中。

零件的技术要求主要包括尺寸公差与配合、表面结构、几何公差及材料热处理等。

8.4.1　尺寸公差与配合

尺寸公差与配合是工程图样中重要的技术要求，也是检验产品质量的重要技术指标。本节引用了其中的一部分用以说明，如要进一步了解，请自行查阅相关标准。

（1）零件的互换性

从一批相同零件中，不经挑选或修配，任取一个就能将其装配到机器上去，并能保持原有性能和使用要求，零件的这种性质称为互换性。机械工业发展水平越高，对零件互换性的要求也越严格。零件具有互换性，不但给机器装配、维修带来方便，而且为大批量和专门化生产创造了条件，从而缩短生产周期，降低了生产成本，提高了劳动效率。对于零件来说，不论是标准件还是非标准件，都要求具备互换性。极限制与配合制是保证互换性的一个重要必要条件。

（2）尺寸公差

加工零件时，由于机械精度、刀具磨损和测量误差等因素影响，完成的零件尺寸与公称尺寸总会存在一定的误差。为了保证零件具有互换性，必须将零件尺寸控制在允许的范围内，这个允许的尺寸变动量称为尺寸公差。下面以图 8-11（a）的圆柱孔尺寸 $\phi30\text{mm}\pm0.010\text{mm}$ 为例，作简要说明。

① 公称尺寸（基本尺寸）：由图样规范确定的理想形状要素的尺寸，即设计给定的尺寸：$\phi30\text{mm}$。

② 极限尺寸：允许的尺寸的两个极限值。

上极限尺寸 $\phi30.010\text{mm}$，即允许的最大尺寸。

下极限尺寸 $\phi29.990\text{mm}$，即允许的最小尺寸。

③ 偏差：某一尺寸减其公称尺寸所得的代数差。上极限尺寸和下极限尺寸减其公称尺寸所得的代数差，分别称为上极限偏差和下极限偏差。国家标准规定：孔的上极限偏差用 ES、下极限偏差用 EI 表示；轴的上、下极限偏差分别用 es 和 ei 表示。在图 8-11（a）中：

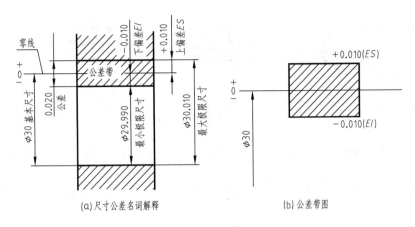

(a) 尺寸公差名词解释　　　　　(b) 公差带图

图 8-11　尺寸公差名词解释及公差带图

$$上极限偏差\ ES = 30.010 - 30 = +0.010\text{mm}$$
$$下极限偏差\ EI = 29.990 - 30 = -0.010\text{mm}$$

④ 尺寸公差（简称公差）：允许尺寸的变动量，为上极限尺寸减下极限尺寸之差，或上极限偏差减下极限偏差所得的代数差。尺寸公差是一个没有符号的绝对值。

公差：$30.010 - 29.990 = 0.020\text{mm}$

或 $|0.010 - (-0.010)| = 0.020\text{mm}$

⑤ 零线：表示公称尺寸的一条直线，以其为基准确定偏差和公差。通常零线沿水平方向绘制，正偏差位于其上，负偏差位于其下。

⑥ 公差带：由代表上极限偏差和下极限偏差或上极限尺寸和下极限尺寸的两条直线所限定的一个区域，由公差大小和其相对零线的位置来确定。图 8-11（b）就是图 8-11（a）的公差带图。

⑦ 实际尺寸：实际加工出来的尺寸，但合格与否需要检验判定。

⑧ 极限制：经标准化的公差与偏差制度。

（3）配合

公称尺寸相同的并且相互结合的孔和轴公差带之间的关系，称为配合。由于使用要求的不同，孔和轴之间的配合有松有紧，根据实际需要，配合分为三类，即间隙配合、过盈配合和过渡配合。

① 间隙配合：具有间隙（包括最小间隙等于零）的配合。如图 8-12（a）所示，此时，孔的公差带在轴的公差带之上。

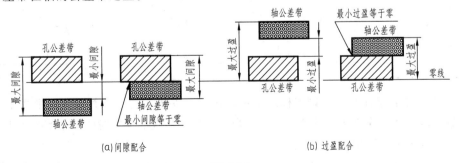

(a) 间隙配合　　　　　　　　　(b) 过盈配合

图 8-12

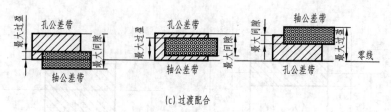

(c) 过渡配合

图 8-12　配合的情况

② 过盈配合：具有过盈（包括最小过盈等于零）的配合。如图 8-12（b）所示，此时，孔的公差带在轴的公差带之下。

③ 过渡配合：可能有间隙或过盈的配合。如图 8-12（c）所示，此时，孔的公差带与轴的公差带互相交叠。

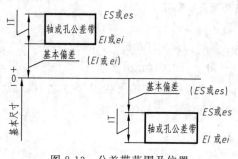

图 8-13　公差带范围及位置

（4）标准公差与基本偏差

为了满足不同的配合要求，国家标准规定，孔、轴公差带由标准公差和基本偏差两个要素组成。标准公差确定公差带大小，基本偏差确定公差带位置，如图 8-13 所示。

① 标准公差：标准公差是国家标准中用以确定公差带大小的任一公差。GB/T 1800.1 中规定标准公差等级代号用符号 IT（International Tolerance）和数字组成。标准公差分 20 个等级，即：IT01、IT0、IT1～IT18，其中 IT01 和 IT0 在工业中很少应用。IT01 公差最小，精度最高；IT18 公差最大，精度最低。各级标准公差的数值，请参阅表 8-1。

表 8-1　标准公差数值（摘自 GB/T 1800.1—2009）

公称尺寸 /mm		标准公差等级																	
		IT1	IT2	IT3	IT4	IT5	IT6	IT7	IT8	IT9	IT10	IT11	IT12	IT13	IT14	IT15	IT16	IT17	IT18
大于	至	μm											mm						
—	3	0.8	1.2	2	3	4	6	10	14	25	40	60	0.1	0.14	0.25	0.4	0.6	1	1.4
3	6	1	1.5	2.5	4	5	8	12	18	30	48	75	0.12	0.18	0.3	0.48	0.75	1.2	1.8
6	10	1	1.5	2.5	4	6	9	15	22	36	58	90	0.15	0.22	0.36	0.58	0.9	1.5	2.2
10	18	1.2	2	3	5	8	11	18	27	43	70	110	0.18	0.27	0.43	0.7	1.1	1.8	2.7
18	30	1.5	2.5	4	6	9	13	21	33	52	84	130	0.21	0.33	0.52	0.84	1.3	2.1	3.3
30	50	1.5	2.5	4	7	11	16	25	39	62	100	160	0.25	0.39	0.62	1	1.6	2.5	3.9
50	80	2	3	5	8	13	19	30	46	74	120	190	0.3	0.46	0.74	1.2	1.9	3	4.6
80	120	2.5	4	6	10	15	22	35	54	87	140	220	0.35	0.54	0.87	1.4	2.2	3.5	5.4
120	180	3.5	5	8	12	18	25	40	63	100	160	250	0.4	0.63	1	1.6	2.5	4	6.3
180	250	4.5	7	10	14	20	29	46	72	115	185	290	0.46	0.72	1.15	1.85	2.9	4.6	7.2
250	315	6	8	12	16	23	32	52	81	130	210	320	0.52	0.81	1.3	2.1	3.2	5.2	8.1
315	400	7	9	13	18	25	36	57	89	140	230	360	0.57	0.89	1.4	2.3	3.6	5.7	8.9
400	500	8	10	15	20	27	40	63	97	155	250	400	0.63	0.97	1.55	2.5	4	6.3	9.7

② 基本偏差：基本偏差是国家标准中用以确定公差带相对于零线位置的上极限偏差或下极限偏差，一般指靠近零线的那个偏差。当公差带在零线的上方时，基本偏差为下极限偏差；反之，则为上极限偏差。

GB/T 1800.1 对孔和轴规定了 28 个基本偏差，如图 8-14 所示，对孔用大写字母

A、…、ZC 表示，对轴用小写字母 a、…、zc 表示。其中 A～H（a～h）的基本偏差用于间隙配合；J～ZC（j～zc）用于过渡配合和过盈配合。从基本偏差系列图中可以看到：孔的基本偏差 A～H 为下极限偏差，J～ZC 为上极限偏差；轴的基本偏差 a～h 为上极限偏差，j～zc 为下极限偏差；JS 和 js 没有基本偏差，其上、下极限偏差对零线对称，孔和轴的上、下极限偏差分别都是＋IT/2、－IT/2。在基本偏差系列图中，只表示公差带的各种位置，而不表示公差的大小，因此，公差带一端是开口的，开口的另一端由标准公差限定。

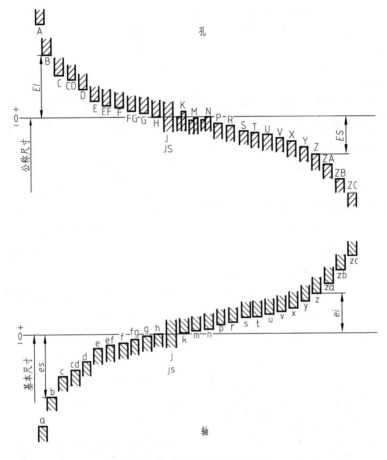

图 8-14　基本偏差系列示意图

③ 公差带相关计算及表示方法。如果基本偏差和标准公差等级确定了，那么孔和轴的公差带位置和大小就确定了，这时它们的配合类别也就确定了。

根据尺寸公差的定义，基本偏差和标准公差有以下计算式：

$$ES＝EI＋\mathrm{IT} \text{ 或 } EI＝ES－\mathrm{IT}$$

$$ei＝es－\mathrm{IT} \text{ 或 } es＝ei＋\mathrm{IT}$$

上式中，标准公差和基本偏差可以通过查阅国家标准 GB/T 1800.1—2009《产品几何技术规范（GPS）极限与配合 第 1 部分：公差、偏差和配合的基础》相关表格获得，通过计算得出。优先配合中轴以及孔的上、下极限偏差可参阅附录附表 29、附表 30。

孔、轴公差带代号由基本偏差代号与公差等级代号组成，例如：

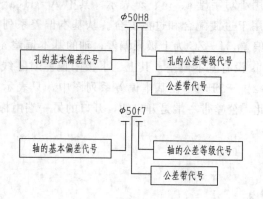

（5）配合制

同一极限制的孔和轴组成的一种配合制度，称为配合制。即在制造相互配合的零件时，使其中一种零件作为基准件，它的基本偏差固定，通过改变另一种非基准件的偏差来获得各种不同性质的配合制度。

根据生产需要，国家标准 GB/T 1800.1—2009《产品几何技术规范（GPS）极限与配合 第 1 部分：公差、偏差和配合的基础》规定了基孔制和基轴制两种配合制。采用配合制能减少刀具、量具规格和数量，从而获得较好的技术经济效果。

① 基孔制配合：基本偏差为一定的孔的公差带，与不同基本偏差的轴的公差带形成各种配合的一种制度［图 8-15（a）］。基孔制配合的孔称为基准孔，其基本偏差代号为 H，下极限偏差为零，即它的下极限尺寸等于公称尺寸。

② 基轴制配合：基本偏差为一定的轴的公差带，与不同基本偏差的孔的公差带形成各种配合的一种制度［图 8-15（b）］。基轴制配合的轴称为基准轴，其基本偏差代号为 h，上极限偏差为零，即它的上极限尺寸等于公称尺寸。

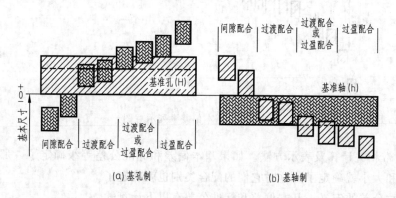

图 8-15　基孔制和基轴制

（6）配合制的选用

配合制的选用应从结构、工艺、经济等方面综合考虑。GB/T 1800.1 明确提出：在一般情况下，优先选用基孔制配合，如有特殊需要，允许将任一孔、轴公差带组成配合。之所以优先选用基孔制配合，主要出自工艺、经济的考虑。一般相同尺寸有较高公差等级要求的孔要比轴更不容易加工，而且孔常用定值刀具加工，定值量具检验，采用基孔制配合，既可减少定值刀具、量具的品种，又利于提高效率和保证质量。

如图 8-16 所示,与标准件(如滚动轴承)配合时,应视标准件的配合面是孔还是轴而定,是孔的采用基孔制配合,是轴的采用基轴制配合。装配图中则省略标准件对应的公差带代号的注写。

国家标准 GB/T 1801—2009《产品几何技术规范(GPS) 极限与配合 公差带和配合的选择》规定了孔、轴公差带的选择范围,并将公称尺寸至 500mm 的孔、轴公差带分为优先配合和常用配合。优先配合和常用配合见表 8-2、表 8-3。其他配合可查阅国家标准或有关手册。

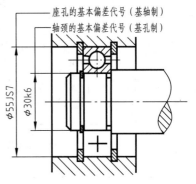

图 8-16　与轴承配合的标注

表 8-2　基孔制优先、常用配合

基准孔	轴																				
	a	b	c	d	e	f	g	h	js	k	m	n	p	r	s	t	u	v	x	y	z
	间隙配合								过渡配合			过盈配合									
H6						H6/f5	H6/g5	H6/h5	H6/js5	H6/k5	H6/m5	H6/n5	H6/p5	H6/r5	H6/s5	H6/t5					
H7						H7/f6	H7/g6 ▲	H7/h6 ▲	H7/js6	H7/k6 ▲	H7/m6	H7/n6 ▲	H7/p6 ▲	H7/r6	H7/s6 ▲	H7/t6	H7/u6 ▲	H7/v6	H7/x6	H7/y6	H7/z6
H8					H8/e7	H8/f7 ▲	H8/g7	H8/h7 ▲	H8/js7	H8/k7	H8/m7	H8/n7	H8/p7	H8/r7	H8/s7	H8/t7	H8/u7				
H8				H8/d8	H8/e8	H8/f8		H8/h8													
H9			H9/c9	H9/d9 ▲	H9/e9	H9/f9		H9/h9 ▲													
H10			H10/c10	H10/d10				H10/h10													
H11	H11/a11	H11/b11	H11/c11 ▲	H11/d11				H11/h11 ▲													
H12		H12/b12						H12/h12													

注:1. 标"▲"为优先配合。

2. H7/n6、H7/p6 在公称尺寸小于等于 3mm 和 H8/r7 在公称尺寸小于等于 100mm 时为过渡配合。

(7)极限与配合的标注与查表

① 在装配图上的标注:在装配图中标注配合时,公称尺寸后面注一分式,分子写孔的基本偏差代号(用大写字母)和公差等级,分母写轴的基本偏差代号(用小写字母)和公差等级。标注形式如图 8-17(a)所示。

表 8-3 基轴制优先、常用配合

基准轴	A	B	C	D	E	F	G	H	JS	K	M	N	P	R	S	T	U	V	X	Y	Z
			间隙配合						过渡配合				过盈配合								
h5						F6/h5	G6/h5	H6/h5	JS6/h5	K6/h5	M6/h5	N6/h5	P6/h5	R6/h5	S6/h5	T6/h5					
h6						F7/h6	G7/h6 ▲	H7/h6 ▲	JS7/h6	K7/h6 ▲	M7/h6	N7/h6 ▲	P7/h6 ▲	R7/h6	S7/h6 ▲	T7/h6	U7/h6 ▲				
h7					E8/h7	F8/h7 ▲		H8/h7 ▲	JS8/h7	K8/h7	M8/h7	N8/h7									
h8				D8/h8	E8/h8	F8/h8		H8/h8													
h9				D9/h9 ▲	E9/h9	F9/h9		H9/h9 ▲													
h10				D10/h10				H10/h10													
h11	A11/h11	B11/h11	C11/h11 ▲	D11/h11				H11/h11 ▲													
h12		B12/h12						H12/h12													

注：标"▲"为优先配合。

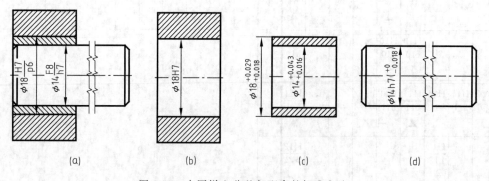

| (a) | (b) | (c) | (d) |

图 8-17 在图样上公差与配合的标准方法

② 在零件图上标注：在零件图上标注公差，实际上就是把装配图上标注的分式中的分子部分注在孔的公称尺寸之后，而把分母部分注在轴的公称尺寸后面。

在零件图标注尺寸的公差有三种注法：

a. 在公称尺寸后注出基本偏差代号和公差等级，如图 8-17（b）所示。这种形式用于大批量生产的零件图上。

b. 在公称尺寸后直接注出极限偏差值，上极限偏差注在公称尺寸的右上角，下极限偏差注在公称尺寸的右下角，偏差值的字体比公称尺寸数字的字体小一号，如图 8-17（c）中的 $\phi 14^{+0.043}_{+0.016}$ 和 $\phi 18^{+0.029}_{+0.018}$；上下极限偏差的数值相同时，在公称尺寸之后用"±"号，然后写偏差数值，其字体大小与公称尺寸的字体大小相同，如：40 ± 0.08。这种形式用于单件或小批量生产的零件图上。

c. 在公称尺寸后，既注出公差带又同时注出上、下极限偏差数值（偏差数值加圆括号），如图 8-17（d）所示。这种形式用于生产批量不定的零件图上。

③ 查表与计算：相互配合的孔和轴，极限偏差可通过查阅附录附表 29、附表 30 相关表格直接获得；配合的极限间隙或极限过盈可以通过孔和轴的偏差计算得出。

为了保证产品质量，对零件上的非配合尺寸也同样要控制其误差、规定公差，这种公差称为一般公差。一般公差分为精密 f、中等 m、粗糙 c、最粗 v 共 4 个公差等级，可根据实际情况选取，并在技术文件中加以说明。如想进一步了解，请查阅国家标准 GB/T 1804—2000《一般公差 未注公差的线性和角度尺寸的公差》相关内容。

8.4.2 表面粗糙度

由于零件的破坏一般是从表面开始的，且表面质量更是影响机器的精度、耐用度、可靠性等性能的重要因素，从而产生了表面结构的概念。表面结构是指几何体表面的重复或偶然的偏差，这些偏差形成该表面的三维形貌。表面结构是表面粗糙度、表面波纹度、表面缺陷的总称。本书将着重介绍表面粗糙度的相关内容，进一步了解请查阅 GB/T 131—2006《产品几何技术规范（GPS）技术产品文件中表面结构的表示法》及 GB/T 3505—2009《产品几何技术规范（GPS）表面结构 轮廓法 术语、定义及表面结构参数》等技术标准。

（1）表面粗糙度的评定参数

表面粗糙度是指加工表面上的较小间距的峰、谷所组成的微观几何形状特性。它反映了零件表面的光滑程度，与加工方法、切削刀具和工件材料等很多因素都有关系。

表面粗糙度是评定零件表面质量的一项重要技术指标，对于零件的配合、耐磨性、抗腐蚀性、接触刚度、密封性和外观都有影响，是零件图中必不可少的一项技术要求。

零件表面粗糙度的选用，应该既满足零件表面的功能要求，又要考虑经济合理。参数值越小，表面质量越高，但加工成本也越高。因此，在满足使用要求的前提下，应尽量选用较大的粗糙度参数值，以降低成本。

表面粗糙度可由"轮廓参数（由 GB/T 3505—2009 定义）""图形参数〔由《GB/T 18618—2009 产品几何技术规范（GPS）表面结构 轮廓法 图形参数》定义〕"和"支承率曲线参数〔由 GB/T 18778.2—2003《产品几何量技术规范（GPS）表面结构 轮廓法 具有复合加工特征的表面 第 2 部分：用线性化的支承率曲线表征高度特性》、GB/T 18778.3—2006《产品几何技术规范（GPS）表面结构 轮廓法 具有复合加工特征的表面 第 3 部分：用概率支承率曲线表征高度特性》定义〕"三类参数加以评定。本书仅介绍轮廓参数中评定粗糙度轮廓的两个高度参数 Ra 和 Rz。

① 算术平均偏差 Ra：指在一个取样长度内，纵坐标 $Z(x)$ 绝对值的算术平均值（图 8-18）。

② 轮廓最大高度 Rz：指在同一取样长度内，最大轮廓峰高与最大轮廓谷深之和的高（图 8-18）。

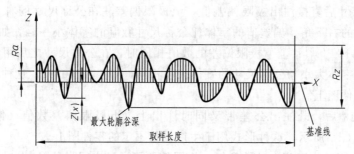

图 8-18 算术平均偏差 Ra 和轮廓的最大高度 Rz

（2）表面粗糙度的图形符号

标注表面粗糙度要求时的图形符号见表 8-4。

表 8-4　标注表面粗糙度要求时的图形符号

符　号	意　义
	基本图形符号，未指定工艺方法的表面，当通过一个注释解释时可单独使用
	扩展图形符号，用于去除材料方法获得的表面；仅当其含义是"被加工表面"时可单独使用
	扩展图形符号，不去除材料表面，也可以用于表示保持上道工序形成的表面，不管这种状况是通过去除材料或不去除材料形成的
	完整图形符号，在以上三个符号的长边上加一横线，用以标注补充信息，分别表示"允许任何工艺""去除材料"和"不去除材料"

当图样中某个视图上构成封闭轮廓的各表面有相同的表面粗糙度要求时，在完整图形符号上加一圆圈，标注在封闭轮廓线上，如图 8-19 所示，图中的表面粗糙度符号是对图形中封闭轮廓的六个面的共同要求。

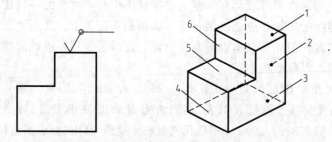

图 8-19　封闭轮廓各表面有相同粗糙度要求的注法

（3）表面粗糙度要求在符号中的注写位置

表面粗糙度符号写法如图 8-20 所示。h＝字高，H_1＝1.4h，高度 H_2 的最小值应比 2h 稍大一些；当 h＝2.5mm 时，H_2 的最小值为 7.5mm；当 h＝3.5mm 时，H_2 的最小值为 10.5mm；当 h 更大时，H_2 的最小值可以查阅国家标准 GB/T 131—2006 相关表格。图形符号

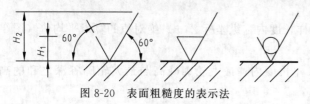

图 8-20　表面粗糙度的表示法

的线宽等于字母线宽。

　　为了明确表面粗糙度要求，除了标注表面粗糙度参数和数值外，必要时应标注补充要求，包括传输带、取样长度、加工工艺、表面纹理及方向、加工余量等。这些要求在图形符号中的注写位置如图8-21所示。

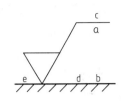

位置 a 注写表面粗糙度的单一要求

位置 a 和 b：
①a 注写第一表面粗糙度要求
②b 注写第二表面粗糙度要求

位置 c 注写加工方法，如"车""磨""镀"等

位置 d 注写表面纹理方向，如"="" ×""M"等

位置 e 注写加工余量

图 8-21　补充要求的注写位置（a～e）

（4）表面粗糙度代号

　　表面粗糙度符号中注写了具体参数代号及参数值等要求后，称为表面粗糙度代号。表面粗糙度代号及其含义示例如表8-5所示。

表 8-5　表面粗糙度代号及其含义

代号示例	含义	补充说明
$\sqrt{Ra\ 0.8}$	表示不允许去除材料，单向上限值，R 轮廓，算术平均偏差值为 0.8μm	未注补充要求，表明默认传输带、默认评定长度（5 个取样长度）及默认规则（16% 规则）
$\sqrt{Rz_{max}\ 0.2}$	表示去除材料，单向上限值，R 轮廓，粗糙度最大高度的最大值为 0.2μm	默认传输带、默认评定长度（5 个取样长度）及最大规则
$\sqrt{0.008-0.8/\ Ra\ 3.2}$	表示去除材料，单向上限值，传输带 0.008～0.8mm，R 轮廓，算术平均偏差为 3.2μm	默认评定长度（5 个取样长度）及默认规则（16% 规则）
$\sqrt{-0.8/\ Ra3\ 3.2}$	表示去除材料，单向上限值，传输带 0.0025～0.8mm，R 轮廓，算术平均偏差为 3.2μm，评定长度为 3 个取样长度	默认规则（16% 规则）
$\sqrt{\begin{array}{l}U\ Ra_{max}\ 3.2\\L\ Ra\ 0.8\end{array}}$	表示不允许去除材料，双向极限值，R 轮廓，上极限值：算术平均偏差为 3.2μm，最大规则；下极限值：算术平均偏差为 0.8μm，16% 规则	两极限值均使用默认的传输带，默认评定长度（5 个取样长度）。本例为双向极限要求，用"U"和"L"分别表示上限值和下限值，在不致引起歧义时，可以不加注"U"和"L"

（5）表面粗糙度要求在图样（或其他技术文件）中的标注方法

　　① 表面粗糙度代号对每个表面一般只标注一次，并尽可能注在相应尺寸及其公差的同一个视图上。除非另有说明，所标注的表面粗糙度要求是对完工零件表面的要求。

　　② 表面粗糙度的注写和读取方向应与尺寸的注写和读取方向一致。表面粗糙度代号可标注在轮廓线上，其符号从材料外指向并接触表面（图8-22）。必要时，表面粗糙度也可用带箭头或黑点的指引线引出标注（图8-23）。

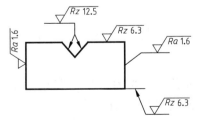

图 8-22　表面粗糙度要求在轮廓线上的标注

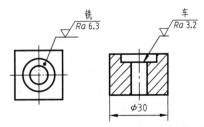

图 8-23　用指引线引出标注表面粗糙度要求

③ 在不致引起误解时，表面粗糙度代号可以标注在给定的尺寸线上（图 8-24）。

④ 表面粗糙度代号可以标注在几何公差框格的上方（图 8-25）。

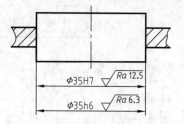

图 8-24　表面粗糙度要求标注在尺寸线上

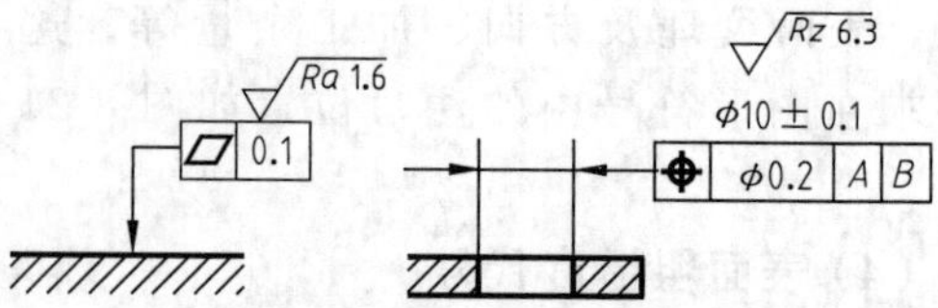

图 8-25　表面粗糙度要求标注在形位公差框格的上方

⑤ 圆柱和棱柱的表面粗糙度要求只标注一次（图 8-26）。如果每个棱柱表面有不同的表面粗糙度要求，应分别单独标注（图 8-27）。

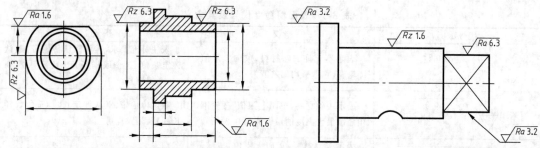

图 8-26　表面粗糙度要求标注在圆柱特征的延长线上

图 8-27　圆柱和棱柱的表面粗糙度要求的注法

（6）表面粗糙度要求的简化注法

① 有相同表面粗糙度要求的简化注法：如果工件的多数（包括全部）表面有相同的表面粗糙度要求，则其表面粗糙度要求可统一标注在图样的标题栏附近（不同要求的表面粗糙度要求应直接标注在图形中）。在相同要求的表面粗糙度要求代号后面应有：

a. 在圆括号内给出无任何其他标注的基本符号［图 8-28（a）］。

b. 在圆括号内给出其他不同的表面粗糙度要求［图 8-28（b）］。

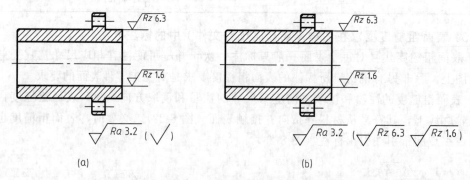

(a)

(b)

图 8-28　大多数表面具有相同表面粗糙度要求的简化注法

② 多个表面有共同要求的注法：

a. 用带字母的完整代号的简化注法：如图 8-29 所示用带字母的完整符号以等式的形式，在图形或标题栏附近，对有相同表面粗糙度要求的表面进行简化标注。

b. 只用表面粗糙度符号的简化注法：如图 8-30 所示，用表面粗糙度符号以等式的形式

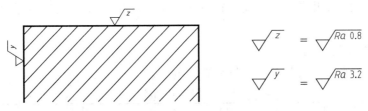

图 8-29　在图纸空间有限时的简化注法

给出多个表面共同的表面粗糙度要求。图中的这三个简化注法，分别表示未指定工艺方法、要求去除材料、不允许去除材料的表面粗糙度代号。

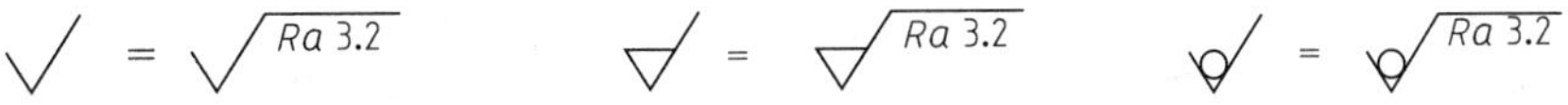

$$\sqrt{} = \sqrt{Ra\ 3.2} \qquad \sqrt{} = \sqrt{Ra\ 3.2} \qquad \sqrt{} = \sqrt{Ra\ 3.2}$$

图 8-30　多个表面粗糙度要求的简化注法

③ 两种或多种工艺获得的同一表面的注法：由几种不同的工艺方法获得的同一表面，当需要明确每种工艺方法的表面粗糙度要求时，可如图 8-31（a）所示进行标注（图中 Fe 表示基体材料为钢，Ep 表示加工工艺为电镀）。

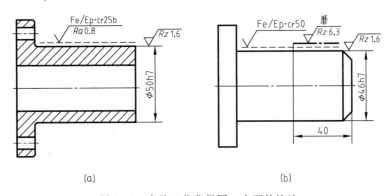

(a)　　　　(b)

图 8-31　多种工艺获得同一表面的注法

图 8-31（b）所示为三个连续的加工工序的表面粗糙度、尺寸和表面处理的标注。

第一道工序：单向上限值，$Rz = 1.6\mu m$，默认规则，默认评定长度，默认传输带，去除材料的工艺。

第二道工序：镀铬，无其他表面粗糙度要求。

第三道工序：一个单向上限值，仅对长为 50mm 的圆柱表面有效，$Rz = 6.3\mu m$，默认规则，默认评定长度，默认传输带，磨削加工工艺。

8.4.3　几何公差的代号及标注

在机器中某些精确度程度较高的零件，不仅需要保证其尺寸公差，而且还要保证其几何公差。国家标准 GB/T 1182—2008《产品几何技术规范（GPS）几何公差 形状、方向、位置和跳动公差标注》规定了工件几何公差标注的基本要求和方法。零件的几何特性是零件实际要素对其几何理想要素的偏离情况，是决定零件功能的因素之一，几何误差包括形状、方向、位置和跳动误差。

几何公差是为了保证机器的质量，要限制零件对几何误差的最大变动量。允许变动量的值称为公差值。零件在加工时所产生的形状、方向、位置等误差将会影响产品的质量，因此，必须控制其误差变化范围。对要求较高的零件，则根据设计要求，需在零件图上注出有关的几何公差。

（1）几何特征和符号

几何公差的类型、几何特征和符号见表 8-6。

表 8-6　几何特征符号

公差类型	几何特征	符号	基准	公差类型	几何特征	符号	有无基准
形状公差	直线度	—	无	位置公差	位置度	⊕	有或无
	平面度	▱			同心度（用于中心线）	◎	有
	圆度	○					
	圆柱度	⌀			同轴度（用于轴线）		
	线轮廓度	⌒					
	面轮廓度	⌓					
方向公差	平行度	∥	有		对称度	═	
	垂直度	⊥			线轮廓度	⌒	
	倾斜度	∠			面轮廓度	⌓	
	线轮廓度	⌒		跳动公差	圆跳动	↗	
	面轮廓度	⌓			全跳动	⫽	

（2）附加符号及其标注

国家标准 GB/T 1182—2008 规定用代号来标注几何公差。几何公差代号包括：几何公差特征项目的符号、几何公差框格及指引线、几何公差数值和其他有关符号、基准符号。

① 几何公差框格及基准代号。用公差框格标注几何公差时，公差要求注写在划分成两格或多格的矩形框格内。各格自左向右顺序标注，如图 8-32 所示。

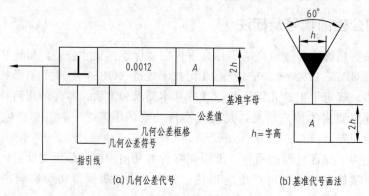

(a) 几何公差代号　　　　　　(b) 基准代号画法

图 8-32　几何公差代号及基准代号

② 被测要素的标注：

a. 用指引线连接被测要素和公差框格，指引线引自框格的任意一侧，终端带一箭头。当被测要素为轮廓线或轮廓面时，箭头指向该要素的轮廓线或其延长线且应与尺寸线明显错开，如图 8-33（a）、图 8-33（b）所示。箭头也可指向引出线的水平线，引出线引自被测面，如 8-33（c）所示。

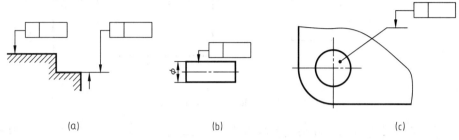

(a)   (b)   (c)

图 8-33　被测要素的标注方法（一）

b. 当被测要素为中心线、中心面或中心点时，箭头应位于相应的尺寸线的延长线上，如图 8-34 所示。

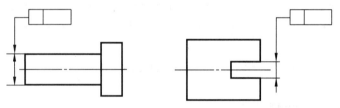

图 8-34　被测要素的标注方法（二）

③ 基准要素的标注：

a. 与被测要素相关的基准用一个大写字母表示。字母标注在基准方格内，与一个涂黑的或空白的三角形相连以表示基准，如图 8-35 所示。表示基准的字母还应标注在公差框格内。涂黑的和空白的基准三角形含义相同。

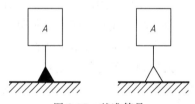

图 8-35　基准符号

b. 带基准的基准三角形应按如下规定放置：当基准要素为轮廓线或轮廓面时，基准三角形放置在该要素的轮廓线或其延长线上且应与尺寸线明显错开，如图 8-36（a）所示；基准三角形也可放置在该轮廓面引出线的水平线上，如图 8-36（b）所示。

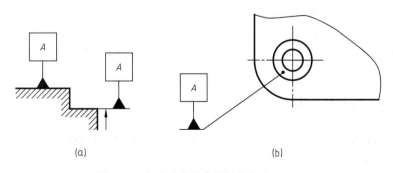

(a)   (b)

图 8-36　基准要素的常用标注方法（一）

当基准是尺寸要素确定的轴线、中心平面或中心点时，基准三角形应放置在相应的尺寸线的延长线上，如图 8-37（a）所示。如果没有足够的位置标注基准要素尺寸的两个尺寸箭头，则其中一个箭头可用基准三角形代替，如图 8-37（b）所示。

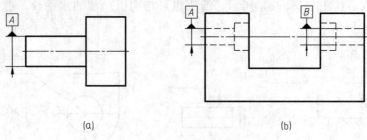

图 8-37　基准要素的常用标注方法（二）

c. 以单个要素作基准时，在公差框格内用一个大写字母表示，如图 8-38（a）所示。以两个要素建立公共基准体系时，用中间加一字线的两个大写字母表示，如图 8-38（b）所示。以两个或三个基准建立体系（即采用多基准）时，表示基准的大写字母按基准的优先顺序自左至右填写在各个框格内，如图 8-38（c）所示。

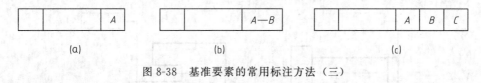

图 8-38　基准要素的常用标注方法（三）

8.4.4　零件的常用材料及其表示法

制造零件所用的材料很多，有各种钢、铸铁、有色金属和非金属材料，常用的金属材料和非金属材料代号性能见附录附表 31、附表 32。

数字（字符）表示金属材料牌号是国际上普遍采用的一种形式，这种表示法便于现代化的数据处理设备进行存储和检索，对原有符号较繁杂冗长的牌号予以简化表示，给生产、使用、统计、设计、物资管理、信息交流和标准化等部门带来了极大的方便。

（1）钢铁及合金牌号的数字代号

统一数字代号由固定的 6 位符号组成，例如：U20452 表示 45 钢；U21652 表示 65Mn；A31263 表示 25Cr2Mo1VA 等。

钢铁及合金牌号统一数字代号表示法与国家标准 GB/T 221—2008《钢铁产品牌号表示方法》中规定的钢铁产品牌号表示方法并行使用，两者均为有效。

（2）变形铝及铝合金牌号的四位数字（字符）

铝合金按四位字符体系牌号命名方法命名。例如，纯铝 L2 表示为 1060；铝合金 LY12 表示为 2A12。

8.4.5　表面处理和热处理

金属镀覆和化学处理等表面处理和热处理对金属材料的机械性能（如强度、弹性、塑性和硬度）的改善和对提高零件的耐磨性、耐热性、耐腐性、耐疲劳和美观有显著作用。

根据零件的不同要求，可以采用不同方法处理。

8.5 零件结构的工艺性

零件结构的工艺性是指所设计零件的结构在生产过程中能否满足加工或装配时对可靠性和合理性的要求，使生产出来的零件质量好、产量高、成本低，以得到较好的经济效益。

机器上的大部分零件是通过铸造和机械加工成形的，因此，这里仅介绍常见的工艺结构。

8.5.1 铸造工艺对零件结构的要求

（1）起模斜度

铸造零件的毛坯时，为了便于从砂型中取出模样，一般沿模样起模方向做成约 1∶20 的斜度，称为起模斜度。因此，在铸件上也有相应的起模斜度，如图 8-39（a）所示。但这种斜度在图样上可不予标注，也可以不画出，如图 8-39（b）所示，必要时可以在技术要求中用文字说明。

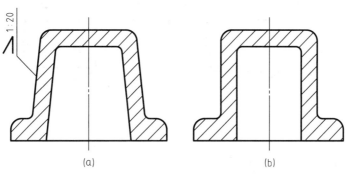

（a）   （b）

图 8-39 起模斜度

（2）铸造圆角

在铸件表面转折处应做成圆角，如图 8-40 所示，这样既能方便起模，又能防止浇铸铁水时将砂型转角处冲坏，还可避免铸件在冷却时产生裂纹或缩孔。铸造圆角在图样上一般不予标注，常集中注写在技术要求中。

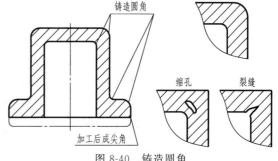

图 8-40 铸造圆角

（3）壁厚均匀

铸件的壁厚若不均匀，液态金属的冷却速度就不一样。薄的地方先冷却，先凝固。厚的地方冷却较慢，收缩时没有足够的液态金属来补充，容易形成缩孔或产生裂纹。所以在设计铸件时，壁厚应保持大致相等或逐渐过渡，如图 8-41 所示。

8.5.2 机械加工工艺对零件结构的要求

（1）倒角和圆角

为了去除零件的毛刺、锐边和便于装配，在轴或孔的端部，一般都加工成倒角［图8-42

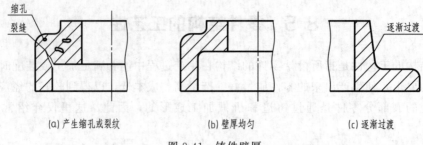

(a) 产生缩孔或裂纹　　　　(b) 壁厚均匀　　　　(c) 逐渐过渡

图 8-41　铸件壁厚

(a)]。为了避免因应力集中而产生裂纹，在轴肩处通常加工成圆角的过渡形式 [图 8-42 (a)]。倒圆与倒角的形式，倒圆、45°倒角的四种装配形式见附录附表 25。

与零件的直径 ϕ 相对应的倒角 C、倒圆 R 的推荐值见附录附表 26。

国家标准 GB/T 16675.1—2012《技术制图 简化表示法 第 1 部分：图样画法》中指出，在不致引起误解时，零件图中的倒角可以省略不画，其尺寸也可简化标注 [图 8-42 (b)]。

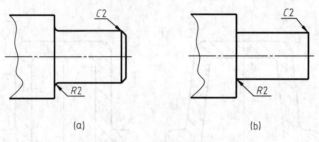

(a)　　　　　　　　　　(b)

图 8-42　倒角和圆角

（2）螺纹退刀槽和砂轮越程槽

在切削加工中，特别是在车螺纹和磨削时，为了便于退出刀具或使砂轮可以稍稍越过加工面，通常在零件待加工面的末端，先车出螺纹退刀槽或砂轮越程槽，如图 8-43 和图 8-44 所示。

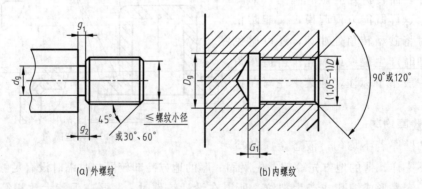

(a) 外螺纹　　　　　　　　(b) 内螺纹

图 8-43　螺纹退刀槽

螺纹退刀槽和砂轮越程槽的结构尺寸系列，可查阅附录附表 27 和附表 24。

（3）钻孔结构

用钻头钻出的盲孔，一般在底部有一个 120°的锥度，钻孔深度指的是圆柱部分的深度，不包括锥坑，如图 8-45 (a) 所示。在阶梯形钻孔的过渡处，一般也存在 120°锥角的圆台，

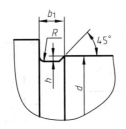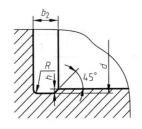

图 8-44　砂轮越程槽

其画法及尺寸注法，如图 8-45（b）所示。

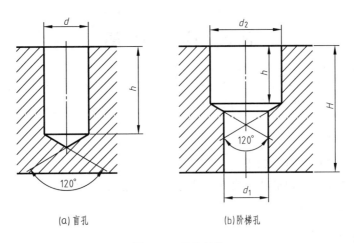

(a) 盲孔　　　　　　(b) 阶梯孔

图 8-45　钻孔结构

　　用钻头钻孔时，要求钻头轴线尽量垂直于被钻孔的端面，以保证钻孔的准确并避免钻头折断。图 8-46（a）为钻孔端面的不合理结构，图 8-46（b）和图 8-46（c）为两种钻孔端面的合理结构。

(a) 不合理　　　　　(b) 端面设计为凸台　　　　　(c) 端面设计为凹坑

图 8-46　钻孔的端面

（4）凸台和凹坑

　　零件上与其他零件的接触面，一般都要加工。为了减少加工面积，并保证零件表面之间有良好的接触，通常在铸件上设计出凸台、凹坑。图 8-47（a）、图 8-47（b）是螺栓连接的支承面，做成凸台或凹坑的形式；图 8-47（c）、图 8-47（d）是为了减少加工面积而做成凹槽、凹腔的结构。

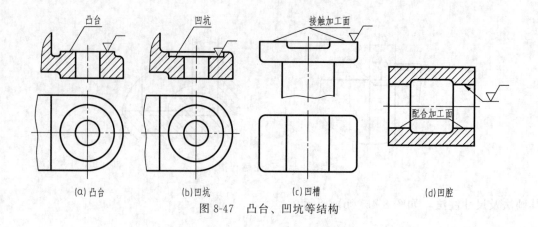

图 8-47　凸台、凹坑等结构

8.6　读零件图

从事各种专业的技术人员，必须具备读、绘零件图的能力。在设计、生产、制造等活动中，读、绘零件图都是一项非常重要的工作。

8.6.1　要求

① 了解零件的名称、材料和用途。

② 了解零件各部分结构形状、尺寸、功能，以及它们之间的相对位置。

③ 了解零件的制造方法和技术要求。

8.6.2　方法和步骤

（1）概括了解

从标题栏中可以看出零件的名称、材料、比例等。根据这些内容可以初步分析出零件的用途、大小和制造方法，为深入看图提供正确的思路。

（2）表达方案和结构形状分析

首先找出主视图，对照其他视图看零件的内、外结构和形状；再结合局部视图、斜视图以及断面图等表达法，看清零件的局部或斜面的形状，想象出零件的整体形状和细微结构。

结构形状分析能够更好地搞清楚投影关系和便于综合想象整个零件的形状，一般先看大致轮廓，再分几个较大的独立部分进行结构分析，之后对主体结构进行分析，最后对局部结构进行分析。

（3）分析尺寸

根据结构分析，了解定形尺寸和定位尺寸及总体尺寸，确定尺寸基准，分辨功能尺寸和非功能尺寸。

（4）技术要求

根据零件特点确定零件的加工制造方法；根据图样内外的符号和文字标注，了解尺寸公差、表面结构要求以及几何公差。

（5）综合归纳

零件图表达了零件的结构形式、尺寸精度和技术要求等内容，它们之间是相互关联的。读图时，需要将几方面综合起来进行分析和思考，才能对这个零件形成完整的认识。

8.6.3 读零件图举例

（1）花键轴（图 8-48）

① 从标题栏可知，该零件图为花键轴，按 1∶1 绘制，与实物大小相同，材料为 45 钢。从图中可以看出该零件是轴类零件，锻造后切削加工而成。

② 该零件用一个基本视图和两个端面图表达，并对轴端螺纹孔进行了剖视。主视图按加工位置横放。花键和平键位置采用移出断面表示。

③ 该零件以水平轴线作为径向尺寸基准，也是高度和宽度方向的尺寸基准，由此注出径向各部分的尺寸。可以看到其中有几个尺寸后注有偏差值，说明该部分与其他零件有配合关系（图 8-49 内花键部分）。

④ 图中可见非配合面的表面粗糙度为 Ra6.3。花键、平键的表面粗糙度因为需要配合，所以表面粗糙度精度较高。因为公差要求较高，表面粗糙度要求也比较高。

花键轴整体进行调质处理，以提高材料的韧性和强度；花键部位为了提高强度和耐磨性，采用了表面淬火处理。

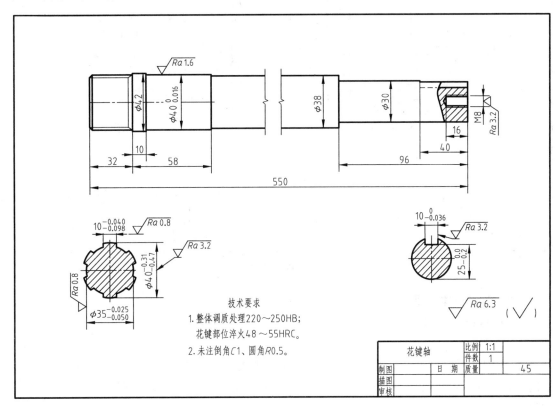

图 8-48　花键轴零件图

（2）锥齿轮（图 8-49）

① 从标题栏可知，该零件图为锥齿轮，按 1∶1 绘制，与实物大小相同，材料为 40Cr，经锻造后切削加工而成。

② 该零件用主视图和左视图表达。主视图采用了全剖视，表示内孔结构，按加工位置横放。

③ 该零件以水平轴线作为径向尺寸基准，也是高度和宽度方向的尺寸基准，由此注出径向各部分的尺寸。可以看到其中 2 个尺寸后注有偏差值，该部分与图 8-48 所示的内花键有配合关系。其他径向尺寸为齿轮设计标准尺寸。

④ 图中可见非配合面的表面粗糙度为 $Ra6.3$。花键和齿面的表面粗糙度因为需要配合，所以表面粗糙度精度较高。

花键轴整体进行调质处理，以提高材料的韧性和强度；花键部位为了提高强度和耐磨性，采用了高频淬火处理。

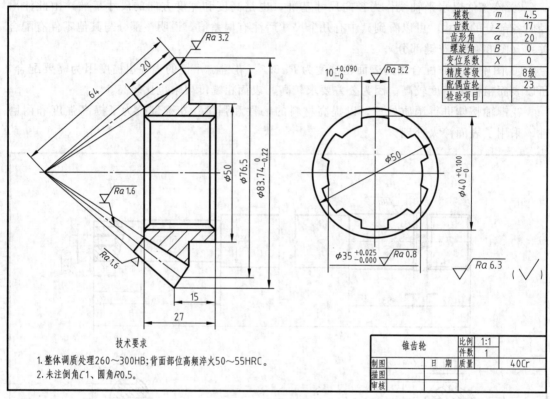

模数	m	4.5
齿数	z	17
齿形角	α	20
螺旋角	B	0
变位系数	X	0
精度等级		8 级
配偶齿轮		23
检验项目		

技术要求
1. 整体调质处理260~300HB;背面部位高频淬火50~55HRC。
2. 未注倒角C1、圆角R0.5。

锥齿轮		比例	1:1
		件数	1
制图	日期	质量	40Cr
描图			
审核			

图 8-49　锥齿轮零件图

（3）变速箱体（图 8-50）

① 从标题栏可知，该零件图为变速箱体，按 1∶2 绘制，材料为 HT250，经铸造后加工而成。

② 该零件用主视图、左视图和俯视图三个视图表达。主视图采用了局部剖视，表示螺纹的结构尺寸；左视图采用了全剖视，主要表示腔体结构等尺寸；俯视图表达上下孔位的结构尺寸。

③ 该零件以水平孔轴线作为径向尺寸基准，也是高度和宽度方向的尺寸基准，由此注出径向各部分的尺寸。其中是与轴承配合孔的直径尺寸，故精度较高。其余尺寸较多，请按照前面的要求自行分析。

④ 图中可见非配合面不加工。轴承配合孔和螺纹孔的表面粗糙度因为需要配合，所以表面粗糙度精度较高。

箱体需要进行人工时效处理，以消除或减小淬火后工件内的微观应力、机械加工残余应力，防止变形及开裂。图中还用文字补充的方式注明未注铸造圆角 $R3 \sim R5$ 的技术要求。

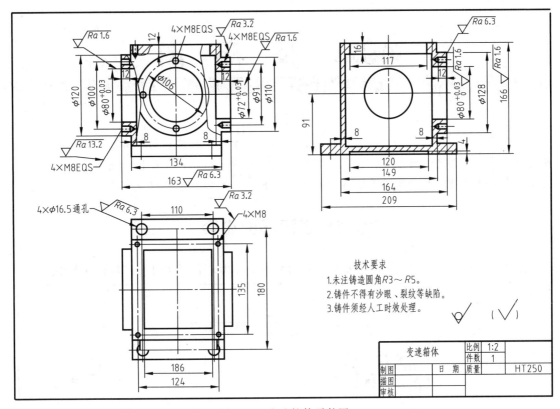

技术要求
1.未注铸造圆角 $R3 \sim R5$。
2.铸件不得有沙眼、裂纹等缺陷。
3.铸件须经人工时效处理。

图 8-50 变速箱体零件图

第9章 装 配 图

　　装配图是用来表达机器或部件的图样，即总装配图或部件装配图。装配图主要是表达机器或部件的结构形状、装配关系、工作原理和技术要求等内容，是设计、制造、使用、维修以及技术交流的重要技术文件。本章主要介绍装配图的内容、画法以及识读。

9.1 装配图的内容

　　图9-1是球阀的装配图。球阀安装在管道系统中，用来启闭阀门并控制流量大小。

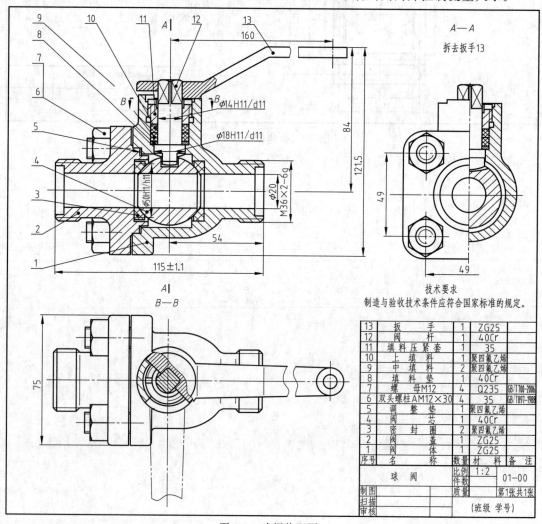

图9-1 球阀装配图

由球阀装配图可以看到，一张完整的装配图一般包括下列内容：

（1）一组视图

选用一组恰当的视图，采用适当的机件表达方法表达机器或部件的工作原理、各零部件间的装配关系、连接方式和主要零件的结构形状等。

（2）几类尺寸

装配图中一般只标注机器或部件的性能（规格）尺寸、零件间的配合尺寸、安装尺寸、总体尺寸以及其他重要尺寸。

（3）技术要求

用文字或符号说明机器或部件的性能、装配、调试和使用等方面的要求，一般在标题栏、明细栏的上方或左面，如图9-1所示。

（4）零件序号、标题栏与明细栏

零件序号是将装配图中各组成零件按一定格式编写的代号，如图9-1所示。

明细栏用于填写零件的序号、代号、名称、数量、材料、质量、备注等信息。标题栏的内容、格式、尺寸等已经标准化，且与零件图的标题栏完全一样，主要填写零件的名称、代号、比例及有关部门人员的签名等。

9.2 装配图的视图表达方法

前面各章节所述的机件、零件图的各种表达方法，如视图、剖视图、断面图以及局部放大图等，对装配图的表达同样适用，但装配图是以表达机器或部件的工作原理和装配关系为主的，因此与零件图比较，装配图还有一些规定画法和特殊的表达方法。

9.2.1 规定画法

① 在装配图中，相邻两零件的接触面和配合面只画一条粗实线，如图9-1中的螺母与阀盖、阀杆与填料压紧套等；对不接触表面画两条粗实线，如图9-1中的阀体与阀芯等。

② 在剖视图中，相接触的两个零件的剖面线方向相反或间隔不同或位置错开。在各视图中，同一零件的剖面线的方向与间隔必须一致，如图9-1中阀体在主视图与左视图中的剖面线方向相同且间隔相等。

③ 当剖切平面通过实心杆件（如：轴、拉杆、手柄等）和标准件（如：螺母、螺栓、螺钉、垫圈、键、销等）的轴线时，这些零件均按不剖处理，只画其外形，不画剖面线。如图9-1球阀装配图中阀杆12按未剖处理。如果实心杆件上有些结构和装配关系需要表达，可采用局部剖视，如图9-1中的 B—B 局部剖视。

9.2.2 沿零件结合面剖切和拆卸画法

装配图中，当部件中某个零件或几个零件在某一视图中遮住了要表达的装配关系或其他零件时，可假想拆去某个或几个零件（如图9-1所示，左视图是采用"拆去扳手13"的拆卸画法表达的），或沿零件结合面剖切绘制。

采用拆卸画法，需要说明时，可在相应视图上注明"拆去件××"等字样；沿零件结合面剖切，结合面上不画剖面符号，但被剖切到的实心杆件的横断面按规定必须画出剖面符号，如图9-2中的 A—A 剖视图。

9.2.3 夸大画法

在画装配图时，有时会遇到薄片零件、细丝弹簧、微小间隙等，对这些零件或间隙，无法按其实际尺寸画出，或者虽能如实画出，但不能明显地表达其结构，均可以采用夸大画法，即可把垫片厚度、簧丝直径及锥度适当夸大画出。如图9-1所示，球阀装配图中的件5（调整垫）、件8（填料垫）是夸大画出的。

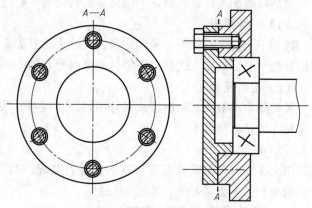

图9-2 装配图几种画法示例

9.2.4 假想画法

在装配图中，为了表示运动零件的运动范围或极限位置，或与本部件有装配关系但又不属于本部件的其他相邻零部件时，可采用假想画法，将运动极限位置或相邻零部件用细双点画线表示。如图9-1所示，球阀装配图俯视图中，零件13（扳手）的极限位置采用细双点画线表达。

9.2.5 简化画法

在装配图中，零件的工艺结构，如圆角、倒角、退刀槽等允许省略不画。

在装配图中，螺母和螺栓头部可采用简化画法。当遇到螺纹连接件等相同的零件时，在不影响理解的前提下，允许只画出一处，其余可只用细点画线表示其中心位置，如图9-2所示的下方螺钉连接的简化画法。

9.3 装配图的尺寸标注及零、部件序号和明细栏

9.3.1 装配图中的几类尺寸

（1）性能（规格）尺寸

表示机器或部件性能（规格）的尺寸，在设计时就已经确定，也是设计、了解和选用该机器或部件的依据，如图9-1中球阀的公称直径$\phi20$。

（2）装配尺寸

装配尺寸是保证有关零件间配合性质的尺寸、保证零件连接时相对位置的尺寸、装配时进行加工的有关尺寸等，如图9-1中阀杆和填料压紧套的配合尺寸$\phi14H11/d11$等。

（3）安装尺寸

机器或部件安装时所需的尺寸，如图9-1中与安装有关的尺寸：84，M36×2-6g，54等。

（4）总体尺寸

表示机器或部件外形轮廓的大小，即总长、总宽和总高，它为包装、运输和安装过程中

所占的空间大小提供了数据，如图 9-1 所示的 115±1.1，75，121.5 为球阀的总长、总宽和总高尺寸。

（5）其他重要尺寸

在设计中确定，又不属于上述几类尺寸的一些重要尺寸，如运动零件的极限尺寸、主体零件的重要尺寸等。

上述五类尺寸之间并不是孤立无关的。实际上有的尺寸往往同时具有多种作用，例如球阀中的尺寸 115±1.1，它既是外形尺寸，又与安装有关。此外，一张装配图中有时也并不全部具备上述五种尺寸。因此，对装配图中的尺寸需要具体分析，然后进行标注。

9.3.2 装配图中零、部件序号和明细栏

（1）零、部件序号

装配图中零、部件序号及其编排方法必须遵循国家标准 GB/T 4458.2—2003《机械制图 装配图中零、部件序号及其编排方法》中的规定。

① 装配图中所有的零、部件都必须编写序号，同一装配图中相同的零、部件只编一个序号。

② 序号编写的形式由圆点、指引线、水平线（或圆）及数字组成，如图 9-3（a）所示。指引线和水平线（或圆）均为细实线，数字写在水平线上方（或小圆内），数字高度应比尺寸数字高度大一号。指引线应从所指零件的可见轮廓内引出，并在末端画一圆点，当所指部分不宜画圆点（如很薄的零件或涂黑的剖面）时，可在指引线末端画一箭头以代替圆点，如图 9-3（b）所示。

③ 指引线应尽量分布均匀，彼此不能相交，当通过剖面线区域时，应避免与剖面线平行。必要时，指引线可曲折一次，如图 9-3（c）所示。

④ 对于一组紧固件（如螺栓、螺母和垫圈）及装配关系清楚的组件允许采用公共指引线，其编写形式如图 9-3（d）所示。

⑤ 编写图样中的序号时，应按水平或垂直方向排列整齐，可沿顺时针方向或逆时针方向依次编号，如图 9-1 所示。

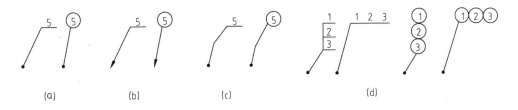

图 9-3 零（部）件序号编写方法

（2）明细栏

明细栏是机器或部件中全部零、部件的详细目录。明细栏的编写规则见国家标准 GB/T 10609.2—2009《技术制图 明细栏》。明细栏应画在标题栏的上方，零、部件序号应自下而上填写。如果位置不够，可将明细栏分段画在标题栏的左方。在特殊的情况下，装配图中也可以不画明细栏，而单独编写在另一张图纸上。

学生作业用标题栏（具体格式见图 1-6）和明细栏可采用图 9-4 所示的简化格式。

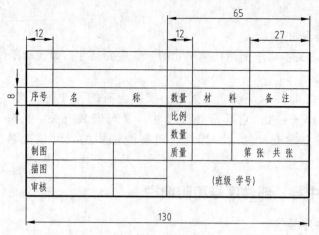

图 9-4　学生作业用标题栏和明细栏

9.4　装配结构的合理性简介

为保证机器或部件装拆方便，达到设计性能要求，在设计绘制装配图时，应考虑到装配结构的合理性。下面就常见的装配结构问题做一些介绍。

① 两个零件接触时，在同一方向接触面一般情况下应只有一个，应避免两对平行平面同时接触，否则需要提高接触面的尺寸精度，这会给加工造成困难。图 9-5 示出了常见结构合理性对比。

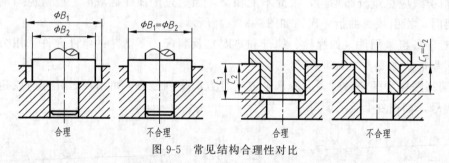

图 9-5　常见结构合理性对比

② 当轴与孔配合时，且轴肩与孔的端面相互接触时，应在孔的接触面上制成倒角，或在轴肩根部切槽，以保证两零件接触良好，如图 9-6 所示。

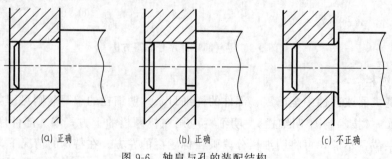

图 9-6　轴肩与孔的装配结构

③ 装配结构应考虑装拆方便，如安装滚动轴承，为防止轴向窜动，应采用相应结构来固定。为便于装拆，箱体台肩孔径应大于轴承外圈内径，轴肩大端直径应小于轴承内圈外径，如图 9-7 所示，否则将无法拆卸。

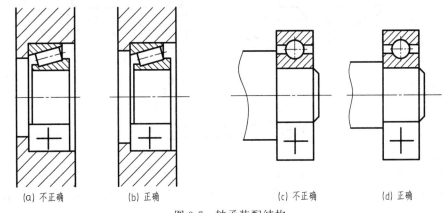

（a）不正确　　　　（b）正确　　　　　（c）不正确　　　　（d）正确

图 9-7　轴承装配结构

④ 为了保证连接件（螺栓、螺母、垫圈）和被连接件间的良好接触，减少加工面积，降低成本，通常在被连接件上要制出沉孔或凸台等结构，如图 9-8 所示。

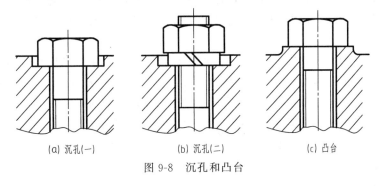

（a）沉孔（一）　　　　（b）沉孔（二）　　　　（c）凸台

图 9-8　沉孔和凸台

⑤ 为便于装拆螺栓，必须留出扳手活动空间和装、拆螺栓所需要的空间，如图 9-9 所示。

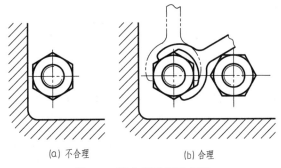

（a）不合理　　　　　　（b）合理

图 9-9　留出扳手活动空间

⑥ 为了保证两零件在装拆前后不一致降低装配精度，通常用圆柱销（或圆锥销）将两零件定位。为了加工和装配方便，在可能的情况下，最好将销孔加工成通孔，如图 9-10 所示。

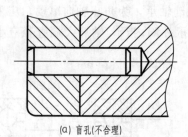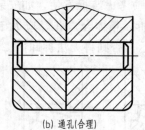

(a) 盲孔(不合理)　　　　　　　　(b) 通孔(合理)

图 9-10　定位销装配结构

9.5　装配图的画法

设计或绘制机器或部件时都需要画装配图。设计机器或部件时先画装配图，然后根据装配图拆画零件图。而测绘机器或部件时通常先画出零件草图，再根据装配关系、装配示意图和零件草图画出装配图。

（1）拟定表达方案

表达方案应包括选择主视图、确定视图数量和各视图的表达方法。

① 选择主视图。一般部件按装配体的工作位置放置，其投影方向能够表示装配体的工作原理、主要装配关系和主要结构特征。如图 9-1 中所选定的球阀的主视图，就体现了选择主视图的原则。

② 选择其他视图，确定表达方案。主视图确定后，深入分析装配体中还有哪些工作原理、装配关系和主要零件结构未表达清楚，需要有其他视图作为补充，并应考虑以何种表达方法最能做到易读易画。图 9-1 所示的球阀装配图，是沿前后对称面剖开主视图，虽清楚地反映了各零件的主要装配关系和球阀的工作原理，但球阀的外形结构以及其他一些装配关系还没有表达清楚。于是选取半剖的左视图，补充反映了它的外形结构；选取俯视图，并作 B—B 局部剖视，反映手柄与定位凸块的关系。

（2）画装配图的步骤

① 根据所确定的视图数目、图形的大小和采用的比例，选定图幅；并进行布局。在布局时，应留出标注尺寸、编注零件序号、书写技术要求、画标题栏和明细栏的位置。

② 画出图框、标题栏和明细栏。

③ 画出各视图的主要中心线、轴线、对称线及基准线等。

④ 画出各视图主要部分的底稿，通常可以先从主视图开始。根据各视图所表达的主要内容不同，可采取不同的方法着手。如果是画剖视图，则应从内向外画，这样被遮住的零件的轮廓线就可以不画。如果画的是外形视图，一般则是从大的或主要的零件着手。

⑤ 画次要零件、小零件及各部分的细节。

⑥ 加深并画剖面线。最好画完一个零件所有的剖面线，然后再开始画另外一个，以免剖面线方向的错误。

⑦ 注出必要的尺寸。

⑧ 编注零件序号，并填写明细栏和标题栏。

⑨ 填写技术要求等。

⑩ 仔细检查全图并签名，完成全图。

9.6 读装配图及由装配图拆画零件图

在设计和生产实际工作中，经常要阅读装配图。例如，在设计过程中，要按照装配图来设计和绘制零件图；在安装机器及其部件时，要按照装配图来装配零件和部件；在技术学习或技术交流时，则要参阅有关装配图才能了解、研究一些工程、技术等有关问题。

9.6.1 读装配图的方法与步骤

读装配图的步骤和方法概括如下：

（1）概括了解并分析视图

看标题栏，了解装配体的名称、用途和比例等。根据零件序号对照明细栏，找出零件数量、材料、规格，了解零件作用。

分析所采用的表达方法、各视图间的投影关系、表达的内容。

（2）深入了解装配体的工作原理和装配关系

从主视图入手，对照零件的投影关系，分析每个零件的结构形状、功能和各零件间的装配关系，理清各装配干线。具体方法如下：

① 由剖面线的不同，分清零件轮廓范围；

② 根据常见结构的表达方法和规定画法来识别零件；

③ 利用零件结构的对称性、两零件接触面大致相同的特点，帮助想象零件的结构形状；

④ 由配合代号，了解零件间的配合关系。

（3）归纳总结

在对装配关系和主要零件的结构进行分析的基础上，还要对技术要求、全部尺寸进行研究，了解设计意图和装配工艺性，并系统地对部件的组成、用途、工作原理、装拆顺序进行总结，加深对部件设计意图的理解，从而对机器或部件有一个完整的概念。

9.6.2 读装配图举例

图 9-11 是夹线体装配图，从装配图的明细栏中可以初步了解到夹线体共有 4 个零件组成，分别是零件 1 手动压套、零件 2 夹套、零件 3 衬套和零件 4 座。

夹线体装配图采用主视图和左视图两个基本视图表达，主视图采用 $A—A$ 旋转剖视，表达各个零件的结构及零件之间的连接关系与工作原理。通过两个视图可知：装配体上各零件总体上都是回转体结构，而且它们在安装时都是轴线对齐。

通过详细阅读各零件结构形状以及与相邻零件的装配连接关系可知：零件 1 手动压套与零件 2 夹套通过螺纹 M36×2 相连接；零件 3 衬套右端面与零件 2 夹套退刀槽右端面靠齐；零件 1 手动压套内孔与零件 3 衬套外圆锥表面贴合，零件 3 由左视图可见，其正上方中间开槽，靠零件 1 与零件 2 旋合而使开槽向中间并拢收紧；零件 2 装在零件 4 座的内孔中，通过 $\phi48H7/f6$ 间隙配合，使零件 2 在零件 4 中自由转动，同时带动零件 1 和零件 3 一起转动；零件 4 右端加工有 M36-6g 的外螺纹结构，用于安装连接其他零件，由左视图可看出零件 4 上有 4 个直径 $\phi9mm$ 的均布通孔结构，可通过连接螺钉等紧固件将座固定在工作台处。

装配体长度方向的总体尺寸是 72mm，径向最大尺寸为 $\phi70mm+2\times R9mm=\phi88mm$，所以装配体的总体尺寸为 72mm×$\phi88mm$×$\phi88mm$。

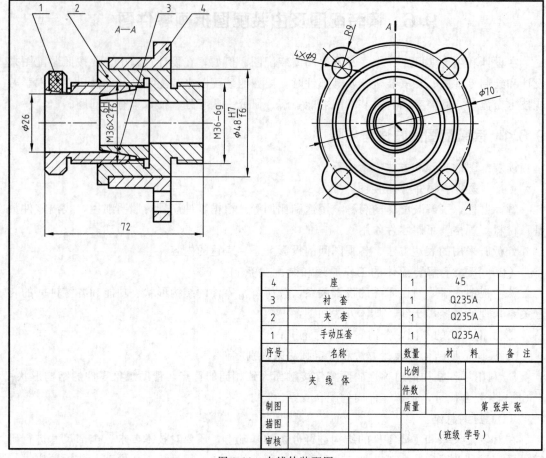

4	座	1	45	
3	衬 套	1	Q235A	
2	夹 套	1	Q235A	
1	手动压套	1	Q235A	
序号	名 称	数量	材 料	备 注
夹 线 体		比例		
		件数		
制图		质量		第 张共 张
描图				
审核				(班级 学号)

图 9-11 夹线体装配图

通过读图可知夹线体的工作原理是：首先将线穿入零件 3 衬套中，然后旋转零件 1 手动压套，通过螺纹 M36×2 使零件 1 手动压套向右移动，沿着锥面使零件 3 衬套向中心收缩（因衬套上开槽），从而夹紧线体。当零件 3 衬套夹住线后，还可以与零件 1 手动压套、零件 2 夹套一起在零件 4 座的 $\phi48$mm 孔中旋转。手动压套、夹套和衬套选用材料是 Q235A 钢，座选用 45 钢。

9.6.3 由装配图拆画零件图

由装配图拆画零件图是从设计过渡到生产的主要工作。拆画零件图是在全面看懂装配图，深入了解设计意图，弄清装配关系、技术要求和零件结构形状的基础上进行的。拆画零件图不但要从设计方面考虑零件的作用和要求，而且还要从工艺方面考虑零件的制造和装配。只有这样，才能画出满足生产要求的零件图。

拆画零件图的一般步骤：

① 读懂装配图，分离待拆画零件。利用上节读装配图的方法，读懂装配图中的全部零件及其相互关系，并作构型分析，弄清零件形状构成原因，把零件从其他零件中分离出来。

② 分析零件结构，补齐所缺轮廓线。在各个视图的投影轮廓中画出零件的范围，结合分析，补齐所缺的轮廓线。

③ 选定视图方案，绘制零件图。

零件图的视图方案，其确定的原则与绘制零件图相似。首先选定主视图，然后决定是否需要选取其他基本视图。注意：零件图表达方案的确定，不一定和装配图上该零件的表达方案一致，有时还需根据零件图的视图表达要求，重新安排视图。

对零件在装配图中未表达清楚的结构，还要根据零件在部件中的作用进行补充。对装配图上省略的工艺结构，例如，倒角、圆角、退刀槽等，应在零件图上详细画出。

④ 标注零件图尺寸。按照尺寸标注的规则，注全零件图所必须的全部尺寸。

尺寸标注时要注意：凡是在装配图上已经标注的有关尺寸，拆画零件图时一般要采用，不得任意改动。装配图中没有标注的零件尺寸，可以按比例直接从装配图上量取并按装配图上的比例经换算后标注。零件上的标准结构或与标准件连接配合的尺寸，如螺纹尺寸、键槽、销孔直径等，应从有关标准中查取后标注。需要经过计算确定的尺寸应在计算后标注，如齿轮的几何尺寸应根据明细栏中给定的模数 m 和齿数 z 计算后标注。

⑤ 填写技术要求。技术要求主要解决性能、精度问题。零件的表面粗糙度、尺寸公差、几何公差等技术要求，应根据零件的作用与装配要求综合考虑后合理制订。

⑥ 全面检查。

对拆画的零件图进行全面细致的校核，检查零件的视图表达、尺寸标注、表面粗糙度与技术要求是否完整合理，与有关零件的配合尺寸是否协调一致，以保证该零件加工完成后能顺利地装配并正常工作。

9.6.4 由装配图拆画零件图应用实例

以拆画图 9-11 夹线体装配图中的零件 2 夹套为例，阐述拆图的具体步骤。

① 从主视图中分离出零件 2 的视图轮廓，如图 9-12（a）所示。

② 根据夹套的作用及与其他零件的装配关系，补全所缺的轮廓线，如图 9-12（b）所示。

③ 确定视图方案。夹套属于轴套类零件，一般可用一个视图表达。综合考虑，从装配图主视图中拆画出的夹套图形，显示了其大部分的结构，再加上随后进行的尺寸标注，完全可以省略左视图的辅助表达。

夹套的主视图除了继承装配图中采用的全剖视图表达外，还可以选择半剖视图来表达，对称结构的上半部分用来表达夹套的内部结构，即倒角、螺纹、退刀槽和孔，下半部分表达夹套的外形结构。最后，补画夹套右端外螺纹的倒角结构，完成零件结构形状的表达，见图 9-13。

④ 标注零件图的尺寸。首先，将装配图中零件 2 夹套与零件 4 座的配合尺寸 $\phi48H7/f6$ 拆开，标注出零件 2 圆柱外表面上的公差尺寸 $\phi48f6$；其次，将装配图中零件 2 夹套与零件 1 手动压套的螺纹连接配合尺寸 M36×2-6H/6f 拆开，标注出零件 2 中螺纹孔的尺寸 M36×2-6H；最后，标注出零件图中的所有结构形状尺寸。

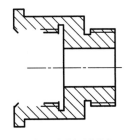
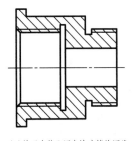

（a）从装配图中确定零件轮廓　（b）补画在装配图中被遮挡的图线

图 9-12　由夹线体装配图拆画零件 2 夹套的方法步骤

⑤ 标注零件图的表面粗糙度等技术要求。

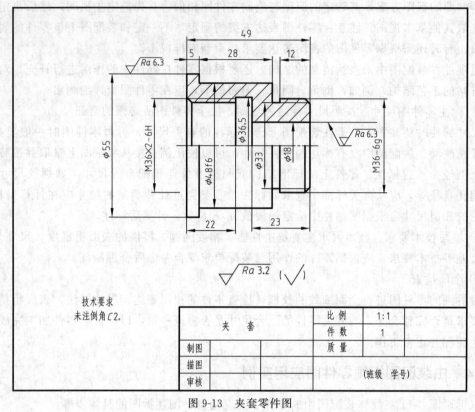

技术要求
未注倒角 C2。

夹 套			比 例	1:1	
			件 数	1	
制图			质 量		
描图					
审核			(班级 学号)		

图 9-13　夹套零件图

第10章 其他图样

10.1 典型化工专业图样

化工制图主要是绘制化工企业在初步设计阶段和施工阶段的各种化工专业图样。在石油、化工以及与之相近的医药、食品、轻工等工业的建设中，无论是设计、施工，还是设备的制造、安装，或是生产过程中的试车、检修、技术改造，都要涉及到有关的化工图样。化工行业中常用的工程图样有：化工机器图、化工设备图和化工工艺图。由于化工机器图在视图表达、尺寸标注、技术要求等方面与机械制图基本相同，因此本节着重介绍化工设备图和化工工艺图的基本内容与常用表达方法及相关标准规范。

10.1.1 化工设备图

化工设备图是用于表达化工产品生产过程中合成、分离、干燥、结晶、过滤、吸收、澄清等生产单元的装置和设备的图样。常用典型化工设备有反应罐（釜）、塔器、换热器、储罐（槽）等，如图10-1所示。

（1）化工设备图的结构特点

各种化工设备由于化工工艺要求不同，其内部结构形式、形状大小和安装方式各有差异，但它们的主体外部结构有许多共同之处。

① 壳体以回转体为主：化工设备的壳体，主要由筒体和封头两部分组成，构成了化工设备封闭的外壳。其中筒体以回转形体为主，尤以圆柱形居多，一般由钢板卷焊成形（如容器、反应器的罐体、塔器的塔体、换热器的壳体）。封头以椭圆形、球形、圆锥形等回转体为常见。

② 尺寸相差悬殊：化工设备的总体尺寸与设备的某些局部结构（如壁厚、管口等）的尺寸，往往相差悬殊。

③ 有较多的开孔和管口：设备壳体的轴向和周向方位上分布着较多的各种规格和作用的接管以及其他零件。

④ 大量采用焊接结构：化工设备各部分的连接和零部件的安装连接，广泛采用焊接方法。不仅筒体由钢板卷焊而成，筒体与封头、管口、支座、人孔等连接，也都采用焊接方法。

⑤ 广泛采用标准化、通用化、系列化的零部件：设备上的一些常用零部件的规格尺寸，绝大多数已经标准化、系列化，如接管法兰、人孔（手孔）、液面计、支座、封头等。

（2）化工设备图的基本内容

① 一组图形：用以表达该设备的结构形状和零部件之间的装配连接关系。

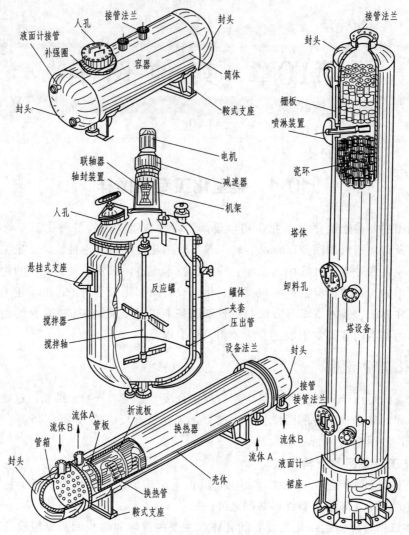

图 10-1　典型化工设备直观图

② 必要的尺寸：用以表达设备的总体规格、各零件之间的装配连接与安装尺寸等。

③ 管口符号与管口表：设备上所有的接管均用小写的拉丁字母（a、b、c、d…）予以编号，并在管口表中列出各管口的名称、规格尺寸、法兰密封面形式及管口的用途等有关内容。

④ 技术特性表：列出设备的主要工艺技术特性数据，如物料名称、压力、温度等。

⑤ 技术要求：用文字说明设备在制造、安装等方面的技术要求。

⑥ 零件的编号、明细表和标题栏。

（3）化工设备图的表达特点

① 基本视图的配置。由于化工设备的主体结构多为回转体，其基本视图常采用两个视图。立式设备一般为主、俯视图；卧式设备一般为主、左视图，用以表达设备的主体结构，主视图一般采用全剖视图。由于设备形体狭长，当主、俯（或主、左）视图难于在幅面内按投影关系配置时，允许将俯（左）视图配置在其他位置处，但必须标注视图名称。

② 多次旋转的表达方法。化工设备壳体上分布有众多的管口及其他附件，为了在主视

图上表达它们的结构形状和位置高度，可按机械制图中画旋转视图或旋转剖视图的方法，假想将设备周向或轴向分布的接管和其他附件分别按顺时针（或逆时针）方向旋转至与投影面平行位置，然后再向主视图进行投影，称为多次旋转法。采用多次旋转的表达方法时不需标注。

为了区分与识别设备上的各种接管，设备上所有的管口（物料进出管口、仪表管口等）均需按拉丁字母顺序编号并注出符号（如 a、b、c、d）。图 10-2 中的人孔 c，就是在俯视图上按逆时针方向假想旋转 45°之后，在主视图上画出其投影的；在俯视图上的液面计口 b_1，b_2，b_3，b_4 也是分别按顺时针方向旋转到与投影面平行的位置，在主视图上表达出它们的结构形状与轴向高度位置的；接管口 d 的轴线位置与投影面平行，不需要旋转，可直接投影在主视图上。

必须注意，在应用多次旋转的画法时，不能使视图上出现图形重叠的现象。如俯视图中的接管口 k，位于设备轴向顶端的封头上，无论顺时针还是逆时针旋转，在主视图上都会与管口 c 和 d 的图形重叠，在这种情况下，接管口 k 就采用了 $A—A$ 局部剖视图方法来表达了。

对于俯视图中的接管 e、f、h，由于它们的结构形状与接管 d 完全相同，只有尺寸不同，因此，在主视图的接管 d 中，用 d（e、f、h）表达了相同结构形状的接管，并在管口表中说明了它们的结构尺寸。

③ 局部结构的表达方法。化工设备图中较多地采用了局部放大图来表达局部结构并标注尺寸。局部放大图的画法和要求与机械制图相同，即表达局部结构时，可画成局部视图、剖视或剖面等形式，可按比例，也可不按，但需注明。如图 10-2 所示的立式容器顶部封头上的接管 k 的 $A—A$ 视图就是采用局部放大图表达了接管的形状和尺寸。

④ 化工设备图的绘图比例与薄壁结构的夸大表示法。化工设备总体尺寸较大，绘图表达时遵照国家标准《机械制图》的规定，通常采用 $1:5$、$1:10$、$1:10^n$ 等几种比例，但由于化工设备的特殊情况，也允许增加采用 $1:6$、$1:30$ 等比例绘制。

化工设备总体尺寸与局部结构尺寸相差悬殊，如图 10-2 所示的立式容器，其总高为 3240mm，设备壳体直径为 1200mm，而壳体壁厚、接管壁厚度、垫片等构件的厚度则在个位数的几毫米范围内，在绘图时比例缩小较多。图 10-2 中采用 $1:10$ 的绘图比例，这些薄壁构件的厚度通常难以画出，因此必须采用夸大画法，即不按比例，适当地用双线夸大地画出它们的厚度。其余细小结构或较小的零部件也可采用夸大画法。

⑤ 管口方位的表达方法。化工设备上的管口较多，它们的周向方位在设备的制造、安装、使用时都极为重要，必须在图样中表达清楚。若化工工艺人员已给出管口方位图，可直接在"技术要求"中说明管口方位图的图号。此时设备图的俯（左）视图中画出的管口及支座方位，不一定是管口及支座的真实周向方位，故不能注写角度尺寸。

如果绘制设备图时，管口及支座的周向方位已有工艺人员确定，则可在设备图的俯（左）视图中画出管口及支座周向方位，注出表示方位的相应尺寸和角度，并在技术要求项内注明"管口及支座方位按本图"等字样，如图 10-2 所示。

⑥ 焊缝结构的表达与标注。当化工设备图的尺寸按比例缩小后，图线间距的实际尺寸小于 3mm 时，视图中的焊缝只用图形轮廓线表示即可，剖视图中的焊缝则按焊接接头型式画出焊缝剖面及剖面涂黑符号。对于设备上某些重要的焊缝或特殊的、非标准型式的焊缝，

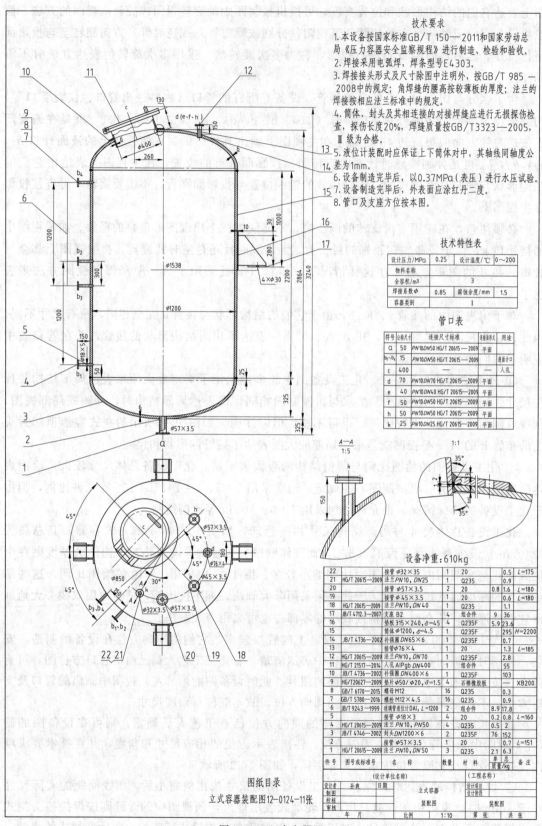

技术要求

1. 本设备按国家标准GB/T 150—2011和国家劳动总局《压力容器安全监察规程》进行制造、检验和验收。
2. 焊接采用电弧焊，焊条型号E4303。
3. 焊接接头形式及尺寸除图中注明外，按GB/T 985—2008中的规定；角焊缝的腰高按较薄板的厚度；法兰的焊接按相应法兰标准中的规定。
4. 筒体、封头及其相连接的对接焊缝应进行无损探伤检查，探伤长度20%，焊缝质量按GB/T3323—2005，Ⅱ级为合格。
5. 液位计装配时应保证上下筒体对中，其轴线同轴度公差为1mm。
6. 设备制造完毕后，以0.37MPa（表压）进行水压试验。
7. 设备制造完毕后，外表面应涂红丹二度。
8. 管口及支座方位按本图。

技术特性表

设计压力/MPa	0.25	设计温度/℃	0～200
物料名称		3	
全容积/m³		3	
焊接系数 ϕ	0.85	腐蚀余度/mm	1.5
容器类别		Ⅰ	

管口表

符号	公称尺寸	连接尺寸标准	连接面形式	用途
a	50	PN10 DN50 HG/T 20615—2009	平面	
b₁~b₄	15	PN10 DN50 HG/T 20615—2009		液面计口
c	400	—	—	人孔
d	70	PN10 DN70 HG/T 20615—2009	平面	
e	40	PN10 DN40 HG/T 20615—2009	平面	
f	50	PN10 DN50 HG/T 20615—2009	平面	
h	50	PN10 DN50 HG/T 20615—2009	平面	
k	25	PN10 DN25 HG/T 20615—2009	平面	

设备净重：610kg

件号	图号或标准号	名称	数量	材料	单质量/kg	总质量/kg	备注
22		接管 ϕ32×35	1	20		0.5	L=175
21	HG/T 20615—2009	法兰 PN10, DN25	1	Q235		0.9	
20		接管 ϕ57×3.5	2	20	0.8	1.6	L=180
19		接管 ϕ45×3.5	1	20		0.6	L=180
18	HG/T 20615—2009	法兰 PN10, DN40	1	Q235		0.9	
17	JB/T 4712.3—2007	支座 B2	4	组合件	9	36	
16		垫板 315×240, δ=45	1	Q235F	5.9	23.6	
15		筒体 ϕ1200, δ=4.5	1	Q235F	295		H=2200
14	JB/T 4736—2002	补强圈 DN65×6	1	Q235F		0.7	
13		接管 ϕ76×4	1	20		1.3	L=185
12	HG/T 20615—2009	法兰 PN10, DN70	1	Q235F		0.9	
11	HG/T 21517—2014	人孔 AIPgb DN400	1	组合件		55	
10	JB/T 4736—2002	补强圈 DN400×6	1	Q235F		103	
9	HG/T20627—2009	垫片 ϕ50/ϕ20, δ=1.5	4	石棉橡胶板			XB200
8	GB/T 6170—2015	螺母 M12	16	Q235		0.3	
7	GB/T 5780—2016	螺栓 M12×4.5	16	Q235		0.4	
6	JB/T 9243—1999	玻璃管液位计 DAI, L=1200	2	组合件	8.9	17.8	
5		接管 ϕ18×3	4	20	0.2	0.8	L=160
4	HG/T 20615—2009	法兰 PN10, PN50	4	Q235	0.5	2	
3	JB/T 4746—2002	封头 DN1200×6	2	Q235F	76	152	
2		接管 ϕ57×3.5	1	20		0.7	L=151
1	HG/T 20615—2009	法兰 PN10, DN50	3	Q235	2.1	6.3	

（设计单位名称）				（工程名称）	
设计者	孙爽	日期		设计项目	
制图			立式容器	设计阶段	
校核					
审核			装配图	装配图	
	年 月	比例	1:10	第 张	共 张

A—A 1:5

1:1

图 10-2 立式容器图

则需用局部放大图详细表示焊缝结构形状与尺寸。如图 10-2 所示的开孔 c 处的补强圈焊缝就是用 1:1 比例局部绘出了焊缝结构形式和尺寸。设备图中对所有焊缝均有统一要求时，一般只需在技术要求中对设备采用的焊接方法以及焊接接头型式等内容作统一说明即可。

10.1.2 化工工艺图

化工工艺图是表达化工生产过程与联系的图样，化工工艺图的设计绘制是化工工艺人员进行工艺设计的主要内容，也是进行工艺安装和指导生产的重要技术文件。化工工艺图主要有化工工艺流程图、设备布置图、管道布置图。

（1）工艺流程图

工艺流程图用于表达化工生产工艺流程。属于该性质的图样主要有：物料平衡图、工艺流程图（又称物料流程图）、工艺管道及仪表流程图三种。其共同特点为：均采用展开图形式，按工艺流程次序，自左至右画出一系列车间（工段）、设备、仪表阀门等示意图，并配以物料流程线和必要的标注说明。在引进设备或中国石油化工设计院的图纸上又称为 PF 图或 PFD 图，即英文 Process Flow Diagram 的缩写。工艺流程图一般是在初步设计阶段中，在物料平衡图的基础上，完成物料衡算和热量衡算时绘制的图样。工艺流程图为审查提供了资料，又是进一步设计的依据，同时它还可以为实际生产操作提供参考。下面以图 10-3 乙苯精馏车间工艺流程图为例说明。

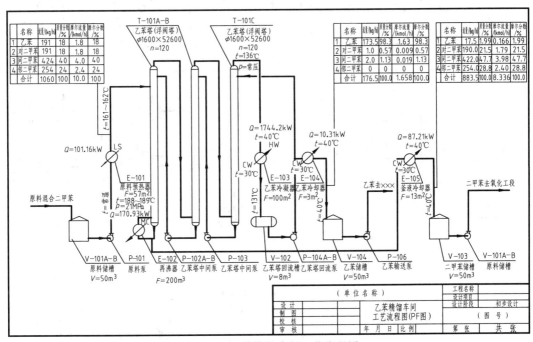

图 10-3　乙苯精馏车间工艺流程图

① 设备及标注。图中用细实线示意地画出流程中所用设备的外形轮廓，并采用细实线引出标注各设备。标注内容分别布置在图纸的上方、下方或中间的同一水平线上。引出线的水平线上方用代号表示设备位号，如图中的"T-101A-B"，其中"T"为塔设备的代号，同一位号的设备若有多台，则分别在位号后加注 A、B、C 等以表示台号。其他常用设备分类代号及简化符号图例详见表 10-1。水平线下方则需要注明设备名称、规格和特性数据。如

"T-101A-B" 设备为乙苯塔（浮阀塔），其中规格尺寸 "$\phi 1600 \times 52600$" 表示塔设备的直径为 1.6m，塔高为 52.6m，"$n=120$" 表明该塔具有 120 层塔盘。

② 流程线及标注。图中用带有箭头的粗实线将设备连起来，表达主要物料的流程；在流程线的起始和终止处还要表明物料的名称，以表示物料的来龙去脉；在各设备之间的流程线上，还要注明物料进出该设备前后的某些参数（如温度、压力、流量等）。例如图中原料进入设备 E-101 原料预热器之前的温度 $t=$ 常温，经 E-101 预热器（通过低温蒸汽 LS）预热后温度达到 160～162℃；经过 "T-101C" 出来后，混合物料的温度为 136℃，压力 p 为常压，再经过 "E-103" 乙苯冷凝器入口温度为 30℃ 的冷却水（CW）循环冷却（HW）后，物料的温度降至 131℃，而冷却水的出口温度升至 40℃。该冷凝器的换热能力为 "$Q=1744.2kW$"。

表 10-1　常用设备分类代号及其简化符号图例

设备类别及代号	图例（也可以只表示外轮廓）				设备类别及代号	图例及符号说明	
塔（T）	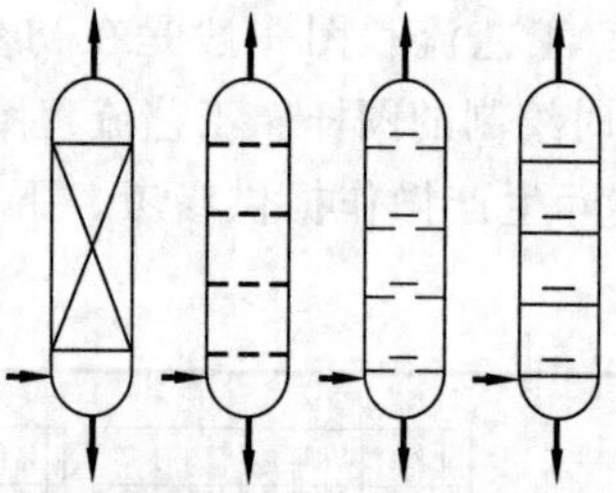 填料塔	筛板塔	浮阀塔	泡罩塔	鼓风机压缩机（C）	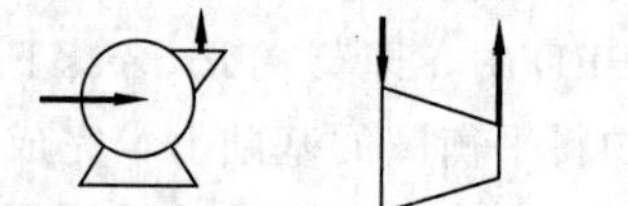 鼓风机　　　　离心压缩机 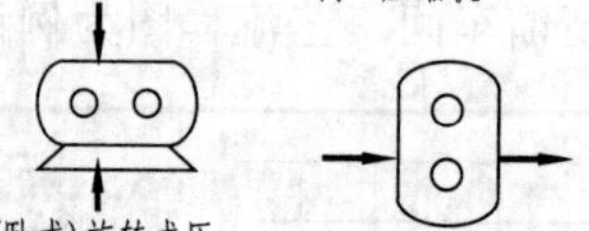　　（卧式）旋转式压缩机　　（立式）旋转式压	
反应器（R）	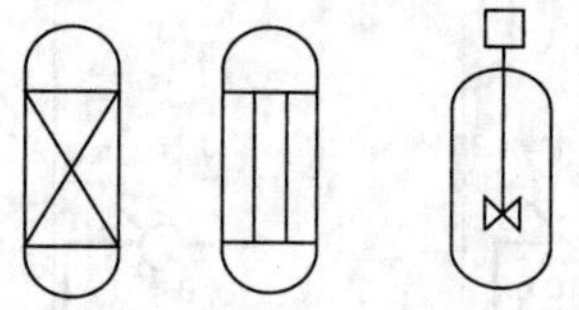 变换器	转化器	聚合釜		换热器冷却器蒸发器（E）	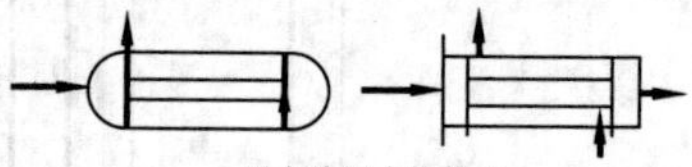 固定管板式换热器 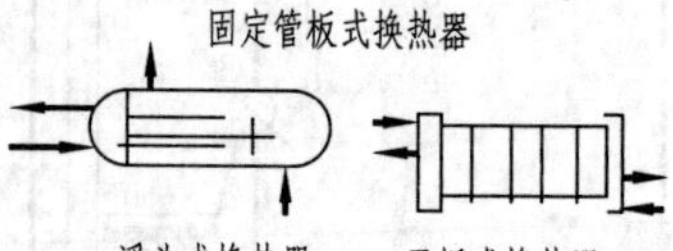　　浮头式换热器　平板式换热器	
容器槽、罐（V）	卧式槽	立式槽			换热器冷却器蒸发器简化符号	 LS(低压蒸汽)或 MS(中压蒸汽)加热符号（用蒸汽将物料加热） 　CW(冷却水)入口为低温冷却水高温物料 HW(循环冷却)冷却符号（将物料从高温冷却至低温）	
	锥顶罐	湿式气柜	球罐				
泵（P）	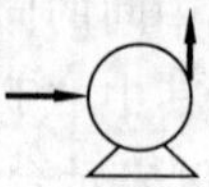 离心泵					 换热符号	

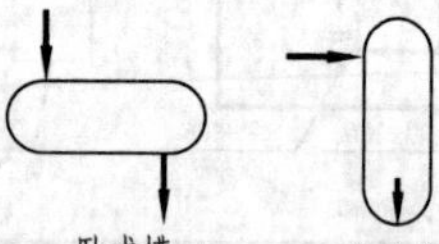

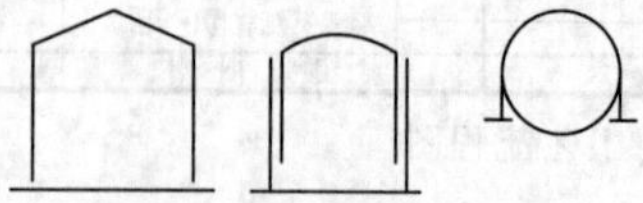

③ 物料组分表及内容。当物料经过某设备其组成成分发生变化时，还需在相应的流程线上用细实线引出一条指引线，并用细实线绘出表格，在表格内详细注出物料变化前后各组分的名称、流量（kg/h）、质量分数（%）、摩尔流量（kmol/h）、摩尔分数（%）等。如物料进入 T-101A 塔前和从 T-101C 塔出来，经过 E-103 循环冷凝、V-102、P-104A-B 以及 E-104 的反复冷却循环回流后，乙苯的质量分数由 18% 升到 98.30%，而其他各组分发生的变化则从表中一目了然。图 10-3 中还表示了图框和标题栏等项目。

（2）设备布置图

设备布置图是在简化了的厂房建筑图上增加了设备布置的内容，用来表示设备与建筑物、设备与设备之间的相对位置，并能直接指导设备安装的图样，也是化工设计、施工、设备安装、绘制管路布置图的重要技术文件。在设备布置设计中，一般还提供首页图、设备安装详图、管口方位图等，但设备布置图是设备布置设计中的主要图样。设备布置图也是按正投影原理绘制的，绘图比例通常是 1∶50 和 1∶100。图 10-4 所示为某一工段的设备布置图，它包含了一般设备布置图的图样内容和表达方法。

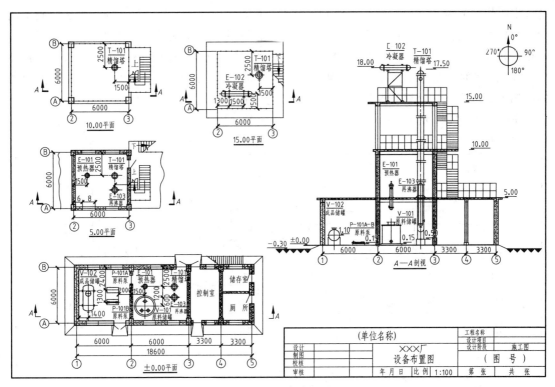

图 10-4　设备布置图

（3）管道布置图

管道布置图又称配管图，它主要表达管路及其附件在建筑物内外的配置情况、尺寸和规格以及与相关设备的连接关系，是管路安装施工的重要依据。管道布置图是采用正投影原理绘制的。它用一组平面图和立面图（亦称剖视图和剖面图）表达整个车间或装置的设备、建筑物的简单轮廓，重点表达管道及其上的管件、阀门、仪表控制点等安装的空间布置情况，同时要对设备及管路进行相应的标注。图 10-5 为醋酐残液蒸馏管道布置图。下面以该图为例简要介绍管道布置图中各项内容的基本表达方法与标注方法。

① 建筑物。外轮廓用细实线表示，建筑轴线用中心线表示，作为设备和管道定位的基准。在建筑物上要标注出建筑轴线的编号及间距尺寸、平台和建筑物的标高尺寸，用来作为管道布置定位的依据。

② 设备。用细实线表示其轮廓和接管口的方位，以确定管道的走向。设备是管道布置图的主要定位基准，必须标注设备位号和名称。标注方法与工艺管道及仪表流程图和设备布置图中的标注完全一致。在立面图和剖面图中，还要标出设备上各接管口的标高尺寸。如设备位号为 V1143B 的醋酐受槽在 I—I 剖面图中设备顶部最西端的接管标高尺寸为 6.10m，设备位号为 C1142 的冷凝器西侧接管口中心线标高位置尺寸为 8.20m。

③ 管道。管道是管道布置图的主要内容，用粗实线表示，并按工艺流程图上的工艺流程和设备接管口方位将设备连接起来，以便输送物料。当管子在图中出现转弯、重叠和交叉等情况时，可按表 10-2 常见管路及阀门的规定符号和表达方法进行绘制与表达。图中还要标注出所有管道的定位尺寸和标高尺寸，定位尺寸注在平面图上，标高尺寸注在相应的立面图或剖面图上，用以确定管子与建筑、管子与设备的相对位置和空间布局。每段管子还要用箭头表明物料的流动方向，并在管子上下方或左右方注出管子编号。管子编号方法应同工艺管道及仪表流程图一致，即需要标注"物料代号、管段序号-公称直径×壁厚"，有些管段还需在上述代号后面加注管材代号。如图 10-5 所示的 I—I 剖面图中设备位号在 V1143B 和 V1143A 之间的一段管线上方标有"W1103-φ57×3.5B"，其中符号"W"可从工艺流程图的图例中查得为工艺物料管的代号，管段序号为"1103"，公称直径为 57mm，管子壁厚为 3.5mm，代号"B"表示该段管子的材料为不锈钢管。这些管子代号的标注为工程预算、备料、安装和生产操作提供了主要依据。

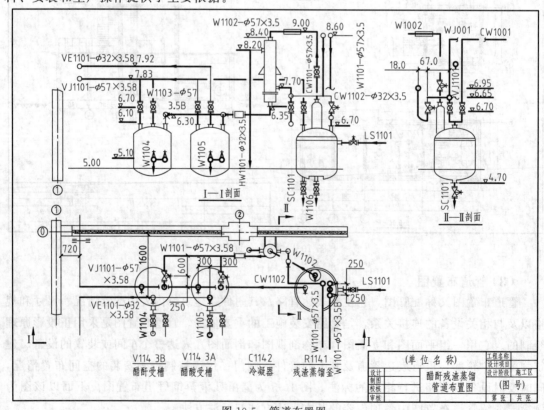

图 10-5　管道布置图

④ 管件。管件指的是管道上的附件，包括管接头、弯头、三通、管堵或盲板、法兰等零件。管道中的这些管件在图中一般不画真实投影，而是用细实线和简单的图形或符号表示，如表 10-2 所示。

⑤ 阀门。阀门在管道中用来调节流量，切断或切换管道以及对管道起安全、控制作用。管道中的阀门也是用细实线和简单的图形符号按正投影关系和大致比例在各视图中简化表示的。常见阀门的名称与符号见表 10-2。管道上的阀门，在平面图上一般不注定位尺寸，只是在立面图或剖视图上注出安装标高尺寸。如在图 10-5 的Ⅱ—Ⅱ剖面图上，标注了位号为 R1141、名称为残渣蒸馏釜设备右上方接管引出的两条管线上阀门的安装标高尺寸为 6.70m。

⑥ 仪表。管道布置图中的仪表符号及标注方法与管道及仪表工艺流程图相同。

⑦ 管架。管架用来支承和固定管道上的构件，在图中用简化的示意符号表达。图中距建筑轴线西为 720mm 处北侧表达了管架的示意符号。

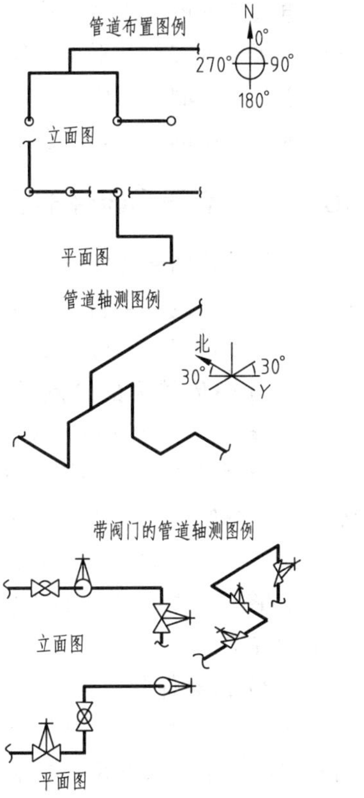

表 10-2　常见管路及阀门的规定符号和表达方法

名称	连接方式	单线	双线	轴测图	说明与图例
交叉管	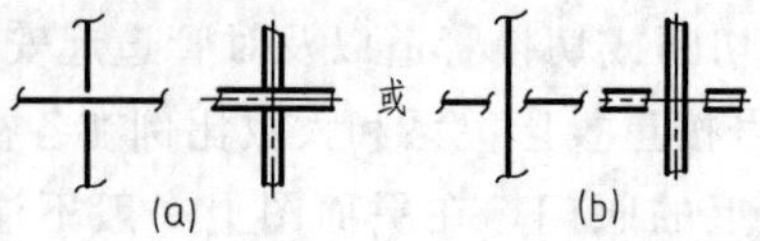	(a)	或	(b)	当管子交叉投影重合时,可以把被遮住的管子投影断开,如图(a)所示;也可将上面的管子的投影断裂表示,使之可以看到下面的管子,如图(b)所示
重叠管	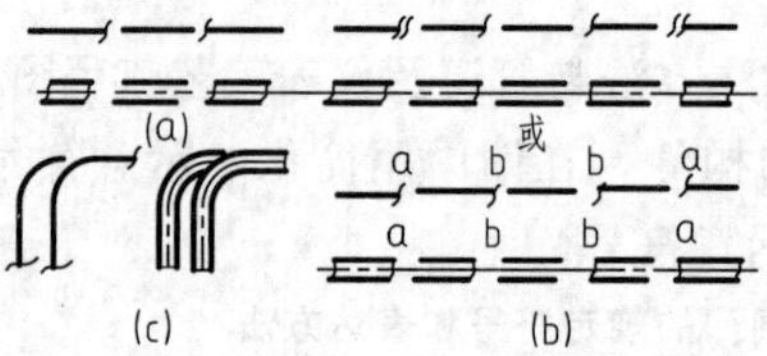	(a)	或 (b)	(c)	管子投影重叠时,将上面(或)前面管子的投影断裂表示,下面的管子投影画至重影处稍留间隙断开,如图(a)所示。 多根管子投影重叠时,可将最上(或最前)的一条用"双重断裂"符号表示,也可以在投影断开处注出字母 a、a、b、b 等字样,如图(b)所示,或分别注出管子代号。 管子转折后投影重叠时,将下面的管子画到重影处稍留间隙,如图(c)所示

10.2　电气工程图

电气工程图是用来描述电路设计内容、设计思想,指导生产的工程用图,是电气产品设计的重要技术文件。根据用途和表达形式的不同,电气工程图可以分为两大类。第一类是按正投影方法绘制的图样,用以说明电气产品的实物特性和加工装配关系等。第二类是以图形符号为主绘制的简图,用以说明电气产品的原理特性。本节将介绍它们的种类及画法。

10.2.1　电子元器件的图样特点

电气工程图是按照《电气简图用图形符号》(GB/T 4728—2005)规定的图形符号、字符、代号、图线等绘制而成的图样。它是每一件电子产品从开发设计、生产制造、保养维修到技术交流过程中不可缺少的文件。电子元器件的图样具有不同于机械零部件图样的特点。

(1)图形符号的绘制

① 图形符号所处位置及线条粗细不影响含义。

② 图形符号大小不影响含义,可以任意画成一种和全图尺寸相配的图形,但在放大或缩小时,图形本身各部分应按比例放大或缩小。

③ 在元器件图形符号端点加"○"不影响符号原义。但在逻辑元件中,"○"另有含义。

④ 图形符号的连线画成直线或斜线,不影响符号本身的含义,但符号本身的直线与斜线不能混淆。

(2)元器件代号

在电路图中元器件符号旁,一般都标上文字符号,作为该元器件的代号,这种代号只是附加说明,不是图形符号的组成部分。每个元器件要求一个唯一的字符作为它的标号,该标号可以更改,但同一张图中不得重复,在相关的印制电路板和元器件表中也都代表该元器件。习惯上用元器件名称的汉语拼音或英语名称字头作为元器件的代号,例如,CT(插头)、CZ(插座)、R(电阻)等。

（3）元器件标注

在电子工程图中，一般在电路图中只标代号，元器件型号和规格参数在元器件明细表中详细说明。在说明性图中，一般需要将元器件型号和规格标出。标注原则如下：

① 尽量简短。如电阻 1000Ω 标注为 1kΩ，电解电容的标注为 25V/100μF 等。

② 取消小数点。如电阻 3.5kΩ 标注为 3K5，电容 4.6μF 标注为 4μ6 等。

③ 在不引起误解的条件下，可省略标注。如将电阻"Ω"单位省略。

④ 同一电路中，用下脚标码标明元器件序号。如电阻 R_1、R_2、R_3、R_4 等。

⑤ 电路有若干单元组成，一般前面加上标号。$1R_1$、$1R_2$、$1R_3$…$2R_1$、$2R_2$、$2R_3$…

⑥ 一个元器件有几个独立功能单元时，标码后再加附码。

10.2.2　常用电子元器件的外形图及图形符号

常用原理、接线图图形符号见表 10-3，常用安装图图形符号见表 10-4。

表 10-3　常用原理、接线图图形符号

名称	图形符号	名称	图形符号
继电器线圈	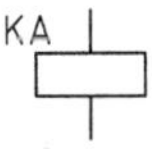 KA	接触器线圈	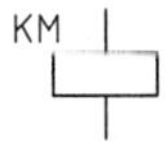 KM
过流继电器线圈	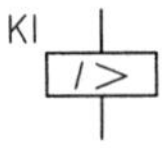 KI $I>$	欠流继电器线圈	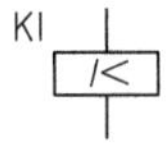 KI $I<$
过压继电器线圈	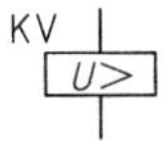 KV $U>$	欠压继电器线圈	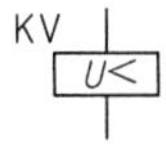 KV $U<$
动合(常开)触点	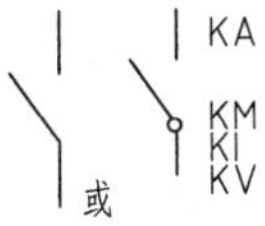 KA KM KI KV（或）	动断(常闭)触点	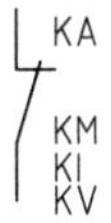 KA KM KI KV
接触器的主触点	 KM	延时闭合的动合(常开)触点	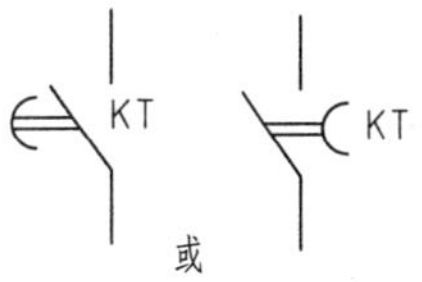 KT KT（或）
延时断开的动断(常闭)触点	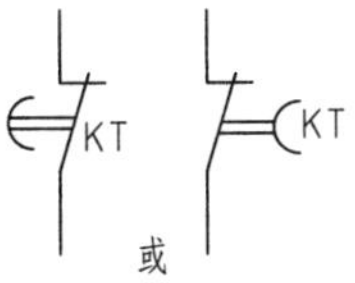 KT KT（或）	延时闭合的动断(常闭)触点	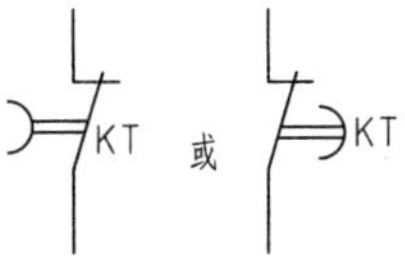 KT 或 KT
延时断开的动合(常开)触点	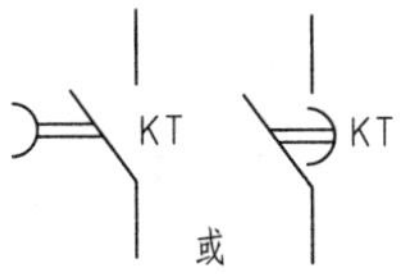 KT KT（或）	动断(常闭)按钮	 SB

名称	图形符号	名称	图形符号
动合(常开)按钮	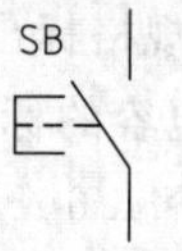 SB	行程开关的常闭触点	 SQ
行程开关的常开触点	 SQ	熔断器	 FU
温度开关	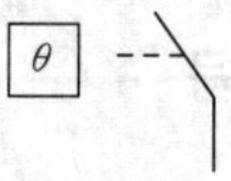 θ	液位开关	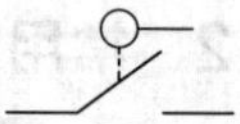
断路器	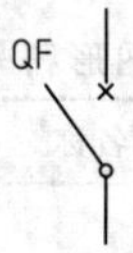 QF	三极断路器	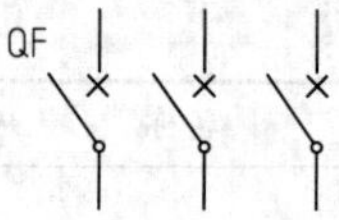 QF
热继电器的热元件	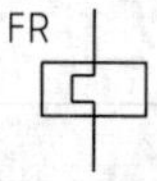 FR	热继电器常闭触点	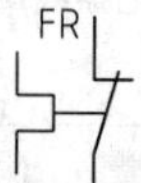 FR
三极熔断器式隔离开关	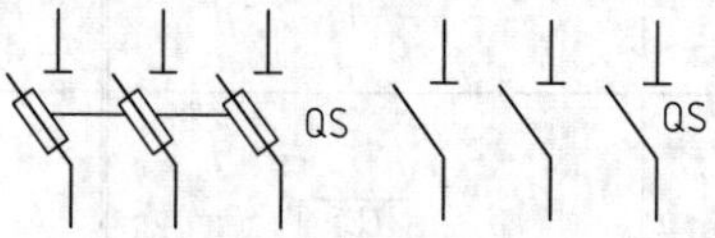 QS QS		
电流互感器	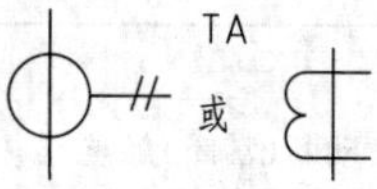 TA 或	电压互感器	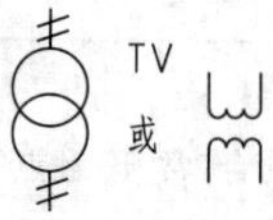 TV 或
电钟		电流表	 A
电压表	 V	电度表	 kWh
电喇叭	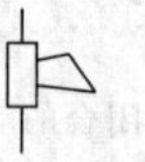	电铃	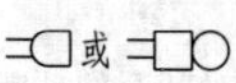 或
蜂鸣器	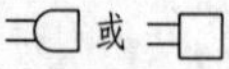 或	信号灯	 ⊗
电阻器的一般符号	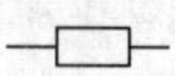	极性电容器	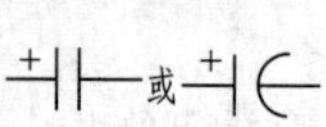 或
可变电阻器	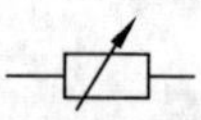	电容器一般符号	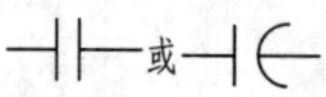 或

名称	图形符号	名称	图形符号
电感器		滑线式电阻器	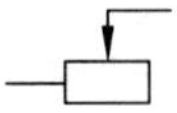
滑动触点电位器	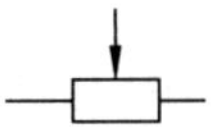	压敏电阻器 注:U 可用 V 代替	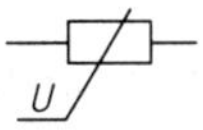
热敏电阻器 注:θ 可用 $t°$ 代替	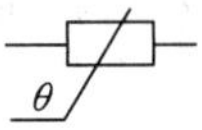	光敏电阻	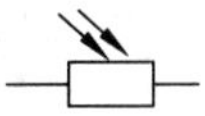
单向击穿二极管	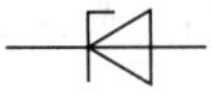	加热元件	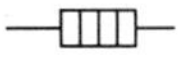
半导体二极管一般符号	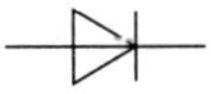	可变电容器	
发光二极管一般符号	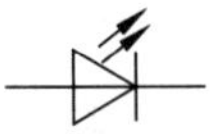	双向击穿二极管	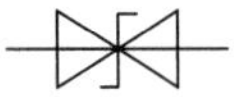
放大器	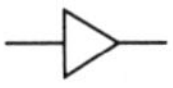 或 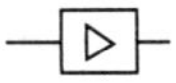	桥式全波整流器	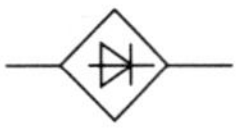
电动机	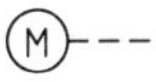	光电池	
具有两个电极的压电晶体	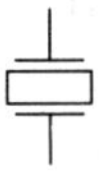	接机壳	 或
接地		同轴电缆	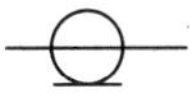
变换器			
屏蔽电缆	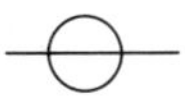	导线的连接	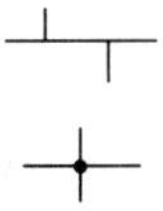
导线的不连接		端子	

名称	图形符号	名称	图形符号
插头和插座	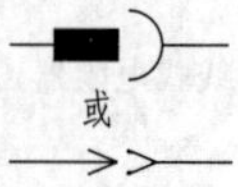 或	气功或液压操作	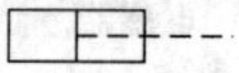
3 个独立绕阻	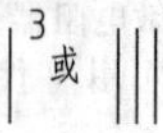 3 或	三角形连接的三相绕组	
星形连接的三相绕组		中性点引出的星形连接的三相绕组	
三相串励换向器电动机	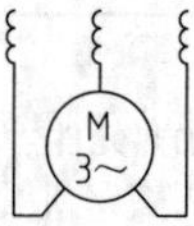 M 3~	三相绕线转子异步电动机	 M 3~
双绕组变压器	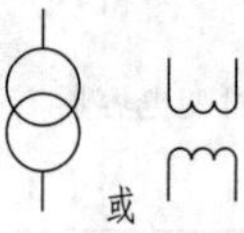 或	三绕组变压器	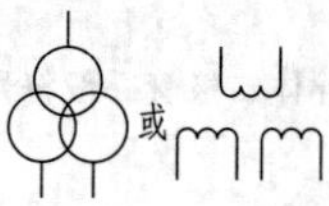 或
自耦变压器	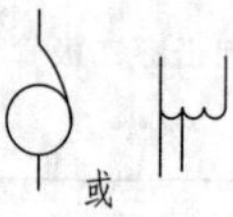 或	电抗器	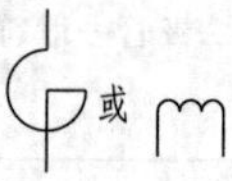 或
避雷针		热电器	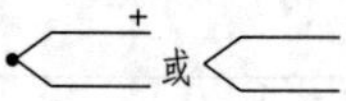 + 或

表 10-4　常用安装图图形符号

名称	图形符号	名称	图形符号
天线一般符号		无线电的一般符号	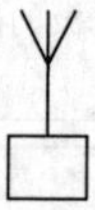
屏、台、箱、柜一般符号	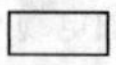	动力或动力-照明配电箱	
信号板、信号箱(屏)	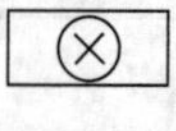 ⊗	照明配电箱(屏) 注:需要时允许涂红	
阀的一般符号		电磁阀	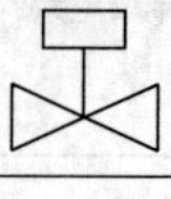
按钮一般符号 注:若不混淆,小圆允许涂墨	 ◎	单相插座	

名称	图形符号	名称	图形符号
暗装的单相插座		密封(防水)的单相插座	
带接地插孔的单相插座		暗装的带接地插孔的三相插座	
带接地插孔的三相插座		单极开关	
开关的一般符号		双极开关	
暗装的单极开关		单极接线开关	
暗装的双极开关		单极限时开关	
单极双控接线开关		电流表	Ⓐ
双控开关(单极三线)		无功电流表	Ⓘsinφ
频率表	Ⓗz	无功率表	ⓥar
电压表	Ⓥ	相位表	ⓥ
功率表	Ⓦ	功率因素表	cosφ

10.2.3 系统图

系统图又称为框图，它用来表示系统、设备的总体关系和主要工作流程，为进一步编制详细的技术文件提供依据，为技术交流以及产品的安装、调试、使用和维修提供参考资料，如图 10-6 所示。系统图以表达清楚为原则，框内的注释可以采用符号、文字或符号与文字的组合，绘制方法见国家标准 GB/T 6988.1—2008。在标注项目代号、注释和说明时，应符合国家标准 GB/T 5094.3—2005 的有关规定。

系统图绘制步骤如下：

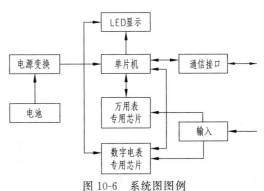

图 10-6 系统图图例

① 依据电路的构成情况确定各电路单元的功能框，并根据它们之间的关系及各功能框的大小排布方案草图。

② 根据草图的位置，先画出主电路，再画辅助电路的方框。

③ 填写相应电路单元的名称、符号、注释。

④ 按作用过程和作用方向用线条和箭头连接各方框。

⑤ 标注其他文字、波形等说明。

⑥ 检查修整全图。

10.2.4　电路图

电路图是采用国家标准规定的电气图形符号，按功能布局绘制的一种工程图。电路图应详细表达电气设备各组成部分的工作原理、电路特征和技术性能指标，不表达电路中元器件的形状和尺寸，也不反映元器件的安装情况。电路图的布局原则：合理、排列均匀、画面清晰、便于看图。它的绘制步骤如下：

① 将全图以主要元件为核心分成若干段，注意其周围的元件多少，预留合适的空间。

② 分段画入主要元件，然后在其周围画入其他元件。

③ 连接各元件，检查调整全图。

④ 标注相关说明。

⑤ 审核、校对完成全图。

10.2.5　逻辑图

逻辑图主要是用二进制逻辑单元图形符号绘制的数字系统产品的逻辑功能图，用来表达产品的逻辑功能和原理，是编制接线图、分析检查故障的依据。逻辑图分为理论逻辑图和工程逻辑图。理论逻辑图只考虑逻辑功能，不考虑具体器件和电平，用于教学和培训等说明性领域；工程逻辑图涉及电路器件和电平，属于工程用图。图 10-7 是理论逻辑图的实例。

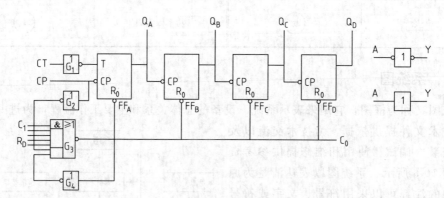

图 10-7　理论逻辑图

10.2.6　流程图

流程图是用一组规定的图形符号表示各个处理步骤，用带箭头的细实线把这些图形符号连接起来，以表示各个步骤执行次序的简图。其中，带箭头的细实线表示流程方向，称为流线。流程图主要用于编制计算机软件，满足生产、调试、交流和维护的需要，以及说明和表达各种信息处理过程。图10-8是一个流程图实例。

10.2.7　其他电气工程图

除上述电气工程图外，还有印制电路板图、接线图、线扎图等。其中，印制电路板是在一块表面覆盖有铜箔的绝缘薄板上，将元器件按物理封装尺寸及信号流向进行布局，按电路连接要求，将不需要的铜箔腐蚀掉留下需要的铜箔。接线图是用符号表示电子产品中各个项目（元器件、组件、设备等）之间电连接以及相对位置的一种简图。为保证布线整齐美观及使用安全将导线捆成线扎，表达线扎的实际布局的工程图就是线扎图。

对于这几类电气工程图此书不展开介绍，读者可根据需要自行学习。

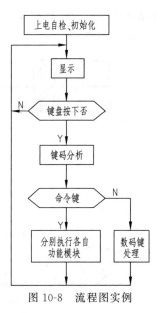

图 10-8　流程图实例

10.3　焊　接　图

焊接是通过加热或加压，使工件在连接处结合且不可拆卸的一种加工方法，广泛应用于机械、石油化工、交通能源、造船、桥梁、建筑、冶金、航空航天等制造工业。

用焊接方法连接的接头称为焊接接头，常见的接头型式为：对接接头、T形接头、角接头、搭接接头四种。工件焊接后所形成的接缝称为焊缝，常见的焊缝型式为：对接焊缝、角接焊缝、点焊缝三种，如图10-9所示。

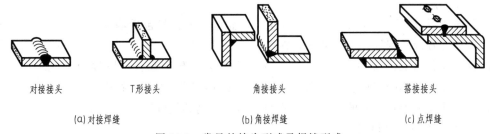

对接接头　　　　　T形接头　　　　　角接接头　　　　　搭接接头

(a)对接焊缝　　　　　　(b)角接焊缝　　　　　　(c)点焊缝

图 10-9　常见的接头型式及焊缝型式

焊缝在图样中的表达要遵守国家标准有关规定，采用规定的画法及标注，并加以文字说明。本章重点介绍国家标准 GB/T 12212—2012 和 GB/T 324—2008 中焊缝规定画法和焊缝符号表示法，以及图样中焊接结构的表达。

10.3.1　焊缝图示法

绘制焊缝时，可按技术制图（GB/T 12212—2012）中规定画法用视图、剖视图或断面图表示，也可用轴测图示意地表示。

在视图上，可见焊缝可用栅线表示（栅线为一系列细实线段，允许示意绘制），不可见焊缝用接头的轮廓线表示，如图 10-10（a）所示；间断的可见焊缝如图 10-10（b）所示；

可见焊缝也可以用加粗线（$2d \sim 3d$）表示，如图 10-10（c）所示。但在同一图样中，只允许采用一种画法。

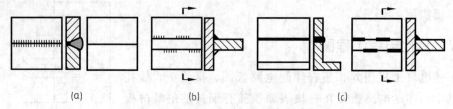

图 10-10　焊缝的视图与剖视图规定画法

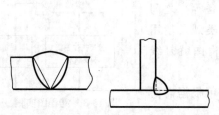

图 10-11　端面视图中焊缝的画法

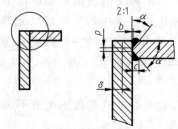

图 10-12　焊缝的局部放大图画法示例

在表示焊缝的端面视图中，通常用粗实线绘出焊缝轮廓。必要时，可用细实线画出焊接前的坡口形状等，如图 10-11 所示。在剖视图或断面图上，焊缝的金属熔焊区通常应涂黑表示，如图 10-10 所示。若同时需要表示坡口等的形状时，熔焊区部分亦可按端面视图的规定绘制。用轴测图示意地表示焊缝的画法如图 10-9 所示。必要时，可将焊缝部位用局部放大图表示并标注尺寸，如图 10-12 所示。当焊缝比较小时，允许不画出断面形状，而是在焊缝处标注焊缝符号加以说明，详见表 10-5。

10.3.2　焊缝符号

按照国家标准 GB/T 324—2008 的规定，完整的焊缝符号包括基本符号、指引线、补充符号、尺寸符号及数据等。为了简化，在图样上标注焊缝时通常只采用基本符号和指引线，其他内容一般在有关的文件中（如焊接工艺规程等）明确。在任一图样中，焊缝符号的线宽，焊缝符号中字体的字形、字高和字体笔画宽度应与图样中其他符号（如尺寸符号、表面结构符号、几何公差符号）的线宽，字体的字形、字高和笔画宽度相同。

（1）基本符号与指引线

基本符号是表示焊缝横截面形状的符号。表 10-5 为常见焊缝基本符号与标注方法，其他基本符号详见国家标准 GB/T 324—2008。

表 10-5　常见焊缝基本符号与标注方法

焊缝名称	基本符号	示意图	图示法	基本符号标注方法	说明
I 形焊缝	‖				焊缝在接头箭头侧，基本符号标在基准线的实线一侧
带钝边 U 形焊缝	⊔				

焊缝名称	基本符号	示意图	图示法	基本符号标注方法	说明
V形焊缝	V		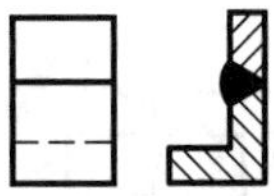	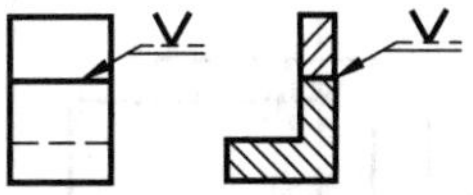	焊缝在接头的非箭头侧,基本符号标在基准线的虚线一侧
带钝边V形焊缝	Y		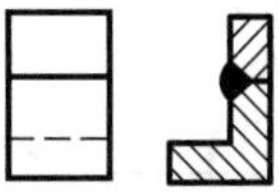	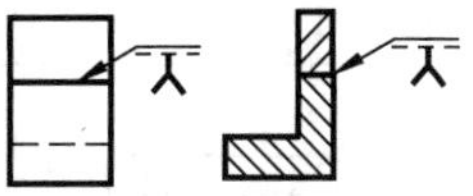	
角焊缝	◺	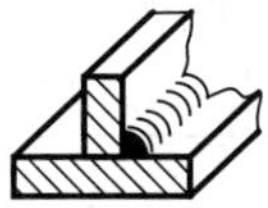	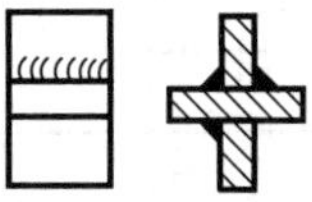	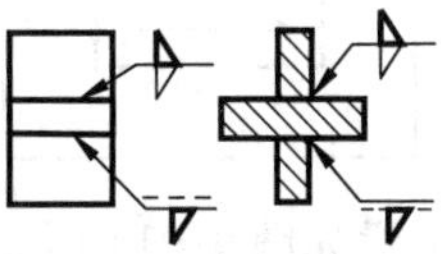	标注对称焊缝及双面焊缝时,可不画虚线

　　焊缝符号的基准线由两条相互平行的细实线和细虚线组成,基准线一般与图样标题栏的长边相平行;必要时,也可与图样标题栏的长边相垂直,焊缝符号的指引线用细实线绘制,如图10-13所示。在标注基本符号时,如果箭头指向焊缝的可见侧,则基本符号标注在基准线的实线一侧;如果箭头指向焊缝的不可见侧,则基本符号标注在基准线的虚线一侧。

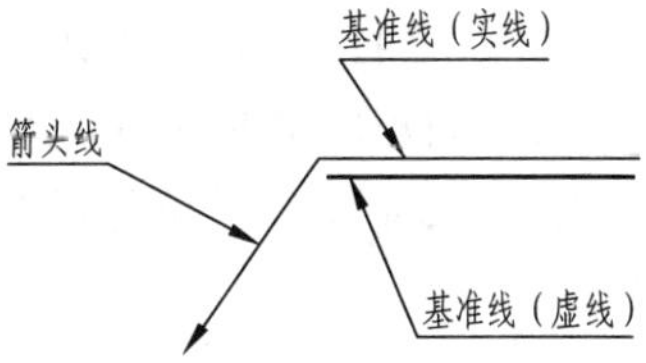

图 10-13　焊缝的指引线画法

（2）辅助符号

　　辅助符号是表示焊缝表面形状特征的符号,不需要确切说明焊缝的表面形状时,可以不用辅助符号。表10-6示出了常见辅助符号的标注方法,其他辅助符号详见国家标准 GB/T 324—2008。

表 10-6　常见辅助符号的标注方法

名称	辅助符号	示意图	图示法	焊缝符号标注方法	说明
平面符号	—		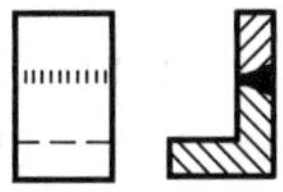	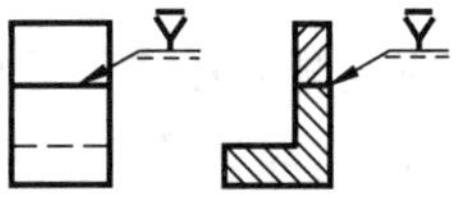	焊缝表面平齐(一般通过机械加工)
凹面符号	⌣		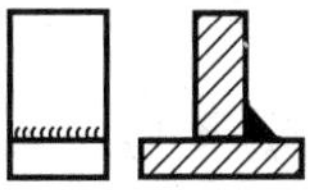		焊缝表面凹陷
凸面符号	⌒	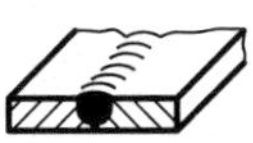	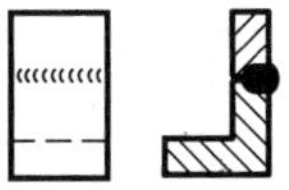	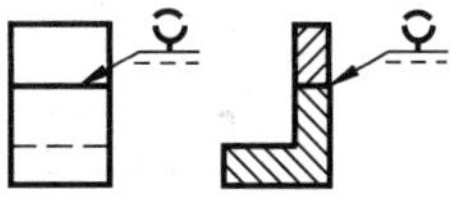	焊缝表面凸起

（3）补充符号

　　补充符号是为了补充说明焊缝的某些特征而采用的符号,如表示焊缝的范围等。表10-7示出了常用补充焊缝符号及标注方法,其他补充符号可查阅国家标准 GB/T 324—2008。

（4）焊缝尺寸符号及其标注方法

　　国家标准 GB/T 324—2008 中规定,焊缝尺寸在需要时才标注,标注时随基本符号标注在规定的位置上。常用的焊缝尺寸符号见表10-8。

表 10-7　常见补充符号的标注方法

名称	补充符号	图示法	焊缝符号标注方法	说　明
三面焊缝符号	⊏			工件三面带有角焊缝 111 表示焊接方法为焊条电弧焊。
尾部符号	<			其他焊接方法可参照 GB/T 5185—2005 标注焊接工艺方法等内容
周围焊缝符号	○			表示在现场沿工件周围施焊的角焊缝
现场符号	◤			

焊缝尺寸的标注位置如图 10-14 所示。

① 横向尺寸标注在基本符号的左侧；

② 纵向尺寸标注在基本符号的右侧；

③ 坡口角度、坡口面角度、根部间隙标注在基本符号的上侧或下侧；

④ 相同焊缝数量标注在尾部；

⑤ 当尺寸较多不易分辨时，可在尺寸数据前标注相应的尺寸符号。

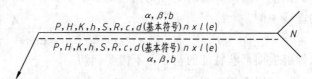

$$\alpha, \beta, b$$
$$P, H, K, h, S, R, c, d \text{(基本符号)} n \times l (e)$$
$$P, H, K, h, S, R, c, d \text{(基本符号)} n \times l (e)$$
$$\alpha, \beta, b$$

图 10-14　焊缝尺寸的标注位置

关于尺寸标注的其他规定还有：

① 在基本符号的右侧无任何尺寸标注，又无其他说明时，意味着焊缝在工件的整个长度方向上是连续的；

② 在基本符号的左侧无任何尺寸标注又无其他说明时，意味着对接焊缝应完全焊透。

GB/T 5185—2005《焊接及相关工艺代号方法》规定了常用焊接方法的数字代号，见表 10-9。图样中，焊接方法可以用文字在技术要求中注明，也可以用数字代号直接注写在焊缝指引线的尾部。

表 10-8　焊缝的尺寸符号

符号	名称	示意图	符号	名称	示意图
δ	工件厚度		p	钝边高度	
α	坡口角度		c	焊缝宽度	
b	根部间隙		R	根部半径	

符号	名称	示意图	符号	名称	示意图
l	焊缝长度		S	焊缝有效厚度	
n	焊缝段数	$n=2$	N	相同焊缝数量符号	$N=2$
e	焊缝间距		H	坡口深度	
K	焊角尺寸		h	余高	
d	熔核直径		β	坡口面角度	

表 10-9 常用焊接方法数字代号

焊接方法	数字代号	焊接方法	数字代号
焊条电弧焊	111	激光焊	52
埋弧焊	12	气焊	3
电渣焊	72	硬钎焊	91
等离子焊	15	点焊	21

采用单一焊接方法的标注如图 10-15（a）所示，表示该焊缝为焊条电弧焊，焊角高为 6mm 的角焊缝；采用组合焊接方法，即一个焊接接头采用两种焊接方法完成时，其标注如图 10-15（b）所示，表示该焊角先用等离子焊打底，再用埋弧焊盖面。

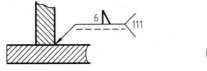
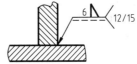

(a) 单一焊接方法的标注　　　(b) 组合焊接方法的标注

图 10-15　焊接方法标注

当一张图纸上全部焊缝采用同一种焊接方法时，可省略焊接方法数字符号，但必须在技术条件或技术文件上注明"全部焊缝均采用××焊"；当大部分焊接方法相同时，可在技术条件或技术文件上注明"除已注明焊缝的焊接方法外，其余均采用××焊"。

10.3.3　焊缝的表达方法及焊接图示例

常见焊缝的标注示例见表 10-10。焊接件图样示例如图 10-16 所示。

表 10-10　常见焊缝的标注示例

焊缝型式	标注示例	说　明
		①用埋弧焊形成的带钝边 V 形连续焊缝在箭头侧,钝边高 $p=2$,根部间隙 $b=2$,坡口角度 $\alpha=60°$ ②用焊条电弧焊形成的连续对称角焊缝,焊角高度 $K=3$
		标注表示用埋弧焊形成的带钝边的 U 形连续焊缝在非箭头侧,钝边高 $p=2$,根部间隙 $b=2$
		标注表示用 I 型断续焊缝在箭头侧,焊缝段数 $n=4$,每段焊缝长度 $l=6$,焊缝间距 $e=4$,焊缝有效厚度 $S=4$
		标注表示双面焊缝,上面为带钝边单边 V 形焊缝,坡口角度 α 为 60°,钝边高度 p 为 2,根部间隙 b 为 2,下面为角焊缝,焊角高度 K 为 3
		焊缝符号○表示点焊缝,n 表示焊点数量,d 表示熔核直径,e 表示焊点的间距,a 表示焊点至板边的距离
		▶表示在现场装配时进行焊接,K 为焊角高度尺寸,焊缝符号表示双面角焊缝,尾部的数字表示有 4 条相同的焊缝

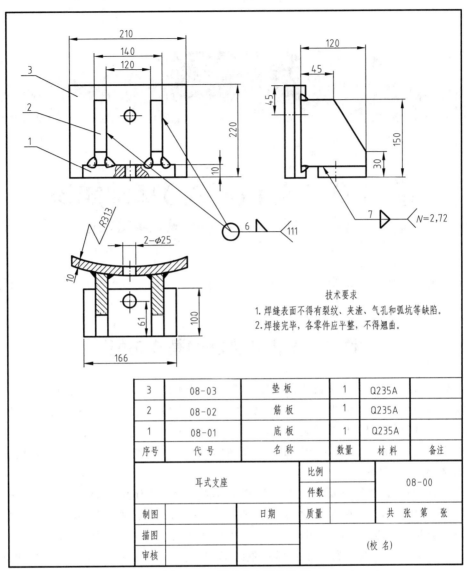

技术要求
1. 焊缝表面不得有裂纹、夹渣、气孔和弧坑等缺陷。
2. 焊接完毕，各零件应平整，不得翘曲。

3	08-03	垫 板	1	Q235A	
2	08-02	筋 板	1	Q235A	
1	08-01	底 板	1	Q235A	
序号	代 号	名 称	数量	材 料	备注

耳式支座	比例		08-00
	件数		
制图		日期	质量		共 张 第 张
描图					
审核				(校 名)

图 10-16　耳式支座焊接图样

第11章　AutoCAD基础知识

本章将重点介绍 AutoCAD2016 软件的基本功能、用户界面以及图形文件管理的相关方法。

11.1　AutoCAD 的基本功能

AutoCAD 是一款功能强大的工程绘图软件，它是美国 Autodesk 公司首次于 1982 年开发的自动计算机辅助设计软件，具有功能强大、易于掌握、使用方便、体系结构开放等特点。AutoCAD 广泛应用于机械、建筑、电子、航空航天、建筑、矿山、化工等工程设计领域。Autodesk 公司在 2015 年 3 月份发布了最新的 AutoCAD 2016 版。它的主要功能如下。

（1）绘制二维图形

AutoCAD 的"默认"选项卡中包含着丰富的绘图命令，使用它们可以绘制直线、构造线、多段线、圆、矩形、多边形、椭圆等基本图形，也可以将绘制的图形转换为面域，对其进行填充。借助于"修改"命令还可以编辑修改二维图形。此外，利用 AutoCAD 2016 新增的参数化绘图功能，可以动态控制图形对象的形状、大小和位置，从而高效地对图形进行修改。

（2）绘制三维零件图和装配图

AutoCAD 提供了三维绘图命令，用户可以使用拉伸、旋转、设置标高和厚度等多种方法绘制圆柱体、球体、长方体等基本实体，建立三维网格、旋转网格等网格模型。还可以通过旋转曲面、平移曲面、直纹曲面、边界曲面、三维曲面等多种方法绘制曲面模型。另外，借助各种三维修改命令，还可以将已绘制好的零件图按照一定关系进行组装，从而得到整个产品的装配图。

（3）标注图形尺寸

尺寸标注是向图形中添加测量注释的过程，是整个绘图过程中不可缺少的一步。在 AutoCAD 中，系统提供了一套完整的尺寸标注与编辑命令，使用它们可以方便地为二维和三维图形标注各种尺寸，如线性尺寸、角度、直径、半径、公差等，还可以方便、快速地以一定格式创建符合行业或项目标准的标注。

（4）渲染三维图形

在 AutoCAD 中，可以运用雾化、光源和材质，将模型渲染为具有真实感的图像。如果是为了演示，可以渲染全部对象；如果时间有限，或显示设备和图形设备不能提供足够的灰度等级和颜色，就不必精细渲染；如果只需快速查看设计的整体效果，则可以简单消隐或设置视觉样式。

（5）输出打印图形

AutoCAD 不仅允许将所绘图形以不同样式通过绘图仪或打印机输出，还能够将不同格式的图形导入 AutoCAD 或将 AutoCAD 图形以其他格式输出。因此，当图形绘制完成之后可以使用多种方法将其输出。例如，可以将图形打印在图纸上，或创建成文件以供其他应用程序使用。

（6）图纸管理集

在实际工作中，每项工程通常都会包括多张图纸，并且这些图纸一般都具有相同的尺寸或内容一致的标题栏等。为此，AutoCAD 提供了一个"图纸集管理器"，利用该管理器可以方便地对这些图纸进行分类管理。

（7）图形互用

利用"设计中心"对话框，用户可方便地在当前文档中使用其他文档中的图块、线型、图层，以及标注样式、文字样式等。

（8）其他高级扩展功能

用户可以根据需要自定义各种菜单及与图形有关的一些属性，也可以通过内部编辑语言来处理复杂的问题或进一步开发，形成更广阔的应用领域。

11.2 启动、退出 AutoCAD

11.2.1 启动 AutoCAD

启动方法有以下 3 种：

① 安装 AutoCAD 2016 后，通过双击桌面快捷图标启动。

② 通过单击任务栏的快速启动区中 AutoCAD 2016 图标启动。

③ 在"开始"|"所有程序"中选择 Autodesk 程序组中的 AutoCAD 2016 启动。

11.2.2 退出 AutoCAD

退出方法有以下 4 种：

① 点击主窗口右上角的"关闭"按钮。

② 点击"菜单浏览器"按钮，在弹出的菜单中单击"退出 Autodesk AutoCAD 2016"。

③ 在工作界面的标题栏上右击，在弹出的快捷菜单中选择"关闭"命令。

④ 直接按"Alt＋F4"组合键或"Ctrl＋Q"组合键。

11.3 AutoCAD 的界面和工作空间

AutoCAD 2016 的操作界面提供了便捷的操作工具，可以帮助读者快速熟悉操作环境，从而提高工作效率。AutoCAD 2016 提供了多种工作空间模式，可供用户随意切换使用。

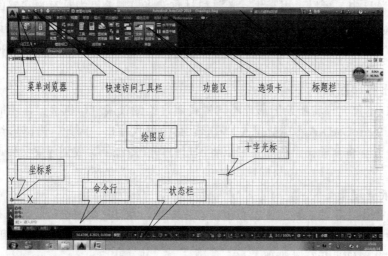

图 11-1　AutoCAD2016 操作界面

11.3.1　AutoCAD 界面的组成

在启动 AutoCAD 2016 后，打开工作界面并自动创建一个名称为 Drawing1.dwg 的图形文件。其工作界面主要由标题栏、菜单浏览器、快速访问工具栏、选项卡、功能区、绘图区、十字光标、坐标系图标、命令行和状态栏等部分组成，如图 11-1 所示。

（1）标题栏

标题栏位于窗口最上端，用于显示当前正在运行的程序名及文件名。单击标题栏最右端的按钮，可以最小化、最大化或关闭程序窗口。

（2）"菜单浏览器"按钮

图 11-2　菜单浏览器

"菜单浏览器"按钮位于 AutoCAD 2016 操作界面的左上角，单击该按钮，将打开一个下拉菜单，包括"新建""打开""保存""另存为""输出""发布""打印""图形实用工具"和"关闭"选项，如图 11-2 所示。

（3）快速访问工具栏

快速访问工具栏位于"菜单浏览器"按钮的右侧，用于放置一些使用频率较高的命令按钮。该工具栏可以自定义，其中包含由工作空间定义的命令集。用户可以在快速访问工具栏上添加、删除和重新定位命令。

（4）选项卡

在默认情况下，工作界面中包括"默认""插入""注释""参数化""视图""管理""输出""附加模块""A360""精选应用""BIM360""Performance"选项卡。

（5）功能区

AutoCAD 2016 将大部分命令分类组织在功能区的不同选项卡中，单击某个选项卡标签，可切换到该选项卡，在每一个选项卡中，命令又被分类放置在不同的面板中。在功能区任意位置单击右键，可利用弹出的快捷菜单控制各选项卡、面板以及面板中命令按钮的显示与隐藏，如图 11-3 所示。

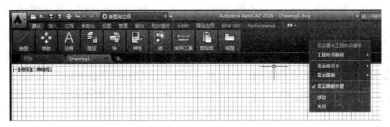

图 11-3　功能区的设置

（6）绘图区

绘图区是指在标题栏下方的大片空白区域，它是用户的工作区域，在绘图区可以绘制各种图形，也可以对图形进行修改。AutoCAD 2016 版本的绘图区更大，可以方便用户更好地绘制图形对象。此外，为了方便用户更好地操作，在绘图区的右上角还动态显示坐标和常用工具栏。

（7）十字光标

在绘图区中，有一个类似光标的"十"字线，即十字光标，它的交点显示了当前点在坐标系中的位置，十字光标与当前用户坐标系的 X、Y 坐标轴平行。系统默认的十字光标大小为 5，该大小可根据实际情况进行相应的更改。

（8）坐标系图标

在绘图区的左下角显示有坐标系图标，图标左下角为默认的坐标系原点（0，0），其主要用于显示当前使用的坐标系以及坐标方向等。

（9）命令行

命令行是 AutoCAD 与用户对话的区域，位于绘图区的下方。在使用软件的过程中应密切关注命令行中出现的信息，然后按照信息提示进行相应的操作。在默认情况下，命令行有3 行。

（10）状态栏

状态栏位于 AutoCAD 操作界面的最下方，主要由当前光标的坐标值和辅助工具按钮组两部分组成。移动鼠标光标，坐标值也将随之改变。辅助工具按钮组用于设置 AutoCAD 的辅助绘图功能，属于开关型按钮。

11.3.2　AutoCAD 的工作空间

AutoCAD 2016 有"草图与注释""三维基础""三维建模"和"自定义"等多种工作空间模式。要在各种工作空间模式中进行切换，只需单击快速访问工具栏中的空间名称，然后在弹出的下拉列表中选中相应的空间即可，如图 11-4 所示。常用的工作空间特点如下：

图 11-4　AutoCAD 工作空间切换

① 草图与注释：默认状态下，打开"草图与注释"空间，其界面主要由"菜单浏览器"按钮、"功能区"选项板、快速访问工具栏、

文本窗口与命令行、状态栏等元素组成。在该空间中，可以使用"绘图""修改""图层""注释""块""特性"等面板方便地绘制二维图形。

② 三维基础：显示特定于三维建模的基础工具。在"功能区"选项板中集成了"创建""编辑""绘图""修改""选择"和"坐标"等面板，从而为绘制和编辑三维图形等操作提供了非常便利的环境。

③ 三维建模：显示三维建模特有的工具。在"功能区"选项板中集成了"建模""网格""实体编辑""绘图""修改""选择""坐标"和"视图"等面板。

11.4　图形文件基本操作

图形文件基本操作如下：

（1）新建图形文件

在 AutoCAD 快捷工具栏中单击"新建"按钮，或单击"菜单浏览器"按钮，在弹出的菜单中选择"新建"|"图形"命令，可以创建新图形文件，此时将打开"选择样板"对话框。在选择模板时，对于英制图形，例如使用单位是英寸，应选用模板 acad.dwt 或 acadlt.dwt；对于公制图形，如使用单位是毫米，应选用模板 acadiso.dwt 或 acadltiso.dwt。

（2）打开图形文件

在 AutoCAD 2016 中，创建完图形文件后，就可以进行打开和关闭文件的操作。在快捷工具栏中单击"打开"按钮，或单击"菜单浏览器"按钮，在弹出的菜单中选择"打开"|"图形"命令，可以打开已有的图形文件。

（3）保存图形文件

在 AutoCAD 中，可以使用多种方式将所绘图形以文件形式存入磁盘。例如，在快速访问工具栏中单击"保存"按钮，或单击"菜单浏览器"按钮，在弹出的菜单中选择"保存"命令，以当前使用的文件名保存图形；也可以单击"菜单浏览器"按钮，在弹出的菜单中选择"另存为"|"图形"命令，将当前图形以新的名称保存。

（4）关闭图形文件

单击"菜单浏览器"按钮，在弹出的菜单中选择"关闭"|"当前图形"命令，或在绘图窗口中单击"关闭"按钮，可以关闭当前图形文件。

11.5　设置绘图环境

为了方便绘图，可以根据自己绘图的习惯对绘图环境进行设置。

（1）设置绘图界限

用户在绘制图形时，常常要确定图纸的大小、比例、图形之间的距离，以便检查图形是否超出界限。设置绘图界限的命令是 LIMITS。可以通过菜单栏中的"格式"|"图形界限"来设置，设置了图形范围后，仍可以在图形范围外绘制，只不过在打印时如果选择图形范围打印，那么图形范围外的对象就不会打印出来。

需要注意的是，在用户开启或关闭图形界限功能后，执行 REGEN 命令重新生成视图或在 AutoCAD 2016 的菜单栏中选择"视图"|"重生成"命令，设置才能生效。

（2）设置绘图单位

绘图单位直接影响绘制图形的大小。在工程制图中，中国用户一般选择的是米制单位，而在欧洲许多国家则多使用英制单位。设置绘图单位的方法有以下两种：一种是显示 AutoCAD 2016 菜单栏，选择"格式"｜"单位"命令；另一种是直接在命令行中执行 UNITS、DDUNITS 或 UN 命令。

执行以上操作后，都将弹出如图 11-5 所示的"图形单位"对话框，通过该对话框可以设置长度和角度的单位与精度。

①"长度"选项：指定测量的当前单位及当前单位的精度。

"类型"设置测量单位的当前格式，该值包括"建筑""小数""工程""分数"和"科学"。"精度"设置线性测量值显示的小数位数或分数大小。

②"角度"选项：指定当前角度格式和当前角度显示的精度。

"类型"设置当前角度格式。"精度"设置当前角度显示的精度。

③"插入时的缩放单位"选项：控制插入到当前图形中的块和图形的测量单位。

④"输出样例"选项：显示用当前单位和角度设置的例子。

⑤"光源"选项：控制当前图形中光源的强度测量单位。

图 11-5　设置绘图单位对话框

（3）设置十字光标

默认光标的长度为屏幕大小的百分之五，用户可根据实际需要设置十字光标的大小。修改方法为：在绘图窗口中选择"工具"｜"选项"命令。在弹出的系统配置对话框中打开"显示"选项卡，在"十字光标大小"区域中的编辑框中直接输入数值或拖动编辑框后的滑块，即可调整十字光标的大小。

（4）设置绘图区颜色

在默认情况下，AutoCAD 2016 的绘图窗口是白色背景黑色线条，用户可以根据自己的习惯来修改窗口的颜色。修改方法如下：在绘图区中点击鼠标右键，在弹出的快捷菜单中选择"选项"命令，切换至"显示"选项卡，如图 11-6 所示。在"窗口元素"选项组中单击"颜色"按钮，弹出"图形窗口颜色"对话框，在"颜色"下拉列表中选择需要的颜色，即可完成对绘图区颜色的修改。

（5）设置命令行的显示行数与字体

用户可以根据个人绘图习惯缩小和扩展命令行，点住鼠标左键拖拽绘图区和命令行的边界，即可调整命令行的显示行数。修改命令行中字体设置的方法是在绘图区右击，在弹出的快捷菜单中选择"选项"命令，弹出"选项"对话框（图 11-6），选择"显示"选项卡，在"窗口元素"选项组中单击"字体"按钮，会弹出"命令行窗口字体"对话框，在"字体"文本框中输入需要的字体名称，或在其下拉列表中选择需要的字体。

图 11-6 "选项"对话框

（6）设置工作空间

习惯使用以前版本中菜单栏的用户，也能在 AutoCAD 2016 中将其调出使用。方法是：单击快速访问区右侧的小三角按钮，在弹出的菜单中选择"显示菜单栏"命令，如图 11-7 所示，返回工作界面即可看到菜单栏已显示在选项卡的上方。如再次单击快速访问区右侧的小三角按钮，在弹出的菜单中选择"隐藏菜单栏"命令，即可隐藏菜单栏。用户还可以将习惯使用的工作空间进行保存，以方便以后随时调用。

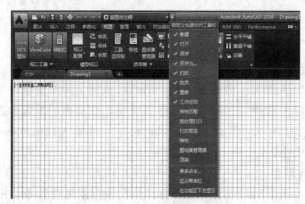

图 11-7 调出"菜单栏"的方法

11.6 命令的使用

（1）输入命令

如果要执行某个命令，必须先输入该命令，输入命令的方法有以下几种。

① 在命令行的"命令："文本后输入命令的全名或简称，并按下"Enter"键或"Space"键。

例如，输入绘制圆命令（circle）操作如下。

在 AutoCAD 2016 命令窗口中输入 c↙，系统提示命令选项为"CIRCLE 指定圆的圆心或［三点（3P）两点（2P）切点、切点、半径（T）］"，如图 11-8 所示。在此例中，不带"［ ］"的命令选项为默认项，用户可以直接点选圆心，输入半径值进行圆的绘制，如需要选择其他选项，则应输入"（ ）"中相应的标识字符。

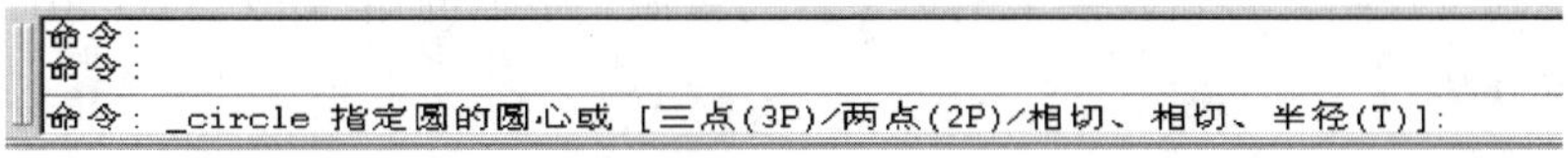

```
命令:
命令:
命令: _circle 指定圆的圆心或 [三点(3P)/两点(2P)/相切、相切、半径(T)]:
```

图 11-8　绘制圆命令

② 菜单和快捷键输入和其他软件的输入方法大致相同，这是所有软件的共同点。

③ 在绘图过程中右击，在弹出的快捷菜单中选择需要的命令。

④ 在选项卡中单击需要执行的命令按钮。

AutoCAD 2016 中功能选项卡及下拉菜单的应用是通过鼠标操作进行输入的，鼠标左键为拾取键，用于拾取 CAD 屏幕上的图形对象、菜单命令选项及工具栏按钮等。鼠标右键为确认键，与键盘中的"Enter"键等同，用于确定并结束当前命令，并且在无绘图命令时，在绘图区点击右键，可弹出快捷菜单，用户可方便选择相应命令。

（2）重复命令

在 AutoCAD 中，用户无论使用哪种方法输入一条命令后，都可利用下述方法实现命令的重复：

① 按空格键或回车键。当"命令"提示符出现时，再按一下空格键或回车键。

② 在绘图区中单击鼠标右键，从弹出的快捷菜单中选择"重复"选项。

③ 在命令行窗口单击鼠标右键，在弹出的快捷菜单中选择"近期使用的命令"选项，选择最近使用过的 6 个命令之一。

（3）终止命令

终止命令常用的方法有：

① 自动终止。在命令执行过程中，用户在下拉菜单或工具栏调用另一命令，将自动终止正在执行的命令。

② 按"Esc"键。在命令执行过程中，用户可以随时按"Esc"键终止命令的执行。

③ 利用鼠标右键。单击鼠标右键，选择"取消"命令。

（4）撤销和重做命令

在绘图过程中执行某一个命令后，如果发现无须执行此命令，可取消该命令的执行。撤销命令的方法有：

① 在命令行中执行 U 或 UNDO 命令可撤销前一次命令的执行结果。

② 单击快速访问区中的"放弃"按钮。

③ 执行命令后，在绘图区中右击，然后在弹出的快捷菜单中选择"放弃"命令。

如果需要恢复撤销的命令，可以使用重做命令，方法有：

① 在命令行中输入 REDO。

② 单击快速访问区中的"重做"按钮。

（5）使用透明命令

在执行其他命令的过程中仍可以执行的命令称为透明命令。在执行透明命令之前，需要在输入命令前输入单引号"′"。在执行透明命令时，其命令行中的提示前有一个双折号"≫"。

11.7 坐 标 系

要精确绘制工程图，必须以某个坐标系作为参照，下面介绍 AutoCAD 2016 坐标系统和点的坐标表示方法。

11.7.1 世界坐标系与用户坐标系

坐标系分为世界坐标系和用户坐标系两种。

（1）世界坐标系（World Coordinate System，WCS）

世界坐标系是进入 AutoCAD 2016 绘图区时系统默认的坐标系。该坐标系由 X 轴、Y 轴和 Z 轴组成，其中 X 轴正向水平向右、Y 轴正向水平向上，Z 轴与屏幕垂直。WCS 坐标轴的交会处显示"口"形标记，但坐标原点并不在坐标系的交会点，而位于图形窗口的左下角，所有的位移都是相对于原点来计算的，并且规定沿 X 轴正向及 Y 轴正向的位移为正方向。世界坐标系分为二维坐标系和三维坐标系。

（2）用户坐标系（User Coordinate System，UCS）

用户坐标系指的是在 AutoCAD 2016 中进行绘图时，为了更好地绘制图形对象，经常需要修改坐标系的原点和方向，此时世界坐标系将转变成用户坐标系。它是一种可自定义的坐标系，X 轴、Y 轴和 Z 轴方向都可以移动及旋转，这在绘制三维平面图时非常有用，且在绘制二维平面图时，可不输入 Z 轴，如输入的坐标点与输入的效果不相同，应在英文状态下输入逗号"，"，在输入完一点的坐标参数后，必须按"Enter"键确认输入完毕。

11.7.2 坐标的表示方法

点的坐标可以用直角坐标、极坐标、球面坐标和柱面坐标表示，每一种坐标又可以分为相对坐标和绝对坐标。其中常用的是绝对直角坐标、绝对极坐标、相对直角坐标和相对极坐标 4 种。在二维绘图中，可暂不考虑点的 Z 坐标。

（1）绝对直角坐标

指当前点相对坐标原点（0，0，0）的坐标值。在绘图过程需要输入某一点的坐标时，可以直接在命令行输入点的"X，Y"坐标值，坐标值之间要用逗号隔开，方向用正负号来表示。

（2）绝对极坐标

用"距离＜角度"表示。其中距离为当前点相对坐标原点的距离，角度表示当前点和坐标原点连线与 X 轴正向的夹角。

（3）相对直角坐标

相对直角坐标是指当前点相对于某一点的坐标的增量。相对直角坐标前加"@"符号。相对于前一点 X 坐标向右为正，向左为负；Y 坐标向上为正，向下为负。例如 A 点的绝对坐标为"10，15"，B 点相对 A 点的相对直角坐标为"@5，−2"，则 B 点的绝对直角坐标为"15，13"。

（4）相对极坐标

相对极坐标用"@距离＜角度"表示，例如"@4.5＜30"表示当前到下一点的距离为4.5，当前点与下一点连线与 X 轴正向夹角为 30°。默认设置的角度正方向为逆时针方向，水平向右为 0°。

11.7.3 坐标系中点与距离的输入方法

（1）点的输入

绘图过程中，常需要给出点的具体位置。输入点的方法：

① 利用鼠标移动光标，通过单击左键在屏幕上直接给出点。

② 用键盘直接在命令窗口中输入点的坐标。直角坐标的输入方式："$X，Y$"和"$@X，Y$"。极坐标的输入方式："长度＜角度"和"$@$长度＜角度"。

③ 用捕捉方式捕捉屏幕上已有图形的特殊点。

④ 利用鼠标做导向，用光标的移动来指明所要指定点的方向，然后用键盘输入距离。

（2）距离的输入

在绘制图形时，有时需要提供高度、宽度、半径、长度等距离值。两种输入距离的方法：

① 用键盘在命令窗口中直接输入距离数值。

② 在屏幕上拾取点，以两点的距离值定出所需要的数值。

11.8 图形对象的选择

用户在对图形进行编辑操作时，首先要确定编辑的对象，即在图形中选择若干图形对象构成选择集。在输入一个图形编辑命令出现"选择对象"提示时，可根据需要反复多次地进行选择操作，直至回车结束选择。选择对象常用的方式有以下几种：

（1）直接选择对象

这是默认的选择对象方式，此时光标变成为一个小方框（称拾取框），将拾取框移至待选图形对象上单击鼠标左键，则该对象被选中。重复上述操作，可依次选取多个对象。被选中的图形对象以虚线显示，以区别其他图形。利用该方式每次只能选取一个对象，且在图形密集的地方选取对象时，往往容易选错或多选。

（2）窗口（W）方式

该方式选中完全在窗口内的图形对象。通过光标给定一个矩形窗口，所有位于这个矩形窗口内的图形对象均被选中。

窗口方式选择对象常用下述方法：在选择对象时首先确定窗口的左侧角点，再向右拖动定义窗口的右侧角点，则定义的窗口为选择窗口，此时只有完全包含选择窗口中的对象才被选中。

（3）多边形窗口（WP）方式

用多边形窗口方式选择对象，完全包括在窗口中的图形被选中。

（4）交叉窗口（C、CP）方式

该方式与用 W、WP 窗口方式选择对象的操作方法类似，不同点在于，在交叉窗口方式下，所有位于矩形（或多边形）窗口之内或者窗口边界相交的对象都将被选中。在选择对象时，如果首先确定窗口的右侧角点，再向左拖动定义窗口的左侧角点，则定义的窗口为交叉窗口。这种方法是选择对象的通常方法。

11.9 观察图形文件

视图操作包括平移、缩放、重画和重生成等，通过视图操作可以全面地观察图形对象，使绘制出的图形对象更加精准。

（1）平移视图

在 AutoCAD 中绘制图形时，由于某些图形对象不能完全显示在绘图区中，此时用户可以执行"平移视图"操作，查看未在绘图区中显示的图形对象。该操作不会改变图形显示的大小。调用该命令的方法有以下几种：

① 在"视图"选项卡的"二维导航"组中单击"平移"按钮。

② 在绘图区右侧的常用工具栏中单击"平移"按钮。

③ 在命令行中执行 PAN 或 P 命令。

④ 执行上述命令后，鼠标光标变为手的形状，在绘图区按住鼠标左键不放，移动鼠标位置可以自由移动当前图形，使其到达最佳观察位置。

⑤ 通过按住滚轮并移动鼠标，可以任意方向平移视图。

⑥ 当视图平移到一定位置后，如果无法继续平移，则在"命令"窗口中键入"REGEN"，然后按"Enter"键。此命令将重新生成图形显示并重置可以用于平移的范围。

（2）缩放视图

熟练掌握视图的缩放操作技巧可以大大提高工作效率，有利于图形对象的观察。用户可以通过视图放大或缩小工具调整图形对象的显示方式。视图缩放不会改变图形对象实际尺寸的大小和形状。缩放视图的缩放方式有实时、窗口、图形界限和图形比例等。调用该命令的方法有以下几种：

① 在"视图"选项卡的"导航"组中单击"范围"按钮旁边的小三角形按钮，然后在弹出的下拉列表中选择相应的选项。

② 在命令行中执行 ZOOM 或 Z 命令，然后选择相应的选项。

③ 滚动三键鼠标上的滚轮，可自由缩放图形。

④ 通过单击滚轮两次，缩放至模型的范围。

⑤ 当视图缩放到一定程度后，如果无法继续缩放，请在"命令"窗口中键入"REGEN"，然后按"Enter"键。此命令将重新生成图形显示并重置可以用于缩放的范围。

（3）重画与重生成图形

当在 AutoCAD 2016 中绘制较复杂的图形或较大的图形时，可以执行重画与重生成操作，刷新当前视窗中的图形，清除残留标记点痕迹。

① 将虚拟屏幕上的图形对象传送到实际屏幕中，不需要重新计算图形，即视图重画。

② 当视图被放大后，图形的分辨率有所降低，弧形对象可能会显示成直线段，在这种情况下执行重画操作不能使圆弧看起来很连续，必须执行重生成命令来刷新视图。

11.10 辅 助 功 能

AutoCAD 提供了强大的辅助绘图功能，包括"推断约束""捕捉模式""栅格显示""正交模式""极轴追踪""对象捕捉""三维对象捕捉""对象捕捉追踪""动态输入""显示/

隐藏透明度""线宽""快捷特性"和"选择循环"等,它们在状态栏上的位置如图 11-9 所示,具体功能见表 11-1。

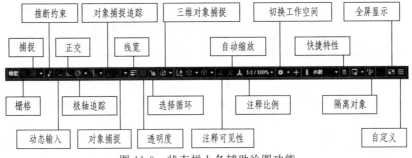

图 11-9 状态栏上各辅助绘图功能

表 11-1 辅助绘图功能

名称	功 能	开关热键
推断约束	在创建和编辑几何对象时自动应用几何约束	
捕捉	锁定光标移动的方向及最小位移	F9
栅格	出许多可见但不能打印的小点构成的网格	F7
正交	限制光标只在水平和垂直方向上移动	F8
极轴追踪	光标将按指定角度进行移动	F10
对象捕捉	使光标精确定位于几何图形的指定点上	F3
对象捕捉追踪	沿着基于对象捕捉点的对齐路径进行追踪	F11
动态输入	启动或禁止动态输入	F12
快捷特性	禁止和开启快捷特性选项板	
选择循环	允许选择重叠的对象	

其中对象捕捉常用的种类和标记见表 11-2。

表 11-2 对象捕捉的种类和标记

名称	缩写	捕捉标记	备 注
临时追踪点	TT	○→	临时使用对象捕捉
自	FROM	⌐	指定临时点确定其他点
端点	END	⟋	捕捉对象的端点
中点	MID	⟋	捕捉对象的中点
交点	INT	✕	捕捉对象之间的交点
外观交点	APPINT	✕	捕捉不相交而投影相交对象的交点
延长线	EXT	----	捕捉对象延长线上的点
圆心	CEN	◎	捕捉对象的圆心点
几何中心	GEOCEN	▣	捕捉对象的几何中心点

名称	缩写	捕捉标记	备　注
象限点	QUA	✧	捕捉 1/4 象限点
切点	TAN	⊙	捕捉点与对象的切点
垂直	PER	⊥	捕捉点与对象的垂直交点
平行线	PAR	∥	捕捉直线平行线上的点
节点	NOD	○	捕捉点对象
插入点	INS	⊡	捕捉对象的插入点
最近点	NEA	⊠	捕捉离光标最近的点
无	NON	⊠	关闭一次对象捕捉
对象捕捉设置	DSETTINGS	⊓	设置对象捕捉

11.11　使用 AutoCAD 软件的技巧

（1）熟悉 AutoCAD 的绘图命令

在 AutoCAD 中，无论是选择了某个菜单项，还是单击了某个工具按钮，其作用都相当于执行了一个命令。因此，用户只有熟悉各种命令才能在实际绘图时具体问题具体分析，选择最恰当的绘图命令和绘图方法。为了提高绘图效率，还应掌握一些常用命令的英文全称或缩写。常用的快捷命令见表 11-3。

（2）学会观察命令行中的提示

在 AutoCAD 中，不管以何种方式输入命令，命令行中都会提示我们下一步该怎样操作，用户只要按照命令行中的提示，即可逐步完成操作。

（3）尽量使用快捷键

例如，要保存文件按"Ctrl＋S"快捷键会比从"应用程序"下拉菜单中选择"保存"命令快捷得多。

（4）学会使用 AutoCAD 的帮助功能

AutoCAD 为我们提供了强大的帮助功能，不管用户当前执行了什么命令，按"F1"键后，AutoCAD 都会显示该命令的具体概念和操作步骤等内容。

（5）多进行上机操作

在实践中快速掌握各种命令的功能和用法，并熟悉使用 AutoCAD 绘图的特点与规律。

表 11-3　AutoCAD 快捷命令

命　令	命令英文	命令缩写
创建圆弧	* ARC	A
改变属性信息	* ATTEDIT	ATTE
计算对象或指定区域的面积和周长	* AREA	AA

命 令	命令英文	命令缩写
加载或卸载应用程序	＊APPLOAD	AP
阵列	＊ARRAY	AR
创建属性定义	＊ATTDEF	ATT
创建块	＊BLOCK	B
从封闭区域创建面域或多段线	＊BOUNDARY	BO
打断选定对象	＊BREAK	BR
创建圆	＊CIRCLE	C
复制对象	＊COPY	CO/CP
为对象的边加倒角	＊CHAMFER	F
剪切图形	＊CUTCLIP	CUT
设置新对象的颜色	＊COLOR	COL
创建和修改标注样式	＊DIMSTYLE	D
创建角度标注	＊DIMANGULAR	DAN
从上一个标注或选定标注的基线处创建标注	＊DIMBASELINE	DB
从图形中删除对象	＊ERASE	E
管理图层和图层特性	＊LAYER	LA
加载、设置和修改线型	＊LINETYPE	LT
倒圆角	＊FILLET	F
偏移	＊OFFSET	O
为对象选择创建过滤器	＊FILTER	FT
移动对象	＊MOVE	M
对象编组	＊GROUP	G
刷新当前视口中的显示	＊REDRAW	R
从当前视口重生成整个图形	＊REGEN	RE
绘制矩形多段线	＊RECTANG	REC
旋转	＊ROTATE	RO
渲染	＊RENDER	RR
另存为	＊SAVES	SA
按比例放大或缩小对象	＊SCALE	SC
创建、修改或设置命名文字样式	＊STYLE	ST
创建多行文字对象	＊MTEXT	T
创建表格	＊TABLE	TB
选择注释对象	＊TEXTEDIT	TE
视图管理器	＊VIEW	V
将对象或块写入新的图形文件	＊WBLOCK	W
镜像	＊MIRROR	MIR
创建三维实体并使其倾斜面沿 X 轴方向	＊WEDGE	WE
将合成对象分解成它的部件对象	＊EXPLOPE	X
将外部参照附着到当前图形	＊XATTACH	XA
将外部参照依赖符号绑定到当前图形中	＊XBIND	XB
定义外部参照或块剪裁边界,并且设置前剪裁面和后剪裁面	＊XCLIP	XC
创建无限长的直线(即参照线)	＊XLINE	XL
放大或缩小视图中对象的外观尺寸	＊ZOOM	Z

第12章　平面图形的画法

应用 AutoCAD 2016 绘图之前必须了解工程制图的国家标准、投影的基本理论，掌握 AutoCAD 2016 软件操作的基本方法。

12.1　绘图前的准备

尺规作图时，通常应根据国家标准进行绘制。同理在计算机绘图过程中，也要在单位选择及图层的设置后开始绘制一张新图。同时，在绘图之前应对 CAD 的极轴、对象捕捉等辅助功能进行设置。

一张规范的机械工程图样的线型包括了中心线、粗/细实线以及虚线等不同样式，用户应根据国家标准对各类线型利用图层命令进行设置。图层设置工具如图 12-1 所示。

设置图层时，单击"图层特性"，弹出图层特性设置对话框，如图 12-2 所示。

图 12-1　图层工具栏

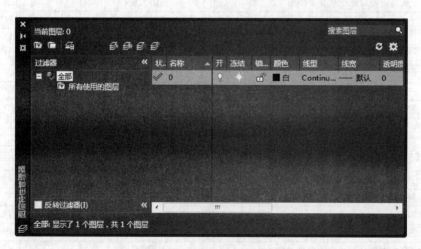

图 12-2　图层设置对话框

在该对话框中对各图层名称、颜色、线型、线宽进行设置。"过滤器""开""冻结""锁"及"透明度"几项选择系统默认即可。点击上方"新建图层"按钮或在对话框内点击鼠标右键选择新建图层选项，创建新图层，并修改图层名称（图层名称默认为"图层 x"，其中"x"是数字，表示所创建的第几个图层。修改时直接点击该名称进行修改）。国家标准统一规定了 CAD 图样中的线型、颜色和线宽，可参照表 12-1 进行设置。

表 12-1 CAD 图样中图层、线型、颜色及线宽的规定

图层名	线型	颜色	线宽/mm	内容
粗实线	Continuous	绿色	0.7	粗实线
细实线	Continuous	白色	0.35	细实线、细波浪线、细折线
细虚线	Hidden	黄色	0.35	细虚线
细点画线	Center	红色	0.35	细点画线
双点画线	Phontom	粉红	0.35	细双点画线
尺寸线	Continuous	白色	0.35	尺寸线、尺寸值、公差
剖面线	Continuous	白色	0.35	剖面符号
文字	Continuous	白色	0.35	文字
辅助	自定义	自定义	自定义	自定义

AutoCAD 2016 的各类线型文件都存放在 support 目录下的 acad.lin 文件中，在默认情况下，线型为 Continuous 的实线线型。在使用一种线型之前，应先在线型管理器对话框中点击"加载"按钮，根据表 12-1 中的线型规范将相应的线型装载到所设定的图层中，如图 12-3 所示。

在设置非连续线型时，为确保正常显示，应根据所绘制图形比例来设置线型比例。改变线型比例可以通过输入"Ltscale"命令来完成。例如绘图比例为 1∶5 的缩小比例，则线型比例应设置为 5。

图 12-3 线型管理器

对于每一图层的线宽设置一般有两种方法：第一种可以在图 12-2 的图层特性管理器中选定一个图层，单击该层的缺省线宽，此时会弹出如图 12-4（a）所示的对话框，在该对话框中选择线宽；第二种是在命令行输入"lw"，弹出如图 12-4（b）所示的对话框，可以在其中修改线宽值、线宽单位，以及线宽默认值。系统默认线宽为 0.25mm，可根据表 12-1 对相应图层的线宽进行选择。

(a)

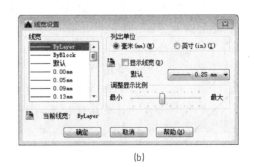

(b)

图 12-4 线宽对话框

为区分不同线型，可以为不同的图层设置不同颜色。在图 12-2 图层特性管理器对话框中选定一个图层，单击该图层的缺省颜色，会弹出选择颜色对话框，如图 12-5 所示，选择颜色对话框中的"索引颜色"提供了 248 种颜色，用户可以选择所需要的颜色，也可以用

图 12-5　选择颜色对话框

"真彩色"和"配色系统"自己配色。

AutoCAD 2016 提供了一组状态开关用以控制图层状态属性，分别为开/关，隔离/取消隔离，冻结/解冻，锁定/解锁，设置当前/匹配图层等。在图 12-1 中可找到相应按钮，当鼠标放到相应按钮上方时，会有中文提示出现。

12.2　平面图形的绘制与编辑

AutoCAD 采用"实时交互"的命令执行方式，用户在绘制图形时，需要根据所绘图形的要求输入一定的参数。本节着重介绍 AutoCAD 2016 中几种最常用的图形绘制与编辑命令。

12.2.1　直线（L）

直线是图形中最常见、最简单的实体，在 AutoCAD 中可以用直线命令一次画一条线段，也可以连续画多条线段，其中每一条线段都是相互独立的实体。

命令方式如下。

菜单栏：选择"绘图"菜单→"直线"命令或在"绘图"工具栏中单击"直线"按钮。或在命令行中键盘输入"L"命令。

［例 12-1］　用直线绘制图 12-6 所示图形。

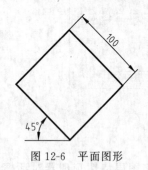

图 12-6　平面图形

绘图步骤为如下。

选择"工具""草图设置"选项，打开"草图设置"对话框，在"对象捕捉"选项卡中，选中"端点""中点"两个复选框。在"极轴追踪"选项卡中设置"增量角"为 45°，然后单击"确定"按钮。极轴追踪、对象捕捉和对象追踪均打开。

输入直线命令：L。

指定第一点：在屏幕上单击，确定第一点。

指定下一点或［放弃（U）］：100↙。

鼠标向右上移动出现 45°极轴追踪时，键盘输入长度值。

指定下一点或［放弃（U）］：100↙。

指定下一点或［闭合（C）/放弃（U）］：100 ↙。

指定下一点或［闭合（C）/放弃（U）］：C ↙。

闭合完成绘制。

最后通过图层修改其线宽。

12.2.2 多段线（PL）

多段线用于绘制连续的等宽或不等宽的直线或圆弧。

命令方式如下。

菜单栏：选择"绘图"菜单→"多段线"命令或在"绘图"工具栏中单击"多段线"按钮。或在命令行中键盘输入 PL 命令。

［例 12-2］ 绘制图 12-7 所示图形。

绘图步骤如下。

输入 PL ↙。

指定起点：单击绘图区（指定多段线的起点）。

再次单击绘图区，绘制左端直线。

图 12-7　绘制多段线箭头

指定下一点或［圆弧(A)/半宽(H)/长度(L)/放弃(U)/宽度(W)］：W ↙。

Pline 指定起点宽度［0.0000］：3 ↙。

Pline 指定端点宽度［3.0000］：0 ↙。

拉鼠标到合适位置即可完成作图。

12.2.3 圆与圆弧（C&ARC）

圆和圆弧是工程绘图中一种最常见的基本实体，AutoCAD 提供了多种圆和圆弧的绘制方法，下面分别加以介绍。

（1）圆（C）

在命令行中输入 C 或鼠标点击绘图工具栏中的圆命令图标，就可以根据命令行提示方法进行圆的绘制。其命令行提示为"指定圆的圆心或［三点（3P）/两点（2P）/切点、切点、半径（T）］；"，可以依据图形需要进行选择。

（2）圆弧（ARC）

在命令行中输入 ARC 或鼠标点击绘图工具栏中的圆命令图标，就可以根据命令行提示方法进行圆的绘制。其命令行提示为："指定圆弧的起点或［圆心（C）］；"，同样可以依据图形需要进行选择。

［例 12-3］ 利用圆和圆弧命令绘制如图 12-8 所示的圆弧连接。

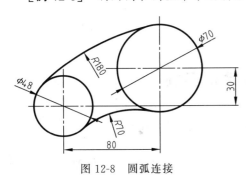

图 12-8　圆弧连接

绘图步骤如下。

图层设置及草图设置与前面所述相同。注意在不同图层上绘制不同线型。设置完成后开始绘制中心线，首先点击直线命令，以绘图区任意位置为起点绘制一组相交直线，然后根据图中尺寸利用直线的固定长度画法绘制另一组中心线，如图 12-9 所示。

在命令行输入"C"或点击草图绘制当中的

圆命令通过指定圆心输入半径的方法绘制直径为 48mm 和 70mm 的圆，如图 12-10 所示。

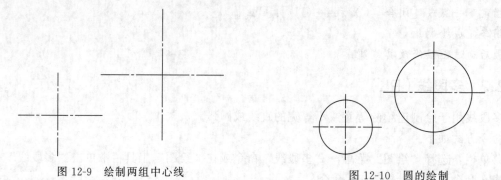

图 12-9　绘制两组中心线　　　　　　　　图 12-10　圆的绘制

　　绘制两段连接圆弧，具体方法与尺规作图法类似，首先找到半径为 180mm 和 70mm 的两圆弧圆心。经过分析可知，半径为 180mm 的圆弧与两圆相内切，半径为 70mm 的圆弧与两圆相外切，因此可通过半径相减和相加得到圆心位置。具体步骤为：

　　① 以 φ48mm 圆的圆心为圆心，以 180～24mm 为半径在下方画弧。

　　② 以 φ70mm 圆的圆心为圆心，以 180～35mm 为半径在下方画弧。两弧的交点即为圆心。将两弧交点与两圆的圆心连接并延长，交于两圆上方两个点，最后通过圆心画圆弧命令绘出如图 12-11 所示的图形。

　　③ 绘制好以后，删去多余的辅助图线。

　　同理，绘制半径为 70mm 的外切圆弧也是要先找到其圆心，步骤为：

　　① 以 φ48mm 圆的圆心为圆心，以 70mm＋24mm 为半径在下方画弧；

　　② 以 φ70mm 圆的圆心为圆心，以 70mm＋35mm 为半径在下方画弧。两弧的交点即为圆心。将两弧交点与两圆的圆心连接，交于两圆下方两个点，最后通过圆心画圆弧命令绘出如图 12-12 所示的图形。

　　③ 删除多余图线，完成作图。

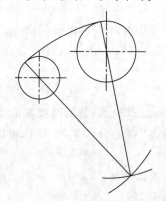
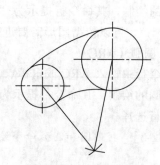

图 12-11　内切弧画法　　　　　　　　图 12-12　外切弧画法

12.3　平面图形绘制实例

12.3.1　平面图形绘制实例 1——圆弧连接

　　本节以图 12-13 为实例介绍平面图形的基本命令及 AutoCAD 2016 中的修改命令。绘制平面图形时应对图形进行线段分析和尺寸分析，根据定形、定位尺寸确定绘图顺序，按照先绘制定位尺寸后绘制定形尺寸的顺序完成作图。

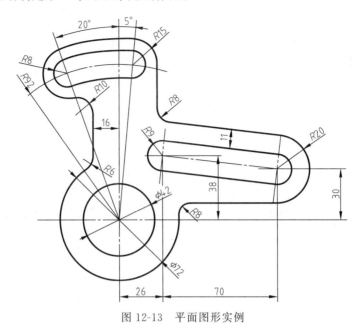

图 12-13　平面图形实例

（1）图形分析

绘图之前应首先分析尺寸类型，即定形、定位尺寸。本例中，定形尺寸为：$\phi 72$、$\phi 42$、$R8$、$R6$、$R15$、$R20$、$R9$；定位尺寸为：$R92$、$20°$、$5°$、16、11、38、30、26、70。

设置绘图环境，包括极轴、对象捕捉、图层等设置。按照给定图形特点，图层应包括中心线层、轮廓线层以及尺寸线层等。

本例中的绘图基准是 $\phi 72$ 和 $\phi 42$ 圆的中心线，然后使用直线、圆、圆角命令绘制出各个轮廓线，最后使用 AutoCAD 2016 中的修改命令完成图形。

（2）绘图步骤

① 设置图层。按照图形要求，打开图层特性管理器，设置图层、颜色、线型和线宽。

在屏幕偏左位置绘制两条正交中心线，该中心线交点为 $\phi 72$ 和 $\phi 42$ 圆的圆心，也是该图形的尺寸基准，如图 12-14 所示。

② 设置极轴和对象捕捉。在状态栏的"极轴追踪"按钮上单击鼠标右键，选择"正在追踪设置"，在弹出的对话框中选择增量角为 $90°$。不要关闭该窗口，在上方右侧点击"对象捕捉"，选择"交点""切点""圆心""端点""中点"，然后启用对象捕捉，确定即可。

③ 绘制其他基准线。图形中 $R92$ 的中心线，可通过圆心画圆弧的方法绘制，以图12-14所示的中心线交点为圆心、92 为半径逆时针绘出 $R92$ 的中心线；与铅垂中心线的夹角分别为 $5°$、$20°$的中心线可通过直线命令，点击 tab 后输入角度得到，如图 12-15 所示。

④ 图中 $R9$ 及 $R20$ 的圆心中心线可采用辅助线法进行绘制，具体步骤为：根据水平定位尺寸 26、70 以及铅垂定位尺寸 38、30 分别绘制两组相交中心线，交点设为 O_1 和 O_2，连接 O_1O_2，如图 12-16 所示，然后应用 AutoCAD 2016 的参数化功能中的几何约束选择垂直，绘制 O_1O_2 的两条垂直直线，得到图 12-17 所示中心线。参数化功能如图 12-18 所示，其左侧部分为几何约束。

图 12-14 绘制中心线

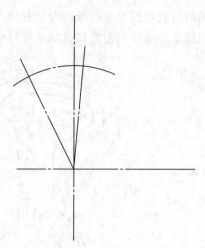

图 12-15 绘制基准线

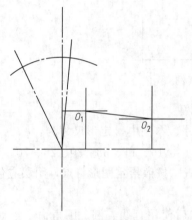

图 12-16 绘制辅助线

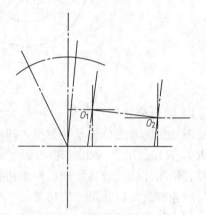

图 12-17 绘制右侧中心线

图 12-18 参数化功能

　　最后选择全部图线，应用图层命令将其变为中心线。

　　⑤ 绘制已知弧线。首先调用圆命令，启动对象捕捉功能，以基准点为圆心分别画出 $\phi72$ 和 $\phi42$ 的圆轮廓，如图 12-19 所示。然后利用圆弧命令绘制 $R8$、$R15$、$R20$、$R9$ 四段圆弧。具体方法如前所述，点击圆弧命令，以各中心线交点为圆心，分别以 8、15、20、9 为半径画出 7 段圆弧，如图 12-20 所示。此时，已知弧全部绘制完成。

　　⑥ 绘制各圆弧连线。图 12-13 所示的图形中，各圆弧连线有弧线和直线两种，根据尺寸分析，两段半径为 $R15$ 的圆弧是由圆弧连接而成的，两段 $R8$ 的圆弧也是由圆弧连接而成的，其方法为点击圆弧命令或输入 "ARC"，输入 "C" 执行圆心半径画圆弧，以

$\phi72$圆心为圆心，以$R15$圆弧与右侧中心线交点为起点逆时针绘制圆弧，同样方法绘制另外两条连接圆弧。当出现多余图线时，可通过修剪命令剪掉多余部分，修剪命令在修改工具栏中，可点击也可输入"TR"进行调用。调用后根据命令行的提示，首先选择要修剪到的边界，回车，然后再点击要修剪的对象，就完成了图形的修剪。如图 12-21 所示，直线连接相对较为简单，主要是应用交点捕捉画直线，同时应用偏移法绘制等距直线。

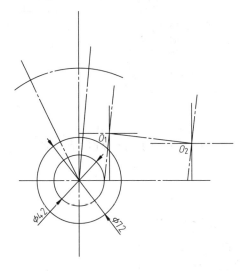

图 12-19　绘制已知圆

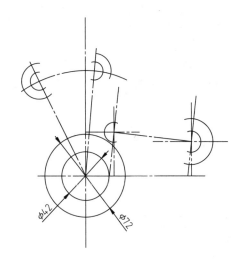

图 12-20　圆弧绘制

具体步骤如下。

绘制距离铅垂中心线为 16 的直线，应用偏移法绘制，首先点击偏移命令或输入"O"回车，在命令行出现以下提示：OFFSET 指定偏移距离或［通过（T）/删除（E）/图层（L）］＜通过＞：　　＊取消＊。

此时输入偏移距离 16↙，命令行出现以下提示：选择要偏移的对象，或［退出（E）/放弃（U）］＜退出＞。

鼠标点击铅垂中心线，在左侧点击鼠标即可。然后应用图层命令修改线型。

$R10$ 和 $R6$ 两段圆弧连接可通过圆角来实现，具体方法为，点击修改工具栏中的圆角命令或输入"F"，命令行会出现以下提示：选择第一个对象或［放弃（U）/多段线（P）/半径（R）/修剪（T）/多个（M）］。

此时输入"R"↙，出现提示：指定圆角半径＜0.0000＞。

输入"10"↙：此时光标会变成小方块，然后点击刚才所偏移 16 的直线和半径为 $R15$ 的左侧圆弧就得到了 $R10$ 的连接弧。应用同样的方法可得到 $R6$ 的连接弧，如图 12-22 所示。

过 $R20$ 与铅垂中心线的交点，做水平线与 $\phi72$ 的圆相交，应用上述圆角命令画出 $R8$ 的圆弧。利用修剪命令剪掉多余图线。连接 $R9$ 的圆弧与 L_1 和 L_2 的交点，作出两条平行直线，如图 12-23 所示，然后应用偏移命令将上方直线向上偏移 11mm。过上端 $R15$ 圆弧最右端点作任意长度铅垂线，再通过圆角命令得到 $R8$ 的连接圆弧，应用修剪命令剪掉多余图线。最后通过图层命令将轮廓线变为粗实线。如图 12-24 所示完成作图。

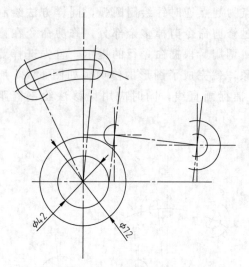

图 12-21　连接圆弧的绘制

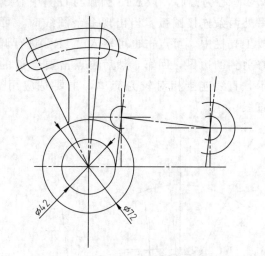

图 12-22　连接直线及圆弧的绘制

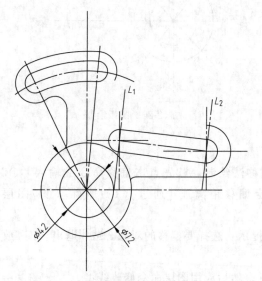

图 12-23　绘制连接直线

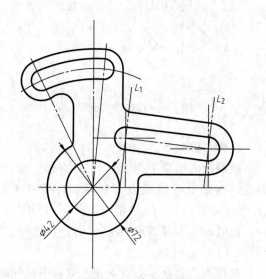

图 12-24　完成绘图

12.3.2　平面图形绘制实例 2——三视图绘制

根据所给尺寸绘制图 12-25 所示图形。

① 启动 AutoCAD 2016。

② 设置图形范围。

格式——图形界限。

指定左下角点或 [(ON)/(OFF)]：在屏幕上任拾取一点。

指定右上角点：@210，297。

格式——图像界限。

重新设置模型空间界限：

指定左下角点或 [(ON)/(OFF)]：ON

命令：＜栅格开＞。

③ 设置图层、线型、颜色。

④ 布置视图，完成完整圆柱体的三视图。

a. 初始设置。按下状态栏上的"极轴""对象捕捉""对象追踪"按钮，打开"极轴追踪""固定对象捕捉""对象捕捉追踪"命令。

b. 设置极轴。鼠标右击"极轴"按钮，选"设置"选项，在"极轴追踪角设置"里选择"45°"，在"对象捕捉追踪设置"里选择"沿所有极轴角设置追踪"。

c. 设置图层。将点画线层设为当前层，单击"直线"图标或在命令行输入"L"，绘制俯视图的两条相交中心线，重复直线命令从俯视图的竖直中心线向上垂直拖动鼠标，将出现捕捉追踪辅助线，拖动到适当位置画主视图中

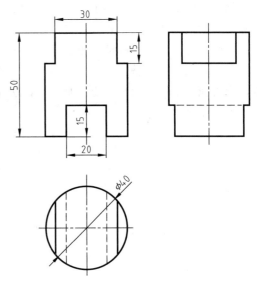

图 12-25　三视图图形

心线，然后在主视图轴线上方向右拖动鼠标，在适当位置绘制左视图铅垂中心线，如图12-26所示。

d. 绘制圆。将粗实线层设为当前层，单击"圆"图标或输入"C"回车，捕捉到俯视图中心线交点为圆心，输入半径值为"20"绘出圆柱体俯视图。

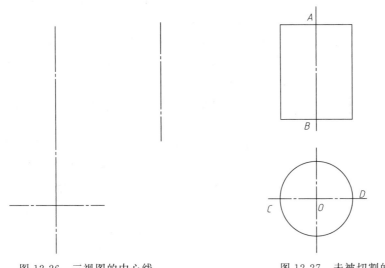

图 12-26　三视图的中心线　　　　图 12-27　未被切割的圆柱三视图

e. 绘制原始形体三视图。单击"直线"图标，捕捉到点"C"垂直向上拖动鼠标，出现追踪辅助线，拖动到适当位置单击鼠标左键作为直线起点（圆柱主视图左下角点），鼠标水平向右拖动和"D"点对齐绘出直线，继续用鼠标垂直向上导向输入距离"50"画线，向左水平导向和"C"点对齐画线，然后输入"C"回车闭合图形，完成圆柱体的主视图。单击"复制"图标，选择圆柱主视图为复制对象，鼠标拾取主视图上端线中点为基点，向右水平拖动到与左视图中心线相交位置后单击左键确定，完成左视图的绘制，如图12-27所示。

f. 绘制圆柱体上部的缺口和下部的开槽。将粗实线层设为当前层，单击"直线"图标，

捕捉到图 12-28 中 "A" 点向左水平拖动鼠标，输入距离 "15" 作为直线起点，向下垂直拖动鼠标，输入距离 "15" 画线，向左水平拖动鼠标捕捉到与圆柱最左素线交点画线。利用镜像命令画出另一半。画底部开槽的主视图的方法与刚才所述类似，捕捉到图 12-28 中 "B" 点向左水平拖动鼠标输入 "10" 回车，作直线起点，向上垂直拖动鼠标输入距离 "15" 画线，向右拖动鼠标到中心线交点画线，再次应用镜像命令画出右半部分，然后使用修剪命令擦去多余图线。

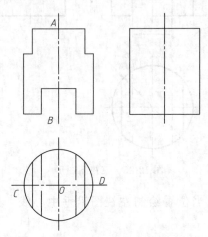

图 12-28　主俯视图切口画法

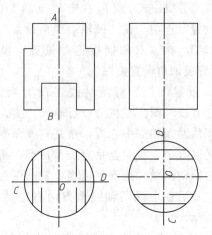

图 12-29　旋转俯视图至左视图正下方

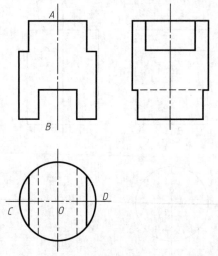

图 12-30　完成作图

单击直线 "图标"，根据主视图的切口宽度，按照相应的追踪路径和对齐方法向下垂直拖动鼠标捕捉到与圆交点作为直线起点，继续向下捕捉到与圆另一个交点画线。同理绘制开槽的俯视图，如图12-28所示。

绘制左视图，可利用俯视图旋转法完成。首先全部选中俯视图按 Ctrl＋C 进行复制，也可以点击鼠标右键选择复制。按 Ctrl＋V 将所复制的俯视图粘贴到视图适当位置得到俯视图复本，然后点击 "修改" 工具栏中的 "旋转" 命令，命令行提示 "选择对象" 时，选中俯视图复本并回车，命令行提示 "选择基点"，此时鼠标点击 D 点后逆时针旋转 90°，点击鼠标完成旋转，点击 "修改" 工具栏中的 "移动" 命令，选中所旋转的图形，指定圆心为基点，利用极轴追踪移动至左视图中心线正下方位置，如图 12-29 所示。

最后利用 "对象捕捉" 和 "极轴追踪" 命令根据机械制图所学的三视图投影原理绘制左视图切口。通过图层命令修改线型和线宽完成作图，如图 12-30 所示。

第13章 尺寸标注、创建文字与表格

尺寸标注是向图纸中添加的测量注释，它是一张设计图纸中必不可少的组成部分。尺寸标注可精确地反映图形对象各部分的大小及其相互关系，是指导施工的重要依据。本章将着重介绍尺寸标注样式的设置以及各类尺寸标注命令的使用及操作方法。

13.1 尺寸标注样式设置

通常在进行标注之前，应先设置好标注的样式，如标注文字大小、箭头大小以及尺寸线样式等尺寸标注元素，这样在标注操作时才能统一。

执行"注释——标注"命令（注：该命令位于图 13-1 所示"注释——标注"对话框右下角的斜箭头位置），打开"标注样式管理器"对话框，单击"新建"按钮，如图 13-2 所示。

图 13-1 "注释——标注"对话框

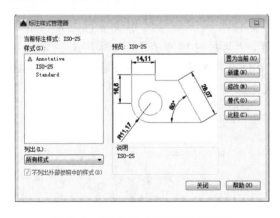

图 13-2 "标注样式管理器"对话框

图 13-3 "创建新标注样式"对话框

在"创建新标注样式"对话框中，输入新样式名，新样式名设置为"机械样式"，如图 13-3 所示，单击"继续"按钮，出现如图 13-4 所示的"新建标注样式"对话框。

13.1.1 设置"线"选项卡

在图 13-4 所示的"线"选项卡中有尺寸线区和尺寸界线区，尺寸线区可设置尺寸线的颜色、超出标记、基线间距，控制是否隐藏尺寸线。系统默认的基线间距为 3.75。尺寸界线区可设置尺寸界线的颜色、线宽、超出尺寸线的长度及起点偏移量，还可以控制尺寸界线

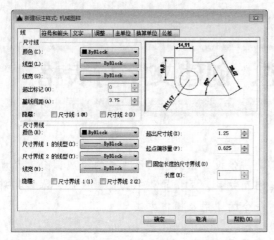

图 13-4 "新建标注样式"对话框

是否隐藏。系统默认的起点偏移量为 0.625，超出尺寸线值为 1.25。

13.1.2 设置"符号和箭头"选项卡

单击图 13-4 所示的"符号和箭头"选项卡，会弹出"符号和箭头"对话框选项卡，如图 13-5 所示，用以设置尺寸箭头、圆心标记、弧长符号以及半径标注等方面的格式。其中箭头区用以选择尺寸线和引线箭头的种类和定义它们的尺寸大小。对于机械图样来说，尺寸终端的形式采用实心箭头，箭头长度系统默认为 2.5。圆心标记区用于控制圆心标记的类型和大小。

13.1.3 设置文字选项卡

单击"文字"选项卡，弹出"文字"对话框，见图 13-6，用于调整尺寸文字的外观、位置及对齐方式。文字外观区中，文字样式默认为 Standard 文字样式（字体调整为 ghenor. shx），文字高度设置要根据图幅大小来确定，A4、A3 设置为 2.5，大于 A3 号设置为 5。文字位置用于控制文字的垂直、水平位置以及距尺寸线的偏移量。垂直列表中有"居中""上""外部""JIS"和"下"这 5 个选项，水平列表框用于控制标注文字在尺寸线方向上相对尺寸界线的位置。在尺寸偏移列表框中可设置尺寸线与标注文字间的距离。文字对齐区可控制标注文字是保持水平还是与尺寸线平行，有三个单选按钮分别为"水平"——标注文字为水平放置，"与尺寸线对齐"——标注文字方向与尺寸线方向一致，"ISO 标准"——标注文字按 ISO 标注放置。当标注文字在尺寸界线之内时，它的方向与尺寸线方向一致，在尺寸界线之外时为水平放置。不同选项对应所标注的文字位置，在下拉菜单中选择不同选项时，右上方的预览会相应改变以方便用户选择合适的标注样式。

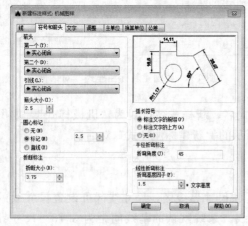

图 13-5 "符号和箭头"对话框

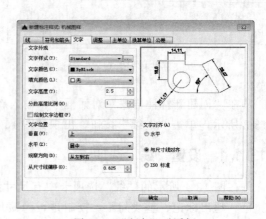

图 13-6 "文字"对话框

13.1.4 设置"调整"选项卡

"调整"选项卡如图 13-7 所示，其中调整选项区用于确定当尺寸界线之间没有足够的空间同时放置标注文字和箭头时，应首先从尺寸界线之间移出的对象（文字或箭头）。其缺省设置为"文字或箭头（最佳效果）"，系统自动将文字或箭头选择最佳位置放置。文字位置区决定了文字的相对位置，默认的位置是两尺寸界线之间，如无法放置时则可选择放置位置，如图 13-8 所示。标注特征比例区可以设置标注尺寸的特征比例，其中，"使用全局比例"可以对全部尺寸标注设置缩放比例，该比例不改变尺寸的测量值；"将标注缩放到布局"可以根据当前模型空间视口与图纸空间之间的缩放关系设置比例。优化区可以对标注文本和尺寸线进行细微调整，该选项有两个复选框分别为"手动放置文字"和"在尺寸界线之间绘制尺寸线"，前者忽略标注文字的水平设置，在标注时将标注文字放置在用户指定的位置，后者在尺寸箭头放置于尺寸界线之外时，也在尺寸界线之内绘出尺寸线。

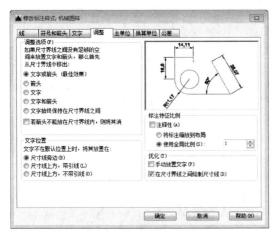

图 13-7　调整选项卡

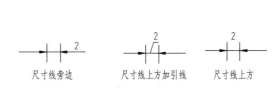

图 13-8　文字位置设置

13.1.5 设置"主单位"选项卡

"主单位"选项卡包括"线性标注"区和"角度标注"区两部分，"线性标注"区用于设置线性标注的单位格式和尺寸精度，"角度标注"区的设置与"线性标注"区类似，如图 13-9 所示。

13.1.6 设置"换算单位"选项卡

如图 13-10 所示在"换算单位"选项卡中可以选择显示换算单位复选框，此时在标注文字中将同时显示以两种单位标识的测量值，如图 13-11 所示，主值以毫米为单位，后面括号中的尺寸数值以英寸为单位，其位置可设置在主值的后方或下方。

13.1.7 设置"公差"选项卡

如图 13-12 所示的"公差"选项卡有 4 个区域，分别为"公差格式"区、"公差对齐"区、"消零"区和"换算单位公差"区。"公差格式"区中的"方式"文本框用于设置公差的形式，有 5 种形式可供选择，分别为"无""对称""极限偏差""极限尺寸"和"基本尺寸", 如图 13-13 所示。"精度"用于设置公差小数的位数。"上偏差"和"下偏差"用于设置偏差值。应注意, 系统是默认上偏差为"+", 下偏差为"-"。上下偏差同时为"+"或"-"时, 可作相应调整。"高度比例"是设置公差的文字高度相对于标注文字的高度, AutoCAD 2016 默认为 1。"垂直位置"是控制公差与标注文字的对齐方式, 如图 13-14 所示。"消零"功能与"主单位""换算单位"选项卡中的消零功能相同。

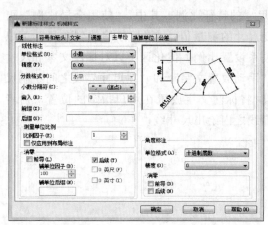

图 13-9 "主单位"选项卡

图 13-10 "换算单位"选项卡

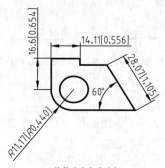

(a) 换算值在主值后方

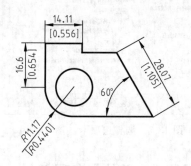

(b) 换算值在主值下方

图 13-11 换算单位的显示

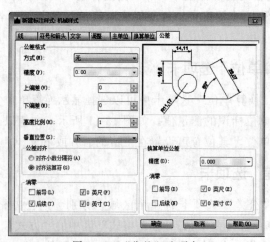

图 13-12 "公差"选项卡

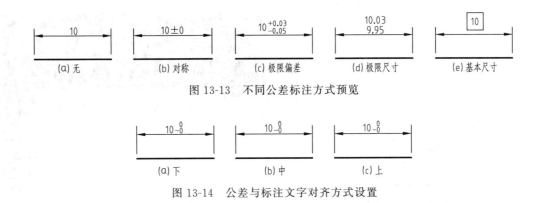

图 13-13　不同公差标注方式预览

图 13-14　公差与标注文字对齐方式设置

13.2　尺　寸　标　注

尺寸标注命令是设置了标注样式后，进行标注时必须采用的，专用于标注的集合。本节有针对性地对若干图形实例进行标注，同时讲解尺寸标注命令的使用方法和技巧。

13.2.1　线性标注

线性标注命令用于标注用户坐标系 XY 平面中的两个点之间距离的测量值，可以指定点或选择一个对象，如图 13-15 所示。图中尺寸 42.5 即是线性尺寸，其标注步骤为：

① 点击"线性标注"对话框（在图 13-1 中文字"线性"的位置）。

② 在标注图样中利用捕捉功能，指定左右铅垂中心线的下端点，此时 AutoCAD 提示："指定第一个尺寸界线原点或＜选择对象＞：捕捉第一个端点
　　　　　　//指定第一条尺寸界线的原点"

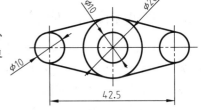

图 13-15　线性标注

"指定第二个尺寸界线原点或＜选择对象＞：捕捉第二个端点　　　　//指定第二条尺寸界线的原点"

③ 根据提示进行其他选项的操作：

"指定尺寸线位置或［多行文字（M）/文字（T）/角度（A）/水平（H）/垂直（V）/旋转（R）］：H↙　　//指定线性标注类型"

④ 拖动确定尺寸线的位置，标注出尺寸 42.5。

13.2.2　对齐标注

在使用线性标注尺寸时，若直线的倾斜角度未知，那么将无法得到准确的结果，此时可以使用对齐标注命令，如图 13-16 所示。其步骤为：在标注下拉菜单中选择"对齐"，如图 13-17 所示，此后标注方法与线性标注一致，即利用捕捉找到两个尺寸界线的原点，拖动鼠标，在所标注轮廓线外适当位置处单击确定尺寸线的位置。

13.2.3　角度标注

使用角度标注可以测量圆和圆弧的角度，两条直线间的角度或三点之间的角度，如图

图 13-16　对齐标注

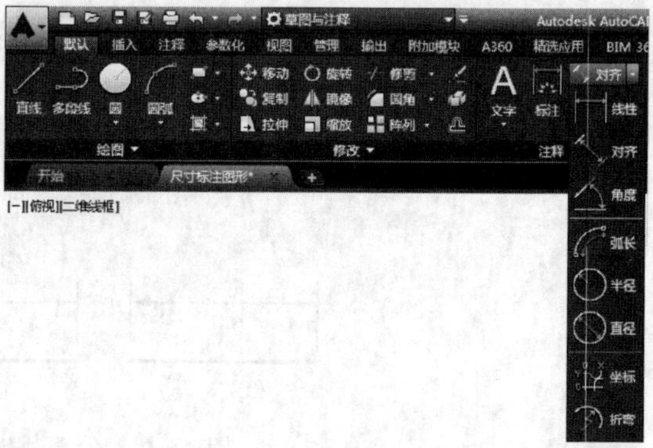

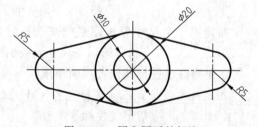

图 13-17　标注下拉菜单

13-18 所示。两直线间夹角为 45°，其标注步骤为：在如图 13-17 所示的标注下拉菜单中选择"角度"选项，命令行中出现如下提示：

　　选择圆弧、圆、直线或<指定顶点>：单击直线　　//选择标注对象的一条直线

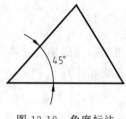

图 13-18　角度标注

　　选择第二条直线：单击直线　　//选择另一条斜边

　　指定标注弧线位置或[多行文字（M）/文字（T）/角度（A）/象限点（Q）]：拉出鼠标

在合适位置点击　　　　　　　　//确定标注位置

同理可根据命令行提示，标注"圆""圆弧"以及三点间的角度。

13.2.4　圆和圆弧的标注

在 AutoCAD 2016 中，使用半径或直径标注命令，可以标注圆和圆弧的半径或直径，使用圆心标注可以标注圆心位置。在标注时，系统会根据用户的选择自动在尺寸数字前方添加 R 或 ϕ。注意，根据国家标准，小于等于半圆的圆弧标注半径"R"，大于半圆的圆弧包括圆都标注直径"ϕ"，如图 13-19 所示。

13.2.5　坐标标注

坐标标注命令以当前 UCS 的原点为基准，显示任意图形点的 X 或 Y 轴坐标，其过程如下。

图 13-19　圆和圆弧的标注

点击图 13-17 所示下拉菜单的"坐标"。

指定点坐标：单击小圆圆心　　　　　//利用对象捕捉选择小圆圆心点

指定引线端点或[X 基准（X）/Y 基准（Y）/多行文字（M）/文字（T）/角度（A）]：拖动鼠标在合适位置单击　　　　　　　　//选择引线位置

此时可得到如图 13-20 所示的标注形式（注：下方大圆的 Y 坐标标注方法同上）。

13.2.6　尺寸公差标注

尺寸公差是为了有效控制零件的加工精度，许多零件图上需要标注极限偏差或公差带代

号，它的标注形式是通过标注样式中的格式来设置的，如前所述，以图 13-21 为例介绍尺寸公差的标注方法：

① 根据 13.1 节中所讲的新建标注样式方法创建新的样式；

② 在图 13-12 所示的公差选项卡中设置"方式"为"极限偏差"；

③ 在"精度"栏的"上偏差"输入"0.03"，"下偏差"输入"0.02"，"高度比例"设置为"1"，"垂直位置"设置为"下"；

④ 注出直径 $\phi18$；

具体作法：使用分解命令将标注分解后在数字 18 前方确定光标后通过键盘键入％％c。

⑤ 上、下偏差的标注：

在标注线上点击鼠标右键选择所新建的标注样式就可得到如图 13-21 所示的结果。

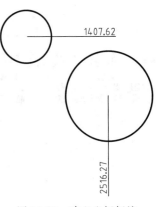

图 13-20 建立坐标标注

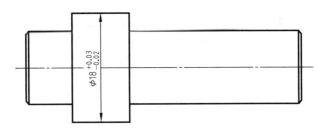

图 13-21 尺寸公差

13.2.7 形位公差标注

形位公差在机械制图中极为重要，形位公差控制不好，零件就会失去正常的使用功能，装配件就不能正确装配。形位公差标注常和引线标注结合使用，其标注步骤如下：

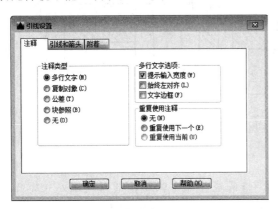

图 13-22 "修改多重引线样式"对话框

① 在命令行中输入"QL"并回车，打开快速引线。

命令行提示：

指定第一个引线点或［设置（S）］＜设置＞：↙   //引线设置

② 按回车键，打开"修改多重引线样式"对话框，如图 13-22 所示，在"注释类型"区中选择"公差"，然后单击"确定"按钮，在图形中创建引线，这时将自动打开"形位公差"对话框，如图 13-23 所示。

③ 单击"符号"框，打开"符号"对话框，如图 13-24 所示，在"符号"对话框中选择形位公差符号◎（注：该符号为同心度符号）。

④ 根据形位公差表示原则，在公差 1 框中填写形位公差值 $\phi0.35$，在基准 1 中填写

A—B。

　　⑤ 单击"确定"按钮，标注结果如图 13-25 所示。

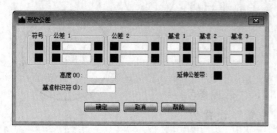

图 13-23　"形位公差"对话框

图 13-24　公差特征符号

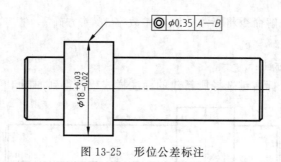

图 13-25　形位公差标注

13.2.8　标注实例

　　[**例 13.1**]　绘制图 13-26 所示的支座并标注尺寸。

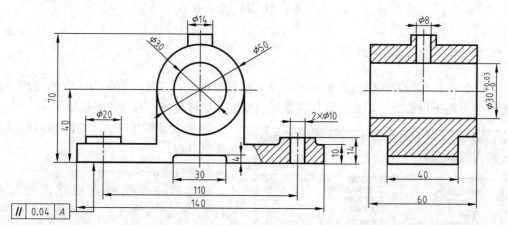

图 13-26　支座两视图

　　绘图步骤分解如下所述。

　　① 建立图层：分别建立中心线、细实线、粗实线、尺寸线层、剖面线层，并根据表 12-1 设置各层线型、线宽及颜色等。

　　② 用绘图、编辑、填充等命令完成主、左视图绘制，具体方法可参考 12 章所讲内容。

　　③ 标注基本尺寸。

　　a. 标注长度尺寸 140、110、30，高度尺寸 4、10、14、40、70，宽度尺寸 60、40。具体方法为单击图 13-17 所示标注工具栏下拉菜单中的线性命令，根据命令行提示捕捉所需标注的长、宽、高各线性尺寸的端点，最后点击鼠标确定尺寸线位置即可。需要注意小尺寸在内，大尺寸在外，避免尺寸线与尺寸界线相交。

b. 标注各直径尺寸。单击图 13-17 所示标注工具栏下拉菜单中的直径命令标注 $\phi30$ 和 $\phi50$ 两个尺寸，$\phi20$、$\phi8$、$\phi14$、$2\times\phi10$ 等尺寸可通过线性尺寸标注后双击尺寸数字，在数字前方填加"ϕ"即可（在键盘上键入％％c）。

④ 标注尺寸公差。建立一个新的公差样式，将上偏差设为 0.03，下偏差为 0，标注 $\phi30^{+0.03}_{0}$。

⑤ 标注形位公差。利用引线标注，设置注释为公差形式，标注形位公差 。

13.3 创建文字

在一个完整的图样中，通常包括一些文字注释来标注图样中的一些非图形信息，例如：机械工程图样中的技术要求、装配说明等。

13.3.1 创建文字样式

义字注释是图形中很重要的一部分内容，用户在进行各种设计时，通常不仅要给出图形，为了增加图形的可读性，还要在图形中标注一些文字，因此样式的设置就成为了尺寸标注的重要任务。在 AutoCAD 2016 中，文字样式用于控制图形中所用文字的字体、高度和宽度系数等。在一个图形中可定义多种文字样式，以满足不同对象的需要。

AutoCAD 2016 提供了"文字样式"对话框，通过该对话框可以方便、直观地定制需要的文本样式，或是对已有样式进行修改。

（1）输入命令

在选项卡中点击注释，最左方即是"文字操作"对话框，如图 13-27 所示，点击对话框右下角的小箭头即可打开如图 13-28 所示的"文字样式"对话框。

图 13-27 "文字操作"对话框

图 13-28 "文字样式"对话框

（2）新建样式

默认情况下，文字样式名为 Standard，字体为 Arial，高度为 0，宽度比例为 1。如果要生成新的文字样式，可以点击图 13-28 所示对话框右侧"新建"按钮，打开"新建文字样式"对话框，在"样式名"编辑器中输入文字样式名称，如图 13-29 所示。命名样式后单击"确定"按钮，返回"文字样式"对话框。

图 13-29 "新建文字样式"对话框

（3）其他设置

在"字体"设置区中，设置字体名、字体样式及高度。"效果"设置区，设置字体的效果，如颠倒、反向、垂直和倾斜等。"删除"按钮可删除指定的文字样式。然后单击"应用"按钮，将对文字样式进行的设置应用于当前图形。最后单击"关闭"按钮，保存样式设置。

13.3.2　输入单行文字

用户在绘图过程中，文字是一个不可缺少的信息，当需要标注的文本不太长时，可以创建单行文本，单行文字常用于标注文字、标题块文字等内容。

注释——文字——单行文字

当前文字样式：Standard。文字高度：2.5000。注释性：否。对正：左

　　　　　　　　　　　//显示当前文字样式的高度及对正方向

指定文字的起点或［对正（J)/样式（S)］。

其中，输入"J"选择"对正"选项，可以设置文字的对齐方式；输入"S"选择"样式"选项，可以设置文字使用的样式。

最后依次输入字高、旋转角度并输入相应文字内容即可。

13.3.3　输入多行文字

单行文字只适用于需要标注的文本不太长时，当用户需要创建较为复杂的文字说明时，就需要通过文字编辑器来编辑多行文字。多行文字编辑器相当于 Windows 的写字板，包括一个"文字格式"工具栏和一个文字输入编辑器窗口，可以方便地对文字进行录入和编辑。

注释——文字——多行文字

当前文字样式：Standard。文字高度：2.5。注释性：否

　　　　　　　　　　　//显示当前文字样式的高度及注释性

指定第一角点：单击一点　　　　　//在绘图区域中要注写文字处指定第一角点

指定对角点或［高度（H)/对正（J)/行距（L)/旋转（R)/样式（S)/宽度（W)/栏(C)］。

指定对角点后，AutoCAD 将以两个点为对角点所形成的矩形区域作为文字行的宽度，并打开"文字格式"对话框及文字输入、编辑框，如图 13-30 所示。

图 13-30　"文字格式"对话框及文字输入、编辑框

13.4 表格样式及创建表格

在机械图样中经常要用到表格，如标题栏、零件图中的参数表、装配图中的明细栏等。在 AutoCAD 2016 中可通过创建表格命令来创建数据表，用户可以直接利用表格样式创建表格，也可以自定义或修改已有的表格样式。

13.4.1 新建表格样式

表格样式用于控制一个表格的外观属性，用户可以通过修改已有的表格样式或新建表格样式来满足绘制表格的需要，可利用"表格样式"命令定义表格样式。

（1）输入命令

在选项卡中点击注释，找到表格选项卡，如图 13-31 所示。点击对话框右下角的小箭头即可打开如图 13-22 所示的"表格样式"对话框。在"表格样式"对话框中"新建"按钮用于新建表格样式，"修改"按钮用于对已有的样式进行修改。

图 13-31　表格选项卡

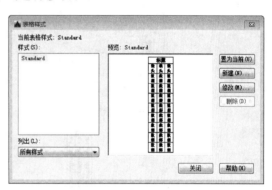

图 13-32　"表格样式"对话框

（2）新建样式

表格样式默认为 Standard，创建新建标题栏时单击图 13-32 中的"新建"按钮，系统打开"创建新的表格样式"对话框，如图 13-33 所示。在"新样式名"文本框中对新样式进行命名，然后单击"继续"按钮，系统打开"新建表格样式"对话框，如图 13-34 所示。

图 13-33　"创建新的表格样式"对话框

图 13-34　"新建表格样式"对话框

（3）设置表格样式

　　"起始表格"选项组：可在图形中指定一个表格用作样例来设置此表格样式的格式，图形中没有表格时可不选。

　　"常规"选项组：用于设置表格方向，有"向上"和"向下"2个选项。

　　"单元样式"选项组：在"单元样式"下拉列表中有"标题""表头""数据"3个选项，可对标题、表头和数据单元的样式分别进行设置。

13.4.2　创建表格

　　在设置好表格样式以后，可以利用"表格"命令创建表格。在"默认"选项组的"注释"选项卡中点击"表格"命令，系统打开"插入表格"对话框，如图13-35所示。在"表格样式"对话框中选择之前新建的样式，"插入选项"中一般选择"从空表格开始"，也可以根据数据类型选择"自数据链接"。"插入方式"选择"指定插入点"或在某窗口中插入。"列和行设置"选项组中可以对行数和列数进行设置。单元格样式中有"标题"、"表头"和"数据"3个选项，可按用户需要进行选择。

图 13-35　"插入表格"对话框

第14章 块操作、外部参考及图纸打印

14.1 块 操 作

在绘图过程中，经常会遇到图形的调用或重复绘制一些图形的情况。此时可以把这些重复的图形（如标准件）定义成一个图块，在需要的时候把它插入到其他图形或装配图中，这样可以避免重复绘制，节省时间，提高效率。

块是一个或多个对象形成的对象集合，这个对象集合是一个单个的实体对象。块操作的优点是能够增加绘图的准确性，提高绘图速度和降低文件所占空间。用户可以使用创建块命令定义块，利用插入块命令在图形中引用块，还可以用写块命令将块作为一个单独的文件存储在硬盘上，使用分解命令将块分解成若干实体。块中还可以带有属性，可根据需要进行设置。

14.1.1 定义块

在"插入"面板（如图 14-1 所示）点击"创建块"按钮，会弹出块定义对话框（见图 14-2），在该对话框中确定块名、块的组成对象以及在插入时要使用的插入点。步骤为：

① 在图 14-2 的"名称"栏中输入块名；

② 单击拾取点按钮，AutoCAD 会暂时关闭块定义对话框，在绘图区拾取一点，该点将作为后期插入块的插入点。随后回到图 14-2 所示的对话框，对话框会显示拾取点的坐标。

③ 单击选择对象按钮，AutoCAD 会再次关闭块定义对话框，在绘图区选择作为块的对象，结束选择后，回到图 14-2 所示的对话框，此时会提示已选择了几个对象。

④ 单击确定，完成块定义。

图 14-1　块工具栏

图 14-2　块定义对话框

14.1.2　插入块

单击图 14-1 左侧"插入"按钮会弹出插入对话框（如图 14-3 所示）。利用块插入对话框可以在图形中插入块或其他图形，在插入的同时还可以改变所插入块或图形的比例与旋转角度。具体操作步骤为：

① 在名称栏的下拉菜单或"浏览"列表中选择要插入的块或存储在计算机上的图形。

② 在比例和旋转区设置比例和旋转角度，用户也可以在屏幕上指定比例和旋转角度。

③ 单击确定按钮。图 14-3 所示的对话框关闭，可看到所插入的块随鼠标移动，可利用极轴追踪及对象捕捉的辅助将块放在需要的位置。

14.1.3　存储块

当定义一个块后，该块只能在该块定义的图形文件中使用。为了能在别的文件中调用，可用写块命令。该命令可将块、对象选择集或一个完整的图形文件写入一个文件中，该文件图形可以被其他图形文件引用。写块命令在"创建块"下拉菜单中选取，也可以使用"wblock"命令调用，如图 14-4 所示，其中目标区用来确定保存文件的名称和保存路径。

图 14-3　插入对话框

图 14-4　写块对话框

14.1.4　块属性定义

在 AutoCAD 2016 中，可以对任意块添加关于该块的附加属性。这些属性就好像是产品说明书，它包含了该产品的各种信息。下面学习块属性的定义、插入及使用方法。

选择图 14-1 块工具栏中的"定义属性"按钮，会弹出块属性定义对话框，如图 14-5 所示。

（1）模式区

模式区可以设置不可见、固定、验证、预置、锁定位置或多行模式。各类模式的功能可依据其名称理解。

（2）属性区

该区提供了 3 个文本框，需要输入属性标记、提示和默认值。

（3）插入点

插入点用于定义插入点的坐标，一般默认为"在屏幕上指定"。

（4）文字选项

文字选项用于定义文本的文字样式、对正类型、文字高度及旋转角度。

图 14-5　块属性定义对话框

14.1.5　块应用实例

AutoCAD 2016 中对块插入的应用以表面粗糙度为主，而软件中并未提供其标注样式，因此标注表面粗糙度时一般要先定义一个具有属性的块，再用插入块的方法来进行标注。下面具体介绍表面粗糙度的插入步骤。

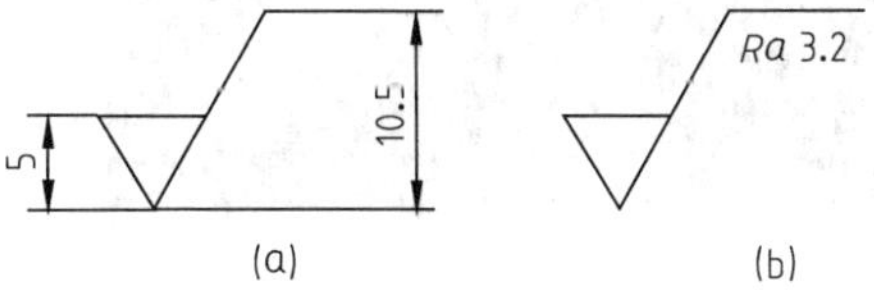

① 应用直线命令绘制表面粗糙度符号，如图 14-6（a）所示。

② 在"插入"工具栏中选择"定义属性"按钮，如图 14-1 所示。在弹出的块属性定义对话框中（如图 14-5 所示），将属性标记设为 $Ra3.2$，将

图 14-6　表面粗糙度块操作

属性提示设为"输入表面粗糙度的值"，将属性的默认值设置为 $Ra3.2$。在文字设置栏中选择"Standard"文字样式，选择"对正"方式为"中上"，文字高度设置为 3.5，单击确定按钮，根据命令行提示指定起点位置，完成定义属性命令［见图 14-6（b）］。

③ 执行块定义命令，注意在选择对象时要将块属性部分也选中，插入点选择正三角形下方顶点，输入块名"CCD-H"。

④ 单击"插入"工具栏"插入块"按钮，在弹出的块插入对话框中选择名称为 CCD-H 的块预览（如图 14-7 所示），指定插入点即可得到表面粗糙度的标注，如图 14-8 所示。

图 14-7　插入块预览

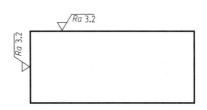

图 14-8　标注示例

14.2　外　部　参　照

外部参照可以将图形作为一个外部参考的附着。外部参照与块有相似的地方，但它们的

主要区别是：一旦插入了块，该块就永久地插入到当前图形中，成为当前图形的一部分；而以外部参照方式将图形插入到某图形后，被插入图形文件的信息并不直接加入到主图形中，主图形只是记录参照的关系，例如，参照图形文件的路径等信息。另外，对主图形的操作也不会改变外部参照图形文件的内容。当打开具有外部参照的图形时，系统会自动把各外部参照图形文件重新调入并在当前图形中显示出来。

14.2.1 附着外部参照

选择"插入"面板的"参照"工具栏中的"附着"按钮（如图14-9所示），可以打开选择参照文件对话框，如图14-10所示，在文件类型中选择"图形（＊.dwg）"。此时可以将图形文件以外部参照的形式插入到当前图形中。点击"打开"按钮会弹出"附着外部参照"对话框，如图14-11所示。

图14-9　插入面板

图14-10　选择参照文件对话框

图14-11　附着外部参照

14.2.2 绑定外部参照

绑定外部参照是将dwg参照转换为标准的内部块定义，在将外部参照绑定到当前图形后，外部参照及其依赖命名对象则成为当前图形的一部分，其操作步骤如下。

① 点击"插入"面板"参照"工具栏的 ⬛ 按钮，弹出外部参照选项板，如图14-12所示。

② 在外部参照选项板中，选择要绑定的参照名称。

③ 单击鼠标右键，然后选择"绑定"命令项，如图14-13所示，打开绑定外部参照对

话框，如图 14-14 所示。

④ 在绑定外部参照对话框中，有"绑定"和"插入"两种方法可以将外部参照绑定到当前图形中。"绑定"是将外部参照中的对象转换为块参照，此种方式将改变外部参照的定义表名称。"插入"也是将外部参照中的对象转换为块参照，但是命名对象定义将合并到当前图形中，不会改变原定义表的名称。

图 14-13　右击菜单

图 14-12　外部参照选项板

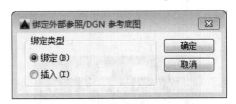

图 14-14　绑定外部参照对话框

⑤ 单击"确定"按钮关闭各个对话框，外部参照则被转换为标准的内部块定义。

14.2.3　编辑外部参照

在 AutoCAD 2016 中，用户可以直接打开参照图形对其进行编辑，也可以从当前图形内部的适当位置编辑外部参照。

（1）在单独窗口中编辑外部参照

① 选择"参照"工具栏的 ⬛ 按钮，弹出外部参照选项板，如图 14-15 所示。

② 在外部参照选项板中选择要编辑的参照名称。

③ 单击鼠标右键，然后选择"打开外部参照"命令项，如图 14-16 所示。

④ AutoCAD 将在新窗口中打开选定的图形参照，在该窗口中用户可以编辑图形，保存图形，最后关闭图形。

（2）在位编辑外部参照

① 单击参照图形，在选项板中选择"在位编辑外部参照"命令，如图 14-17 所示。

② 在当前图形中选择要编辑的参照。如果在参照中选择的对象属于任何嵌套参照，则所有可供选择的参照都将显示在参照编辑对话框中。

③ 在参照编辑对话框中，选择要进行编辑的特定参照，最后单击"确定"按钮。

图 14-15　已附着参照的
外部参照选项板

图 14-16　"外部参照"右击菜单

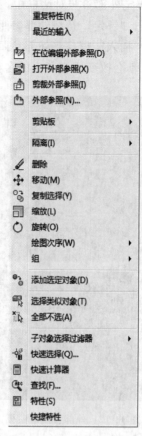

图 14-17　外部参照选项板

④ 在参照中选择要编辑的对象，选定对象将成为工作集，默认情况下，所有其他对象都将锁定和褪色。

⑤ 编辑完工作集中的对象后，单击"参照编辑"工具栏的"保存到参照"命令按钮，工作集中的对象将保存到参照，外部参照将被更新。

14.2.4　管理外部参照

在 AutoCAD 2016 中，用户可以在图 14-17 所示的外部参照选项板中通过"外部参照"选项对外部参照进行编辑和管理。方法为：用户添加任意格式的外部参照文件，在选项板下方的外部参照列表框中根据文件名称选择一个外部参照文件，在下方"详细信息"选项组中显示该外部参照的名称、加载状态、文件大小、参照类型、参照日期及参照文件的存储路径等内容，如图 14-18 所示。

图 14-18　"外部参照"详细信息

14.3 图形的打印与输出

使用 AutoCAD 的最终目的就是将图形打印出来以便相关人员进行查看，或将图形输出为其他格式以便使用其他软件进行编辑或传送。本节着重讲解打印和输出图形的相关知识。

14.3.1 页面设置

正确地设置页面参数，对确保最后打印出来的图形结果能够正确、规范，有着十分重要的作用。在页面设置管理器中，可以进行布局的控制和"模型"选项卡的设置；而在创建打印布局时，需要指定绘图仪并设置图纸尺寸和打印方向。

点击 CAD 文件左上角"文件"按钮 ，在下拉菜单的"打印"弹出菜单中选择"页面设置"打开页面设置管理器对话框，如图 14-19 所示。单击"新建"按钮打开新建页面设置对话框，可以在该对话框中设置新建页面名称及基础样式，如图 14-20 所示。单击图 14-19 所示页面设置管理器中的"修改"按钮可以对选择的页面设置进行修改，如图 14-21 所示。单击图 14-19 的页面设置管理器中的"输入"按钮可以打开从文件选择页面设置对话框，如图 14-22 所示。在此选择并打开需要的页面设置文件，在打开的输入页面设置对话框中单击"确定"按钮，即可将选择的页面设置导入到当前图形文件中。

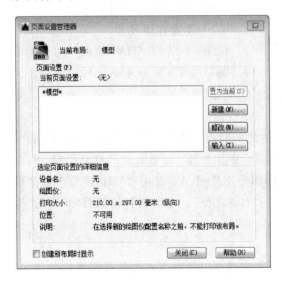

图 14-19　页面设置管理器

图 14-20　新建页面设置对话框

14.3.2 打印图形

在打印图形时，可以先选择设置好的页面作为打印样式，然后直接对图形进行打印，如果没有进行页面设置，则需要先选择相应的打印机或绘图仪器等打印设备，然后设置打印参数。在设置完这些内容后，可以进行打印预览来查看打印效果，如效果满意则打印出来。

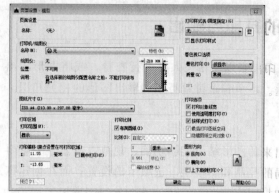

图 14-21　修改页面设置对话框

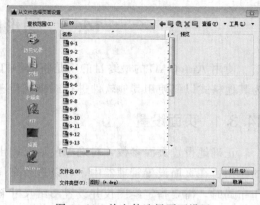

图 14-22　从文件选择页面设置

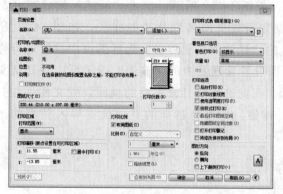

图 14-23　"打印-模型"对话框

（1）选择打印设备

执行"PLOT"命令或选择"文件"→"打印"→"打印"，打开"打印-模型"对话框。在"打印机/绘图仪"选项栏的"名称"下拉列表中列出了已安装的打印机或 AutoCAD 内部打印机的设备名称。用户可以在该下拉列表框中选择需要打印输出的设备，如图 14-23 所示。

（2）设置打印尺寸

在图 14-23 的"打印-模型"对话框中的"图形尺寸"下拉菜单中可以选择不同的打印图纸，用户可以根据自身的需要设置图纸的打印尺寸。

（3）设置打印比例

通常情况下，最终的工程图不可能按 1：1 的比例绘出，图形输出到图纸上必须遵循一定的比例。所以正确地设置图层打印比例，能使图形更加美观。设置合适的打印比例，可以在出图时使图形更完整地显示出来。因此在打印图形文件时，需要在"打印-模型"对话框中的"打印比例"区域中设置打印比例。默认为"布满图纸"，当取消其勾选时即可以进行比例设置。

（4）设置打印范围

设置好打印参数后，在"打印范围"下拉列表中选择以何种方式选择打印图形的范围。如果选择"窗口"选项，单击列表框下方的"窗口"按钮，即可以在绘图区指定打印的窗口范围，确定打印范围后将回到"打印-模型"对话框，单击确定按钮即可开始打印图形。

14.3.3　输出图形

在 AutoCAD 中可以将图形文件输出为其他格式的文件，以便使用其他软件对其进行编辑处理。例如，要在 CorelDRAW 中对图形进行编辑，可以将图形输出为 wmf 格式文件；要在 Photoshop 中对图形进行处理，则可以将图形输出为位图 bmp 格式文件。常用的输出方法为：点击 CAD 文件左上角"文件"按钮，在下拉菜单中选择"输出"，在右侧输出选项中选择所需要的格式，如图 14-24 所示。如没有所需要格式则点击下拉条，在"其他格式"中选择。

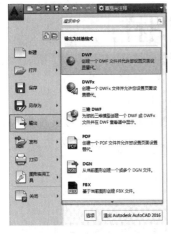

图 14-24　图形输出下拉菜单

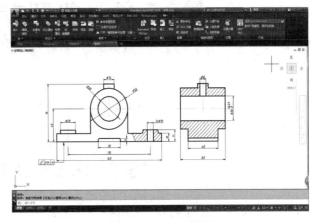

图 14-25　CAD 图形

例如：将如图 14-25 所示的 dwg 文件输出为位图 bmp 的图形文件。

具体步骤为：点击 CAD 文件左上角"文件"按钮 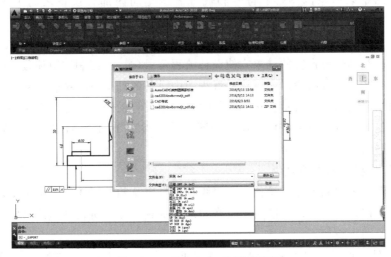，在如图 14-24 所示的图形输出下拉菜单中点击下拉条，选择最下方的"其他格式"，弹出"输出数据"对话框，最后在"文件类型"一栏选择"位图（＊.bmp)"，单击确定，完成输出，如图 14-26 所示。

图 14-26　输出 bmp 位图对话框

第15章　典型专业图样

工程图样是现代化工业生产中必不可少的技术资料，每一个工程技术人员均应熟悉和掌握绘制工程图样的能力。本章重点介绍运用 CAD 软件绘制几种典型专业图样的方法。

15.1　化工专业图样

化工专业图样主要有化工工艺图和化工设备图。其中化工工艺图指的是工艺流程图、设备布置图和管道布置图；化工设备图指的是反应罐、换热器、分离器和储罐等化工设备的装配图。下面以工艺流程图和化工容器图为例，介绍 CAD 绘制化工图样的方法。

15.1.1　工艺流程图

（1）化工工艺流程图样

工艺流程图是以形象的图形、符号和代号表示车间内部各设备之间工艺物料流程的图样。

如图 15-1 所示，是一个乙烯车间的物料流程图。它是在物料衡算和热量衡算后绘制的，主要反映物料衡算和热量衡算的结果，使设计流程定量化。因绘制物料流程图时还尚未进行设备设计，是在初步设计阶段，所以物料流程图中设备的外形不必精确，常采用标准规定的设备简化画法绘制或用符号表示。化工工艺图中常用设备的图形符号如表 10-1 所示。

在绘制化工工艺流程图之前可把所用的图形符号按表 10-1 中的图示先绘制出来，然后定义成块，画图时直接插入即可。

（2）工艺流程图绘图方法

工艺流程图中表达的内容有设备、流程线、物料表及相关标注等。由于工艺流程图大多图形比较简单，都是一些直线、箭头、表格和设备示意图样，所以画图的时候不需要太多的技巧。具体的绘图步骤如下：

① 新建文件，设置图层和文字样式。图层可按设备、流程线、图表、管道等用途不同来设置，也可按粗实线、细实线、中心线和虚线等线型不同来设置，其中只有流程线是粗实线，其余均为细线。文字样式选择宋体，字高根据图纸大小来定，一般默认为 2.5。

② 绘制设备示意图。绘制常用的设备示意图样，定义成块或做成图形库，线型为细实线。画图的时候根据需要直接插入，可自行定义比例。

③ 绘制流程线和箭头。流程线是横平竖直的直线，画图时要注意打开正交模式，所用的线型是粗实线，选择流程线图层。箭头用"多段线"的方法绘制：起点宽度为箭头大端的尺寸，终点宽度为 0，长度即为箭头的长度，绘制好后其他箭头直接复制即可。

④ 绘制物料表。物料表可以用直线自行绘制，也可以使用插入表格的方法获得。在表

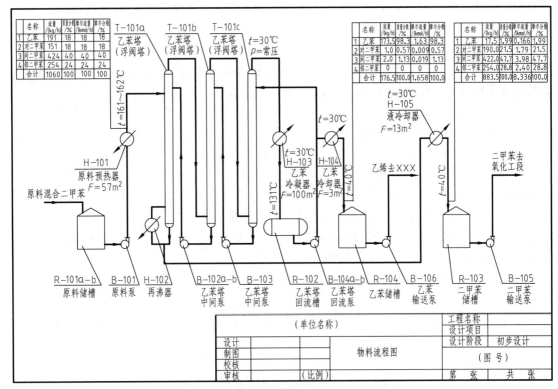

图 15-1　物料流程图

格内详细注出物料变化前后的名称、流量、质量分数、摩尔分数等。

⑤ 文字说明和标注。文字说明推荐使用多行文字命令，便于更改字高和样式。图中的标注多采用引线方式，引出的水平线上方用代号表示设备位号，例如图中的"T-101a"，下方则标注设备的名称、规格和特性数据。

（3）化工工艺图其他常用符号和代号

化工工艺图中常用的还有阀门、管道等元件，在绘图时同样是用简单的图形符号表达的，有关阀门和管道的图形符号如表 10-2 所示。

15.1.2　化工设备图样

化工设备的设计、制造、安装、使用和维修都需要工程图样。化工设备图在内容上与一般机械设备装配图基本相同，但根据化工设备自身结构特点，也存在自身的表达特点。一张完整的化工设备图一般包括：一组视图、必要尺寸、零件号及明细栏、技术要求和标题栏等。

下面简单介绍化工设备中常用的化工容器的绘制方法。

（1）化工设备图例

化工容器是化工设备中最常用的，下面就以立式容器为例，介绍一下化工设备图样的画法。

如图 10-2 所示，该立式容器采用主、俯两个视图来表达设备的主体结构，其中主视图采用全剖视图。为了区分与识别设备上的各种接管，设备上所有的管口（物料进出管口、仪表管口等）均需按拉丁字母顺序编号并注出符号（如 a、b、c、d），其中 c 是人孔，其他为管接口。由于此图是容器装配图，所以是由若干个零件装配而成的，需要标注出零件号和明细栏；技术要求和管口表也是必不可少的。

（2）立式容器绘图方法

① 设置绘图环境。按线型设置图层，分别成粗实线、细实线、中心线、虚线四个图层。此外，文字样式和标注样式也需要按国家标准进行设置。

② 画主体结构。绘制容器主体结构时，可不考虑筒体上的接管，先绘制矩形圆筒主视图，然后采用"椭圆弧"命令画两端的椭圆形封头，最后采用"偏移"命令做成壁厚。根据投影关系作出容器筒的俯视图，注意采用"对象追踪"保证"长对正"。

③ 画接管和人孔。需在主体结构上先用中心线确定接管和人孔的位置，绘制接管可以采用全剖或局剖，本图中筒体部分接管均采用主体全剖，封头部分采用的是局部剖视的画法，人孔的部分采用的也是局部剖视，局剖中的波浪线用"样条曲线"命令绘制。

④ 绘制法兰和支座。法兰的绘制采用的是简化画法，具体连接方式可查阅相关资料。支座的结构也比较简单，一般用直线即可完成绘图。

⑤ 焊缝结构画法。剖视图中的焊缝按焊接接头型式绘制剖面，剖面的涂黑采用"图案填充"命令。

⑥ 标注、文字说明和明细栏。图中的零件号采用引线标注的方法，明细栏可以采用直线按国标规定尺寸绘制，要与零件号一一对应。

15.2 机械专业图样绘制

机械专业图样指的是供机件制造和装配所需的全部图纸资料，大体分为零件图和装配图两种。

15.2.1 零件图图样绘制

零件图的内容主要包括：一组视图、尺寸标注、技术要求和标题栏。如图 15-2 所示，这是一个轴类零件图，下面简单介绍该轴类零件的绘制方法。

（1）设置绘图环境

图中一共需要三种线型，所以设置三个图层即可，分别是轮廓线、细实线和中心线。数字和字母的样式选择"gbeitc.txt"格式。

（2）绘制轴的视图

轴类零件的结构大多比较简单，一个主视图和几个移出断面图即能表达清楚。运用"直线"和"圆"的命令就能绘出轴的主体结构，圆角和倒角可直接运用"修改"工具栏中的"圆角"和"倒角"命令。

（3）尺寸标注

图中普通的标注比较好操作，但是遇到有上下偏差的尺寸时则需要新建标注样式，并在对话框公差中进行设置，如图 15-3 所示。每一种公差都需要设置一个新的标注样式。图15-2中形位公差的标注是在"标注"下拉菜单中的"公差"命令中设置的，具体设置如图15-4 所示。

（4）技术要求

技术要求中文字叙述只需运用多行文字命令输入即可，表面粗糙度的标注需要事先绘制表面粗糙度符号，然后定义成块，使用的时候直接插入。

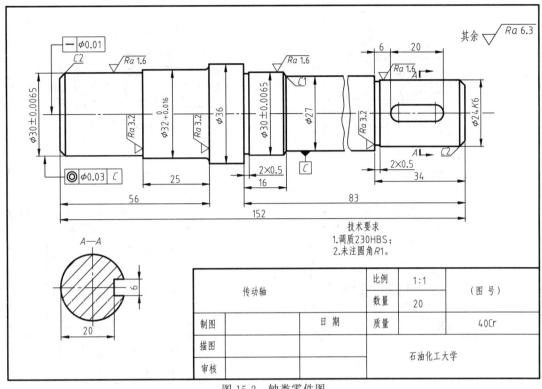

技术要求
1.调质230HBS;
2.未注圆角R1。

传动轴		比例	1:1	（图 号）
		数量	20	
制图		日 期	质量	40Cr
描图			石油化工大学	
审核				

图 15-2　轴类零件图

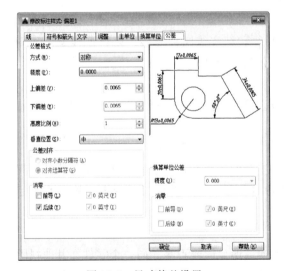

图 15-3　尺寸偏差设置

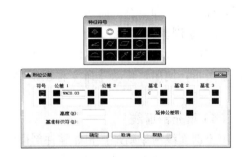

图 15-4　形位公差设置

15.2.2　装配图图样绘制

装配图是用来表达机器或部件的工作原理、装配关系的图样。完整的装配图是由一组视图、尺寸标注、技术要求、明细栏和标题栏组成的。下面以钻模装配图为例，介绍 CAD 绘制装配图的方法和步骤，如图 15-5 所示。

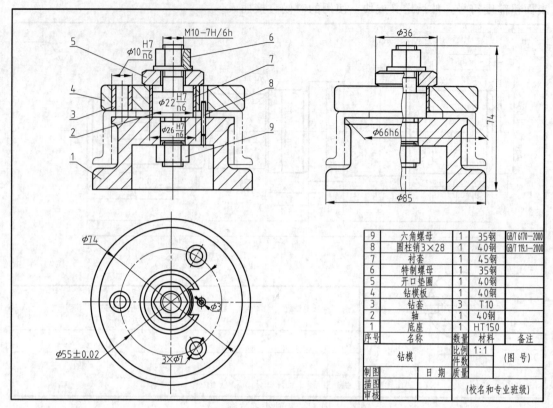

图 15-5　钻模装配图

（1）设置绘图环境

该装配图一共需要粗实线、中心线、双点画线和细实线四种线型，可根据线型设置图层，画图的时候一定要注意图层变换。文字样式依然采用"gbeitc.txt"格式。

（2）绘制钻模的主体零件

钻模的主体零件是底座，如果有零件图可以直接复制过来，并对其进行编辑修改。注意先不要标注尺寸和填充剖面线。

（3）绘制其他零件

绘制或插入其他零件的零件图，修改和删除多余的图线，根据这些零件与主体零件之间的位置关系，使用"移动"命令将图形移动到特定位置。最后补画其他视图，检查修改后定稿。

（4）填充剖面线

填充剖面线的原则是：相邻零件剖面线应反向或明显间隔不等；同一个零件在其他视图上应方向一致，间隔相等。剖面线的间距和方向可直接在"图案填充"对话框中进行设置。

（5）标注尺寸

装配图的尺寸包括：装配尺寸（有配合关系的尺寸）、安装尺寸、外形尺寸和特性尺寸。装配尺寸的标注方法需要双击标注数字，然后在多行文字格式下输入"H7/n6"，选中后单击"$\frac{b}{a}$"按钮完成堆叠，即可得所需尺寸，如图 15-6 所示。其他尺寸的标注方法如第 13 章 13.2 所述。

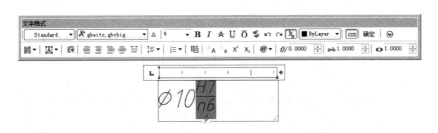

图 15-6　装配尺寸的标注

（6）对零件进行编号，绘制并填写明细栏等

零件的编号应按一定的顺序，该装配图采用顺时针方向对零件进行编号，然后根据编号填写零件明细栏，注意一一对应。

15.3　电气工程专业图样

电子工程专业涉及的主要专业图样是电子电路图。下面简单介绍电气工程专业简单电子电路图的绘制方法。

15.3.1　常用电子元器件图形符号

电子产品的电路图是将各种元器件的连接关系用图形符号和连接线连接起来的一种工程图样，电路图中的这些符号和标记是有统一标准的。掌握这些电子元器件图形符号的画法，是绘制电子电路图的基础。常用原理、接线图图形符号见表 10-3，常用安装图图形符号见表 10-4。

15.3.2　电子电路图样

电气原理图是最常见到的一种电子电路图，它是由代表不同电子元器件的电路符号构成的电子电路，根据其具体构成又可分为整机电路图和单元电路图。图 15-7 所示为一种典型吸尘器的整机电路图，画图之前需了解图中图形符号所表示的含义。下面以此电路图为例，简述其绘图步骤。

（1）设置绘图环境

图中需要设置三个图层，分别是粗实线、细实线和虚线。文字和符号的大小可根据图纸大小自行调整设定。

（2）绘制元器件

可根据图中需要的元器件事先绘制图形符号，定义成块，画图时定义其比例，直接插入即可。

（3）导线连接元器件

在元器件之间用细实线连接，黑色实心圆点是导线的连接点，代表线路是相交关系，没有黑色圆点的是交叉关系，导线的连线均是正交直线。

（4）标记符号和参数

需在元器件的附近标注该元器件的符号和相关参数，使用"多行文字"命令进行标注。

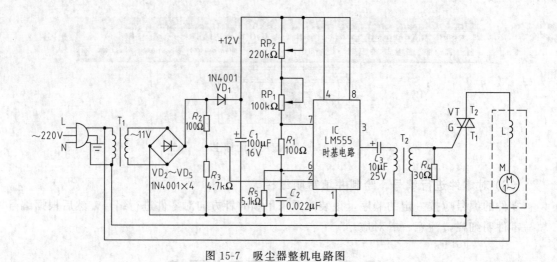

图 15-7　吸尘器整机电路图

附　录

1　螺　纹

1.1　普通螺纹直径与螺距（GB/T 193—2003）

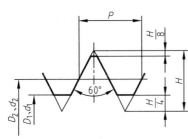

$$D_2 = D - 2 \times \frac{3}{8}H = D - 0.6495P$$

$$d_2 = d - 2 \times \frac{3}{8}H = d - 0.6495P$$

$$D_1 = D - 2 \times \frac{5}{8}H = D - 1.0825P$$

$$d_1 = d - 2 \times \frac{5}{8}H = d - 1.0825P$$

图中：$H = 0.866025P$。

标记示例

公称直径为24mm，螺距为1.5mm，右旋的细牙普通螺纹：

M24×1.5

公称直径与螺距系列见附表1。

附表1　　　　　　　　　　　　　　　　　　　　　　　　　　mm

公称直径 D、d		螺距 P		公称直径 D、d		螺距 P		公称直径 D、d		螺距 P	
第一系列	第二系列	粗牙	细牙	第一系列	第二系列	粗牙	细牙	第一系列	第二系列	粗牙	细牙
3		0.5	0.35	12		1.75	1.5,1.25,1		33	3.5	(3),2,1.5
	3.5	0.6			14	2	1.5,1.25①,1	36		4	3,2,1.5
4		0.7		16			1.5,1		39		
	4.5	0.75	0.5		18			42		4.5	
5		0.8		20		2.5	2,1.5,1		45		
6		1			22			48		5	4,3,2,1.5
	7	1	0.75	24		3			52		
8		1.25	1,0.75		27			56		5.5	
10		1.5	1.25,1,0.75	30		3.5	(3),2,1.5,1		60		

① M14×1.25 仅用于发动机的火花塞。

注：1. 优先选用第一系列，其次选择第二系列，最后选择第三系列。尽可能地避免使用括号内的螺距。

2. 公称直径 D、d 为 1～2.5 和 64～300 的部分未列入；第三系列全部未列入。

3. 中径 D_2、d_2 未列入。

1.2　普通螺纹基本尺寸（GB/T 196—2003）

普通螺纹基本尺寸见附表2。

公称直径（大径）D,d	螺距 P	中径 D_2,d_2	小径 D_1,d_1	公称直径（大径）D,d	螺距 P	中径 D_2,d_2	小径 D_1,d_1	公称直径（大径）D,d	螺距 P	中径 D_2,d_2	小径 D_1,d_1
3	0.5	2.675	2.459	10	1.5	9.026	8.376	18	2.5	16.376	15.294
	0.35	2.773	2.621		1.25	9.188	8.647		2	16.701	15.835
3.5	0.6	3.110	2.850		1	9.350	8.917		1.5	17.026	16.376
	0.35	3.273	3.121		0.75	9.513	9.188		1	17.350	16.917
4	0.7	3.545	3.242	12	1.75	10.863	10.106	20	2.5	18.376	17.294
	0.5	3.675	3.459		1.5	11.026	10.376		2	18.701	17.835
4.5	0.75	4.013	3.688		1.25	11.188	10.647		1.5	19.026	18.376
	0.5	4.175	3.859		1	11.350	10.917		1	19.350	18.917
5	0.8	4.480	4.134	14	2	12.701	11.835	22	2.5	20.376	19.294
	0.5	4.675	4.459		1.5	13.026	12.376		2	20.701	19.835
6	1	5.530	4.917		1.25	13.188	12.647		1.5	21.026	20.376
	0.75	5.513	5.188		1	13.350	12.917		1	21.350	20.917
7	1	6.350	5.917	16	2	14.701	13.835	24	3	22.051	20.752
	0.75	6.513	6.188		1.5	15.026	14.376		2	22.701	21.835
8	1.25	7.188	6.647		1	15.350	14.917		1.5	23.026	22.376
	1	7.350	6.917						1	23.350	22.917
	0.75	7.513	7.188								

注：公称直径 D、d 为 1～2.5 和 27～300 的部分未列入，第三系列全部未列入。

1.3 管螺纹

55°密封管螺纹 $\begin{cases} \text{第 1 部分圆柱内螺纹与圆锥外螺纹（GB/T 7306.1—2000）} \\ \text{第 2 部分圆锥内螺纹与圆锥外螺纹（GB/T 7306.2—2000）} \end{cases}$

55°非密封管螺纹（GB/T 7307—2001）

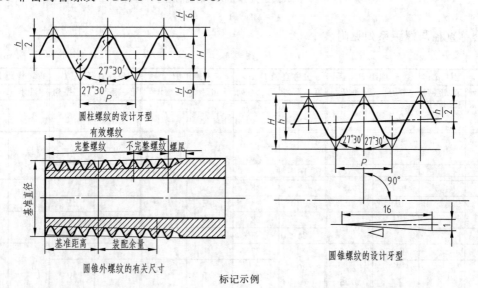

圆柱螺纹的设计牙型

圆锥外螺纹的有关尺寸

圆锥螺纹的设计牙型

标记示例

GB/T 7306.1
尺寸代号 3/4,右旋,圆柱内螺纹：$R_P 3/4$
尺寸代号 3,右旋,圆锥外螺纹：$R_1 3$
尺寸代号 3/4,左旋,圆柱内螺纹：$R_P 3/4$ LH

GB/T 7307
尺寸代号 2,右旋,圆柱内螺纹：G2
尺寸代号 3,右旋,A 级圆柱外螺纹：G3A
尺寸代号 2,左旋,圆柱内螺纹：G2 LH
尺寸代号 4,左旋,B 级圆柱外螺纹：G4B-LH

GB/T 7306.2
尺寸代号 3/4,右旋,圆锥内螺纹：$R_C 3/4$
尺寸代号 3,右旋,圆锥外螺纹：$R_2 3$
尺寸代号 3/4,左旋,圆锥内螺纹：$R_C 3/4$ LH

螺纹的尺寸代号及基本尺寸见附表3。

尺寸代号	每25.4mm内所含的牙数 n	螺距 P	牙高 h	螺纹直径		
				大径 $d=D$	中径 $d_2=D_2$	小径 $d_1=D_1$
1/16	28	0.907	0.581	7.723	7.142	6.561
1/8	28	0.907	0.581	9.728	9.147	8.566
1/4	19	1.337	0.856	13.157	12.301	11.445
3/8	19	1.337	0.856	16.662	15.806	14.950
1/2	14	1.814	1.162	20.955	19.793	18.631
3/4	14	1.814	1.162	26.441	25.279	24.117
1	11	2.309	1.479	33.249	31.770	30.291
1¼	11	2.309	1.479	41.910	40.431	38.952
1½	11	2.309	1.479	47.803	46.324	44.845
2	11	2.309	1.479	59.614	58.135	56.656
2½	11	2.309	1.479	75.184	73.705	72.226
3	11	2.309	1.479	87.884	86.405	84.926
4	11	2.309	1.479	113.030	111.551	110.072
5	11	2.309	1.479	138.430	136.951	135.472
6	11	2.309	1.479	163.830	162.351	160.872

注：第五列中所列的是圆柱螺纹的基本直径和圆锥螺纹在基本平面内的基本直径；第六、七列只适用于圆锥螺纹。

1.4　梯形螺纹（GB/T 5796.2—2005，GB/T 5796.3—2005）

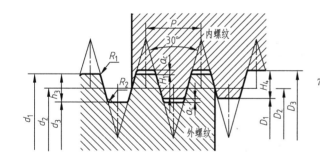

标记示例

公称直径为40mm，导程为14mm，螺距为7mm的双线左旋梯形螺纹：

Tr40×14（P7）LH

梯形螺纹直径与螺距系列、基本尺寸见附表4。

公称直径 d		螺距 P	中径 $d_2=D_2$	大径 D_3	小径		公称直径 d		螺距 P	中径 $d_2=D_2$	大径 D_3	小径	
第一系列	第二系列				d_3	D_1	第一系列	第二系列				d_3	D_1
8		1.5	7.250	8.300	6.200	6.500		11	2	10.000	11.500	8.500	9.000
	9	1.5	8.250	9.300	7.200	7.500			3	9.500	11.500	7.500	8.000
		2	8.000	9.500	6.500	7.000							
10		1.5	9250	10.300	8.200	8.500	12		2	11.000	12.500	9.500	10.000
		2	9.000	10.500	7.500	8.000			3	10.500	12.500	8.500	9.000

公称直径 d		螺距 P	中径 $d_2=D_2$	大径 D_3	小径		公称直径 d		螺距 P	中径 $d_2=D_2$	大径 D_3	小径	
第一系列	第二系列				d_3	D_1	第一系列	第二系列				d_3	D_1
	14	2	13.000	14.500	11.500	12.000	28		3	26.500	28.500	24.500	25.000
		3	12.500	14.500	10.500	11.000			5	25.500	28.500	22.500	23.000
16		2	15.000	16.500	13.500	14.000			8	24.000	29.000	19.000	20.000
		4	14.000	16.500	11.500	12.000	30		3	28.500	30.500	26.500	27.000
	18	2	17.000	18.500	15.500	16.000			6	27.000	31.000	23.000	24.000
		4	16.000	18.500	13.500	14.000			10	25.000	31.000	19.000	20.500
20		2	19.000	20.500	17.500	18.000		32	3	30.500	32.500	28.500	29.000
		4	18.000	20.500	15.500	16.000			6	29.000	33.000	25.000	26.000
	22	3	20.500	22.500	18.500	19.000			10	27.000	33.000	21.000	22.000
		5	19.500	22.500	16.500	17.000		34	3	32.500	34.500	30.500	31.000
									6	31.000	35.000	27.000	28.000
		8	18.000	23.000	13.000	14.000			10	29.000	35.000	23.000	24.000
24		3	22.500	24.500	20.500	21.000	36		3	34.500	36.500	32.500	33.000
		5	21.500	24.500	18.500	19.000			6	33.000	37.000	29.000	30.000
		8	20.000	25.000	15.000	16.000			10	31.000	37.000	25.000	26.000
	26	3	24.500	26.500	22.500	23.000		38	3	36.500	38.500	34.500	35.000
		5	23.500	26.500	20.500	21.000			7	34.500	39.000	30.000	31.000
		8	22.000	27.000	17.000	18.000			10	33.000	39.000	27.000	28.000
							40		3	38.500	40.500	36.500	37.000
									7	36.500	41.000	32.000	33.000
									10	35.000	41.000	29.000	30.000

注：1. 优先选用第一系列，其次选用第二系列；新产品设计中，不宜选用第三系列。

2. 公称直径 $d=42\sim300$ 未列入；第三系列全部未列入。

3. 优先选用表中加粗的螺距。

2 常用标准件

2.1 螺钉

2.1.1 开槽圆柱头螺钉（GB/T 65—2016）

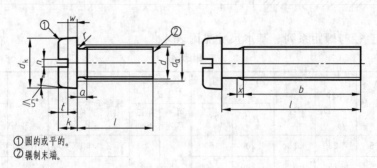

①圆的或平的。
②辗制末端。

标记示例

螺纹规格为 M5、公称长度 $l=20mm$、性能等级为 4.8 级、表面不经处理的 A 级开槽圆柱头螺钉的标记：

螺钉　GB/T 65　M5×20

开槽圆柱头螺钉的规格尺寸见附表 5。

附表 5   mm

螺纹规格 d			M1.6	M2	M2.5	M3	(M3.5)①	M4	M5	M6	M8	M10
P②			0.35	0.4	0.45	0.5	0.6	0.7	0.8	1	1.25	1.5
a		max	0.7	0.8	0.9	1.0	1.2	1.4	1.6	2.0	2.5	3.0
b		min	25	25	25	25	38	38	38	38	38	38
d_a		max	2.0	2.6	3.1	3.6	4.1	4.7	5.7	6.8	9.2	11.2
d_k	公称=	max	3.00	3.80	4.50	5.50	6.00	7.00	8.50	10.00	13.00	16.00
		min	2.86	3.62	4.32	5.32	5.82	6.78	8.28	9.78	12.73	15.73
k	公称=	max	1.10	1.40	1.80	2.00	2.40	2.60	3.30	3.9	5.0	6.0
		min	0.96	1.26	1.66	1.86	2.26	2.46	3.12	3.6	4.7	5.7
n		nom	0.4	0.5	0.6	0.8	1	1.2	1.2	1.6	2	2.5
		max	0.60	0.70	0.80	1.00	1.20	1.51	1.51	1.91	2.31	2.81
		min	0.46	0.56	0.66	0.86	1.06	1.26	1.26	1.66	2.06	2.56
r		min	0.10	0.10	0.10	0.10	0.10	0.20	0.20	0.25	0.40	0.40
t		min	0.45	0.60	0.70	0.85	1.00	1.10	1.30	1.60	2.00	2.40
w		min	0.40	0.50	0.70	0.75	1.00	1.10	1.30	1.60	2.00	2.40
x		max	0.90	1.00	1.10	1.25	1.50	1.75	2.00	2.50	3.20	3.80

l③ 公称①	min	max	每 1000 件钢螺钉的质量($\rho=7.85\text{kg/dm}^3$)≈ kg									
2	1.80	2.20	0.07									
3	2.80	3.20	0.082	0.16	0.272							
4	3.76	4.24	0.094	0.179	0.302	0.515						
5	4.76	5.24	0.105	0.198	0.332	0.56	0.786	1.09				
6	5.76	6.24	0.117	0.217	0.362	0.604	0.845	1.17	2.06			
8	7.71	8.29	0.14	0.254	0.422	0.692	0.966	1.33	2.3	3.56		
10	9.71	10.29	0.163	0.291	0.482	0.78	1.08	1.47	2.55	3.92	7.85	
12	11.65	12.35	0.186	0.329	0.542	0.868	1.2	1.63	2.8	4.27	8.49	14.6
(14)	13.65	14.35	0.209	0.365	0.602	0.956	1.32	1.79	3.05	4.62	9.13	15.6
16	15.65	16.35	0.232	0.402	0.662	1.04	1.44	1.95	3.3	4.98	9.77	16.6
20	19.58	20.42		0.478	0.782	1.22	1.68	2.25	3.78	5.69	11	18.6
25	24.58	25.42			0.932	1.44	1.98	2.64	4.4	6.56	12.6	21.1
30	29.58	30.42				1.66	2.28	3.02	5.02	7.45	14.2	23.6
35	34.50	35.50					2.57	3.41	5.62	8.25	15.8	26.1
40	39.50	40.50						3.8	6.25	9.2	17.4	28.6
45	44.50	45.50							6.88	10	18.9	31.1
50	49.50	50.50							7.5	10.9	20.6	33.6
(55)	54.05	55.95								11.8	22.1	36.1
60	59.05	60.95								12.7	23.7	38.6
(65)	64.05	65.95									25.2	41.1
70	69.05	70.95									26.8	43.6
(75)	74.05	75.95									28.3	46.1
80	79.05	80.95									29.8	48.6

① 尽可能不采用括号内的规格。

② P——螺距。

③ 公称长度在阶梯虚线以上的螺钉，制出全螺纹（$b=l-a$）。

注：在阶梯实线间为优选长度。

2.1.2 开槽盘头螺钉（GB/T 67—2016）

无螺纹部分杆径约等于螺纹中径或允许等于螺纹大径。

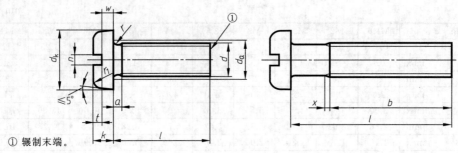

① 辗制末端。

标记示例

螺纹规格为 M5、公称长度 l = 20mm、性能等级为 4.8 级、表面不经处理的 A 级开槽盘头螺钉的标记：

螺钉 GB/T 67 M5×20

开槽盘头螺钉的规格尺寸见附表 6。

附表 6　　　　　　　　　　　　　　　　　　　　　　　mm

螺纹规格 d		M1.6	M2	M2.5	M3	(M3.5)①	M4	M5	M6	M8	M10
P②		0.35	0.4	0.45	0.5	0.6	0.7	0.8	1	1.25	1.5
a	max	0.7	0.8	0.9	1	1.2	1.4	1.6	2	2.5	3
b	min	25	25	25	25	38	38	38	38	38	38
d_k	公称=max	3.2	4.0	5.0	5.6	7.00	8.00	9.50	12.00	16.00	20.00
	min	2.9	3.7	4.7	5.3	6.64	7.64	9.14	11.57	15.57	19.48
d_a	max	2	2.6	3.1	3.6	4.1	4.7	5.7	6.8	9.2	11.2
k	公称=max	1.00	1.30	1.50	1.80	2.10	2.40	3.00	3.6	4.8	6.0
	min	0.86	1.16	1.36	1.66	1.96	2.26	2.88	3.3	4.5	5.7
n	公称	0.4	0.5	0.6	0.8	1	1.2	1.2	1.6	2	2.5
	max	0.60	0.70	0.80	1.00	1.20	1.51	1.51	1.91	2.31	2.81
	min	0.46	0.56	0.66	0.86	1.06	1.26	1.26	1.66	2.06	2.56
r	min	0.1	0.1	0.1	0.1	0.1	0.2	0.2	0.25	0.4	0.4
r_1	参考	0.5	0.6	0.8	0.9	1	1.2	1.5	1.8	2.4	3
t	min	0.35	0.5	0.6	0.7	0.8	1	1.2	1.4	1.9	2.4
w	min	0.3	0.4	0.5	0.7	0.8	1	1.2	1.4	1.9	2.4
x	max	0.9	1	1.1	1.25	1.5	1.75	2	2.5	3.2	3.8

l①·③			每 1000 件钢螺钉的质量(ρ = 7.85kg/dm³)≈ /kg								
公称	min	max									
2	1.8	2.2	0.075								
2.5	2.3	2.7	0.081	0.152							
3	2.8	3.2	0.087	0.161	0.281						
4	3.76	4.24	0.099	0.18	0.311	0.463					
5	4.76	5.24	0.11	0.198	0.341	0.507	0.825	1.16			
6	5.76	6.24	0.122	0.217	0.371	0.551	0.885	1.24	2.12		
8	7.71	8.29	0.145	0.254	0.431	0.639	1	1.39	2.37	4.02	
10	9.71	10.29	0.168	0.292	0.491	0.727	1.12	1.55	2.61	4.37	9.38
12	11.65	12.35	0.192	0.329	0.551	0.816	1.24	1.7	2.85	4.72	10	18.2
(14)	13.65	14.35	0.215	0.366	0.611	0.904	1.36	1.86	3.11	5.1	10.6	19.2
16	15.65	16.35	0.238	0.404	0.671	0.992	1.48	2.01	3.36	5.45	11.2	20.2
20	19.58	20.42		0.478	0.792	1.17	1.72	2.32	3.85	6.14	12.6	22.2
25	24.58	25.42			0.942	1.39	2.02	2.71	4.47	7.01	14.1	24.7
30	29.58	30.42				1.61	2.32	3.1	5.09	7.9	15.7	27.2
35	34.5	35.5					2.62	3.48	5.71	8.78	17.3	29.7
40	39.5	40.5						3.87	6.32	9.66	18.9	32.2
45	44.5	45.5							6.94	10.5	20.5	34.7
50	49.5	50.5							7.56	11.4	22.1	37.2

螺纹规格 d			M1.6	M2	M2.5	M3	(M3.5)[①]	M4	M5	M6	M8	M10
l[①,③]			每1000件钢螺钉的质量($\rho=7.85\text{kg/dm}^3$)$\approx$ /kg									
公称	min	max										
(55)	54.05	55.95								12.3	23.7	39.7
60	59.05	60.95								13.2	25.3	42.2
(65)	64.05	65.95									26.9	44.7
70	69.05	70.95									28.5	47.2
(75)	74.05	75.95									30.1	49.7
80	79.05	80.95									31.7	52.2

① 尽可能不采用括号内的规格。
② P——螺距。
③ 公称长度在阶梯虚线以上的螺钉，制出全螺纹（$b=l-a$）。
注：在阶梯实线间为优选长度。

2.1.3 开槽沉头螺钉（GB/T 68—2016）

无螺纹部分杆径约等于螺纹中径或允许等于螺纹大径。

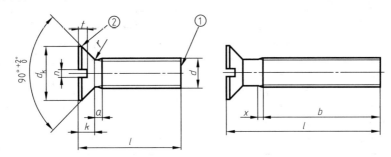

① 辗制末端。
② 圆的或平的。

标记示例

螺纹规格为 M5、公称长度 $l=20\text{mm}$、性能等级为 4.8 级、表面不经处理的 A 级开槽沉头螺钉的标记：

螺钉　GB/T 68 M5×20。

开槽沉头螺钉规格尺寸见附表 7。

附表 7　　　　　　　　　　　　　　　　　　mm

螺纹规格 d			M1.6	M2	M2.5	M3	(M3.5)[①]	M4	M5	M6	M8	M10
P[②]			0.35	0.4	0.45	0.5	0.6	0.7	0.8	1	1.25	1.5
a		max	0.7	0.8	0.9	1	1.2	1.4	1.6	2	2.5	3
b		min	25	25	25	25	38	38	38	38	38	38
d_k[③]	理论值	max	3.6	4.4	5.5	6.3	8.2	9.4	10.4	12.6	17.3	20
	实际值	公称=max	3.0	3.8	4.7	5.5	7.30	8.40	9.30	11.30	15.80	18.30
		min	2.7	3.5	4.4	5.2	6.94	8.04	8.94	10.87	15.37	17.78
k[③]	公称=max		1	1.2	1.5	1.65	2.35	2.7	2.7	3.3	4.65	5
n		nom	0.4	0.5	0.6	0.8	1	1.2	1.2	1.6	2	2.5
		max	0.60	0.70	0.80	1.00	1.20	1.51	1.51	1.91	2.31	2.81
		min	0.46	0.56	0.66	0.86	1.06	1.26	1.26	1.66	2.06	2.56
r		max	0.4	0.5	0.6	0.8	0.9	1	1.3	1.5	2	2.5
t		max	0.50	0.6	0.75	0.85	1.2	1.3	1.4	1.6	2.3	2.6
		min	0.32	0.4	0.50	0.60	0.9	1.0	1.1	1.2	1.8	2.0
x		max	0.9	1	1.1	1.25	1.5	1.75	2	2.5	3.2	3.8

螺纹规格 d			M1.6	M2	M2.5	M3	(M3.5)[①]	M4	M5	M6	M8	M10
$l^{①,④}$			每 1000 件钢螺钉的质量($\rho=7.85\text{kg/dm}^3$)≈ /kg									
公称	min	max										
2.5	2.3	2.7	0.053									
3	2.8	3.2	0.058	0.101								
4	3.76	4.24	0.069	0.119	0.206							
5	4.76	5.24	0.081	0.137	0.236	0.335						
6	5.76	6.24	0.093	0.152	0.266	0.379	0.633	0.903				
8	7.71	8.29	0.116	0.193	0.326	0.467	0.753	1.06	1.48	2.38		
10	9.71	10.29	0.139	0.231	0.386	0.555	0.873	1.22	1.72	2.73	5.68	
12	11.65	12.35	0.162	0.268	0.446	0.643	0.933	1.37	1.96	3.08	6.32	9.54
(14)	13.65	14.35	0.185	0.306	0.507	0.731	1.11	1.53	2.2	3.43	6.96	10.6
16	15.65	16.35	0.208	0.343	0.567	0.82	1.23	1.68	2.44	3.78	7.6	11.6
20	19.58	20.42		0.417	0.687	0.996	1.47	2	2.92	4.48	8.88	13.6
25	24.58	25.42			0.838	1.22	1.77	2.39	3.52	5.36	10.5	16.1
30	29.58	30.42				1.44	2.07	2.78	4.12	6.23	12.1	18.7
35	34.5	35.5					2.37	3.17	4.72	7.11	13.7	21.2
40	39.5	40.5						3.56	5.32	7.98	15.3	23.7
45	44.5	45.5							5.92	8.86	16.9	26.2
50	49.5	50.5							6.52	9.73	18.5	28.8
(55)	54.05	55.95								10.6	20.1	31.3
60	59.05	60.95								11.5	21.7	33.8
(65)	64.05	65.95									23.3	36.3
70	69.05	70.95									24.9	38.9
(75)	74.05	75.95									26.5	41.4
80	79.05	80.95									28.1	43.9

① 尽可能不采用括号内的规格。

② P——螺距。

③ 见 GB/T 5279。

④ 公称长度在阶梯虚线以上的螺钉，制出全螺纹 $[b=l-(k+a)]$。

注：在阶梯实线间为优选长度。

2.1.4 内六角圆柱头螺钉（GB/T 70.1—2008）

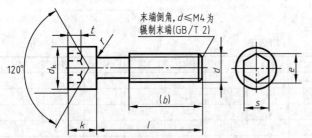

末端倒角，$d\leqslant M4$ 为辗制末端(GB/T 2)

120°

标记示例

螺纹规格 $d=M5$，公称长度 $l=20\text{mm}$，性能等级为 8.8 级，表面氧化的内六角圆柱头螺钉：

螺钉　GB/T 70.1　$M5\times20$

内六角圆柱头螺钉的规格尺寸见附表 8。

附表 8　　　　　　　　　　　　　　　mm

螺纹规格 d	M3	M4	M5	M6	M8	M10	M12	M16	M20
P(螺距)	0.5	0.7	0.8	1	1.25	1.5	1.75	2	2.5
b(参考)	18	20	22	24	28	32	36	44	52
d_k	5.5	7	8.5	10	13	16	18	24	30
k	3	4	5	6	8	10	12	16	20
t	1.3	2	2.5	3	4	5	6	8	10
s	2.5	3	4	5	6	8	10	14	17

螺纹规格 d	M3	M4	M5	M6	M8	M10	M12	M16	M20
e	2.87	3.44	4.58	5.72	6.86	9.15	11.4	16.0	19.4
r	0.1	0.2	0.2	0.25	0.4	0.4	0.6	0.6	0.8
公称长度 l	5～30	6～40	8～50	10～60	12～80	16～100	20～120	25～160	30～200
$l≤$表中数值时，制出全螺纹	20	25	25	30	35	40	45	55	65
l 系列	2.5,3,4,5,6,8,10,12,16,20,25,30,35,40,45,50,55,60,65,70,80,90,100,110,120,130,140,150,160,180,200,220,240,260,280,300									

注：螺纹规格 d＝M1.6～M64。六角槽端部允许倒圆或制出沉孔。材料为钢的螺钉的性能等级有 8.8、10.9、12.9 级，8.8 级为常用。

2.1.5 开槽锥端紧定螺钉（GB/T 71—1985）、开槽平端紧定螺钉（GB/T 73—1985）、开槽长圆柱端紧定螺钉（GB/T 75—1985）

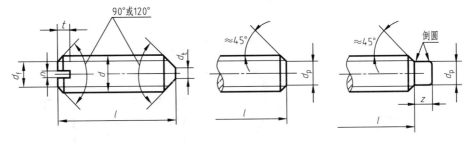

标记示例

螺纹规格 d＝M5，公称长度 l＝12mm，性能等级为 14H 级，表面氧化的开槽平端紧定螺钉：

螺钉 GB/T 73　M5×12-14H

紧定螺钉的规格尺寸见附表 9。

附表 9　　　　mm

螺纹规格 d			M1.6	M2	M2.5	M3	M4	M5	M6	M8	M10	M12
P（螺距）			0.35	0.4	0.45	0.5	0.7	0.8	1	1.25	1.5	1.75
n（公称）			0.25	0.25	0.4	0.4	0.6	0.8	1	1.2	1.6	2
t			0.74	0.84	0.95	1.05	1.42	1.63	2	2.5	3	3.6
d_t			0.16	0.2	0.25	0.3	0.4	0.5	1.5	2	2.5	3
d_p			0.8	1	1.5	2	2.5	3.5	4	5.5	7	8.5
z			1.05	1.25	1.5	1.75	2.25	2.75	3.25	4.3	5.3	6.3
公称长度 l	GB/T 71—1985		2～8	3～10	3～12	4～16	6～20	8～25	8～30	10～40	12～50	14～60
	GB/T 73—1985		2～8	3～10	4～12	4～16	5～20	6～25	8～30	8～40	10～50	12～60
	GB/T 75—1985		2.5～8	4～10	5～12	6～16	8～20	10～25	12～30	16～40	20～50	25～60
l 系列			2,2.5,3,4,5,6,8,10,12,(14),16,20,25,30,35,40,45,50,(55),60								

注：1. 括号内的规格尽可能不采用。

2. d_f 不大于螺纹小径。本表中 n 摘录的是公称值，t、d_t、d_p、z 摘录的是最大值。l 在 GB/T 71 中，当 d＝M2.5、l＝3mm 时，螺钉两端倒角均为 120°，其余均为 90°。l 在 GB/T 73 和 GB/T 75 中，分别列出了头部倒角为 90°和 120°的尺寸，本表只摘录了头部倒角为 90°的尺寸。

3. 紧定螺钉性能等级有 14H、22H 级，其中 14H 级为常用。H 表示硬度，数字表示最低的维氏硬度的 1/10。

4. GB/T 71、GB/T 73 规定，d＝M1.2～M12；GB/T 75 规定，d＝M1.6～M12。如需用开槽锥端、开槽平端紧定螺钉 M1.2 时，有关资料可查阅 GB/T 71、GB/T 73 这两个标准。

2.2　螺栓

六角头螺栓—A 级和 B 级（GB/T 5782—2016）(本书略)；六角头螺栓—C 级（GB/T 5780—2016）国标摘录如下：

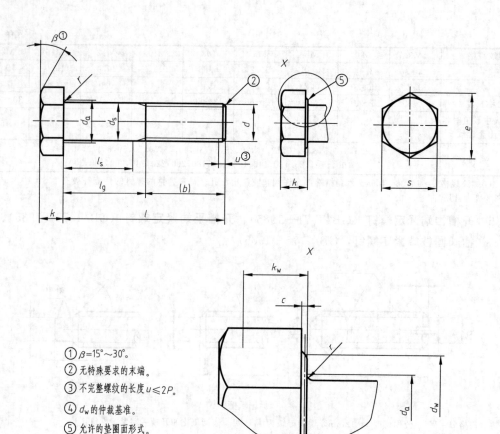

① $\beta = 15° \sim 30°$。

② 无特殊要求的末端。

③ 不完整螺纹的长度 $u \leqslant 2P$。

④ d_w 的仲裁基准。

⑤ 允许的垫圈面形式。

标记示例

螺纹规格为 M12、公称长度 $l=80mm$、性能等级为 4.8 级、表面不经处理、产品等级为 C 级的六角头螺栓的标记：

螺栓　GB/T 5780　M12×80

螺栓的规格尺寸见附表 10.a 和附表 10.b。

附表 10.a　优选的螺纹规格　　　　　　　　　　　　　　　　　　mm

螺纹规格 d		M5	M6	M8	M10	M12	M16	M20
P①		0.8	1	1.25	1.5	1.75	2	2.5
b参考	②	16	18	22	26	30	38	46
	③	22	24	28	32	36	44	52
	④	35	37	41	45	49	57	65
c	max	0.5	0.5	0.6	0.6	0.6	0.8	0.8
d_z	max	6	7.2	10.2	12.2	14.7	18.7	24.4
d_s	max	5.48	6.48	8.58	10.58	12.7	16.7	20.84
	min	4.52	5.52	7.42	9.42	11.3	15.3	19.16
d_w	min	6.74	8.74	11.47	14.47	16.47	22	27.7
e	min	8.63	10.89	14.2	17.59	19.85	26.17	32.95
k	公称	3.5	4	5.3	6.4	7.5	10	12.5
	max	3.875	4.375	5.675	6.85	7.95	10.75	13.4
	min	3.125	3.625	4.925	5.96	7.05	9.25	11.6

螺纹规格 d		M5		M6		M8		M10		M12		M16		M20	
k_w⑤	min	2.19		2.54		3.45		4.17		4.94		6.48		8.12	
r	min	0.2		0.25		0.4		0.4		0.6		0.6		0.8	
s	公称=max	8.00		10.00		13.00		16.00		18.00		24.00		30.00	
	min	7.64		9.64		12.57		15.57		17.57		23.16		29.16	
l		l_s 和 l_g⑥													
公称	min max	l_s min	l_g max	l_s min	l_g max	l_s min	l_g max	l_s min	l_g max	l_s min	l_g max	l_s min	l_g max	l_s min	l_g max
25	23.95 / 26.05	5	9												
30	28.95 / 31.05	10	14	7	12										
35	33.75 / 36.25	15	19	12	17										
40	38.75 / 41.25	20	24	17	22	11.75	18								
45	43.75 / 46.25	25	29	22	27	16.75	23	11.5	19						
50	48.75 / 51.25	30	34	27	32	21.75	28	16.5	24						
55	53.5 / 56.5			32	37	26.75	33	21.5	29	16.25	25				
60	58.5 / 61.5			37	42	31.75	38	26.5	34	21.25	30				
65	63.5 / 66.5					36.75	43	31.5	39	26.25	35	17	27		

折线以上的规格推荐采用 GB/T 5781

螺纹规格 d		M24		M30		M36		M42		M48		M56		M64	
l		l_s 和 l_g⑥													
公称	min max	l_s min	l_g max	l_s min	l_g max	l_s min	l_g max	l_s min	l_g max	l_s min	l_g max	l_s min	l_g max	l_s min	l_g max
100	98.25 / 101.75	31	46												
110	108.25 / 111.75	41	56												
120	118.25 / 121.75	51	66	36.5	54										
130	128 / 132	55	70	40.5	58										
140	138 / 142	65	80	50.5	68	36	56								
150	148 / 152	75	90	60.5	78	46	66								
160	156 / 164	85	100	70.5	88	56	76								
180	176 / 184	105	120	90.5	108	76	96	61.5	84						
200	195.4 / 204.6	125	140	110.5	128	96	116	81.5	104	67	92				
220	215.4 / 224.6	132	147	117.5	135	103	123	88.5	111	74	99				
240	235.4 / 244.6	152	167	137.5	155	123	143	108.5	131	94	119	75.5	103		
260	254.8 / 265.2			157.5	175	143	163	128.5	151	114	139	95.5	123	77	107
280	274.8 / 285.2			177.5	195	163	183	148.5	171	134	159	115.5	143	97	127
300	294.8 / 305.2			197.5	215	183	203	168.5	191	154	179	135.5	163	117	147
320	314.3 / 325.7					203	223	188.5	211	174	199	155.5	183	137	167
340	334.3 / 345.7					223	243	208.5	231	194	219	175.5	203	157	187
360	354.3 / 365.7					243	263	228.5	251	214	239	195.5	223	177	207
380	374.3 / 385.7							248.5	271	234	259	215.5	243	197	227
400	394.3 / 405.7							268.5	291	254	279	235.5	263	217	247
420	413.7 / 426.3							288.5	311	274	299	255.5	283	237	267
440	433.7 / 446.3									294	319	275.5	303	257	287
460	453.7 / 466.3									314	339	295.5	323	277	307
480	473.7 / 486.3									334	359	315.5	343	297	327
500	493.7 / 506.3											335.5	363	317	347

① P——螺距。

② $l_{公称} \leqslant 125mm$。

③ $152mm < l_{公称} \leqslant 200mm$。

④ $l_{公称} > 200mm$。

⑤ $k_{w\ min} = 0.7k_{min}$。

⑥ $l_{g\ max} = l_{公称} - b$。$l_{s\ min} = l_{g\ max} - 5P$。

注：优选长度由 $l_{s\ min}$ 和 $l_{g\ max}$ 确定。

附表 10. b　非优选螺纹规格　　　　　　　　　　mm

螺纹规格 d		M14		M18		M22		M27		M33	
P①		2		2.5		2.5		3		3.5	
b参考	②	34		42		50		60		—	
	③	40		48		56		66		78	
	④	53		61		69		79		91	
c	max	0.6		0.8		0.8		0.8		0.8	
d_a	max	16.7		21.2		26.4		32.4		38.4	
d_s	max	14.7		18.7		22.84		27.84		34	
	min	13.3		17.3		21.16		26.16		32	
d_w	min	19.15		24.85		31.35		38		46.55	
e	min	22.78		29.56		37.29		45.2		55.37	
k	公称	8.8		11.5		14		17		21	
	max	9.25		12.4		14.9		17.9		22.05	
	min	8.35		10.6		13.1		16.1		19.95	
k_w⑤	min	5.85		7.42		9.17		11.27		13.97	
r	min	0.6		0.6		0.8		1		1	
s	公称＝max	21.0		27.0		34		41		50	
	min	20.16		26.16		33		40		49	

l						l_s 和 l_g⑥						
公称	min	max	l_s min	l_g max	l_s min	l_g max	l_s min	l_g max	l_s min	l_g max	l_s min	l_g max
60	58.5	61.5	16	26								
65	63.5	66.5	21	31		折线以上的规格推荐采用 GB/T 5781						
70	68.5	71.5	26	36								
80	78.5	81.5	36	46	25.5	38						
90	88.25	91.75	46	56	35.5	48	27.5	40				
100	98.25	101.75	56	66	45.5	58	37.5	50				
110	108.25	111.75	66	76	55.5	68	47.5	60	35	50		
120	118.25	121.75	76	86	65.5	78	57.5	70	45	60		
130	128	132	80	90	69.5	82	61.5	74	49	64	34.5	52
140	138	142	90	100	79.5	92	71.5	84	59	74	44.5	62
150	148	152			89.5	102	81.5	94	69	84	54.5	72
160	156	164			99.5	112	91.5	104	79	94	64.5	82
180	176	184			119.5	132	111.5	124	99	114	84.5	102
200	195.4	204.6					131.5	144	119	134	104.5	122
220	215.4	224.6					138.5	151	126	141	111.5	129
240	235.4	244.6							146	161	131.5	149
260	254.8	265.2							166	181	151.5	167
280	274.8	285.2									171.5	189
300	294.8	305.2									191.5	209
320	314.3	325.7									211.5	229
340	334.3	345.7										
360	354.3	365.7										
380	374.3	385.7										
400	394.3	405.7										
420	413.7	426.3										
440	433.7	446.3										
460	453.7	466.3										
480	473.7	486.3										
500	493.7	506.3										

螺纹规格 d			M39		M45		M52		M60	
P①			4		4.5		5		5.5	
b参考	②		—		—		—		—	
	③		90		102		116		—	
	④		103		115		129		145	
c	max		1		1		1		1	
d_a	max		45.4		52.6		62.6		71	
d_a	max		40		46		53.2		61.2	
	min		38		44		50.8		58.8	
d_w	min		55.86		64.7		74.2		83.41	
e	min		66.44		76.95		88.25		99.21	
k	公称		25		28		33		38	
	max		26.05		29.05		34.25		39.25	
	min		23.95		26.95		31.75		36.75	
k_w⑤	min		16.77		18.87		22.23		25.73	
r	min		1		1.2		1.6		2	
s	公称＝max		60.0		70.0		80.0		90.0	
	min		58.8		68.1		78.1		87.8	
l			l_s 和 l_g⑥							
公称	min	max	l_s min	l_g max	l_s min	l_g max	l_s min	l_g max	l_s min	l_g max
60	58.5	61.5								
65	63.5	66.5								
70	68.5	71.5	折线以上的规格推荐采用 GB/T 5781							
80	78.5	81.5								
90	88.25	91.75								
100	98.25	101.75								
110	108.25	111.75								
120	118.25	121.75								
130	128	132								
140	138	142								
150	148	152	40	60						
160	156	164	50	70						
180	176	184	70	90	55.5	78				
200	195.4	204.6	90	110	75.5	98	59	84		
220	215.4	224.6	97	117	82.5	105	66	91		
240	235.4	244.6	117	137	102.5	125	86	111	67.5	95
260	254.8	265.2	137	157	122.5	145	106	131	87.5	115
280	274.8	285.2	157	177	142.5	165	126	151	107.5	135
300	294.8	305.2	177	197	162.5	185	146	171	127.5	155
320	314.3	325.7	197	217	182.5	205	166	191	147.5	175
340	334.3	345.7	217	237	202.5	225	186	211	167.5	195
360	354.3	365.7	237	257	222.5	245	206	231	187.5	215
380	374.3	385.7	257	277	242.5	265	226	251	207.5	235
400	394.3	405.7	277	297	262.5	285	246	271	227.5	255
420	413.7	426.3			282.5	305	266	291	247.5	275
440	433.7	446.3			302.5	325	286	311	267.5	295
460	453.7	466.3					306	331	287.5	315
480	473.7	486.3					326	351	307.5	335
500	493.7	506.3					346	371	327.5	355

① P——螺距。

② $l_{公称} \leqslant 125\text{mm}$。

③ $125\text{mm} < l_{公称} \leqslant 200\text{mm}$。

④ $l_{公称} > 200\text{mm}$。

⑤ $k_{w\,min} = 0.7 k_{min}$。

⑥ $l_{g\,max} = l_{公称} - b$。 $l_{s\,min} = l_{g\,max} - 5P$。

注：优选长度由 $l_{s\,min}$ 和 $l_{g\,max}$ 确定。

2.3 双头螺柱

双头螺柱－b_m＝1d （GB/T 897—1988）

双头螺柱－b_m＝1.25d （GB/T 898—1988）

双头螺柱－b_m＝1.5d （GB/T 899—1988）

双头螺柱－b_m＝2d （GB/T 900—1988）

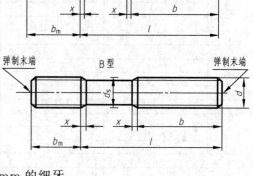

标记示例

两端均为粗牙普通螺纹，d＝10mm，l＝50mm，性能等级为4.8级，不经表面处理，B型，b_m＝1d 的双头螺柱：

螺柱　GB/T 897　M10×50

旋入端为粗牙普通螺纹，紧固端为螺距 P＝1mm的细牙

普通螺纹，d＝10mm，l＝50mm，性能等级为4.8级，不经表面处理，A型，b_m＝1.25d 的双头螺柱：

螺柱　GB/T 898　AM10－M10×1×50 d_s≈螺纹中径（仅适用于B型）

双头螺柱的规格尺寸见附表11。

附表 11   mm

螺纹规格 d	b_m 公称		d_s		x ≤	b	l 公称
	GB/T 897—1988	GB/T 898—1988	max	min			
M5	5	6	5	4.7		10	16～(22)
						16	25～50
M6	6	8	6	5.7		10	20、(22)
						14	25、(28)、30
						18	(32)～(75)
M8	8	10	8	7.64		12	20、(22)
						16	25、(28)、30
						22	(32)～90
M10	10	12	10	9.64	1.5P	14	25、(28)
						16	30、(38)
						26	40～120
						32	130
M12	12	15	12	11.57		16	25～30
						20	(32)～40
						30	45～120
						36	130～180
M16	16	20	16	15.57		20	30～(38)
						30	40～50
						38	60～120
						44	130～200
M20	20	25	20	19.48	1.5P	25	35～40
						35	45～60
						46	(65)～120
						52	130～200

注：1. 本表未列入 GB/T 899—1988、GB/T 900—1988 两种规格。需用时可查阅这两个标准。GB/T 897、GB/T 898规定的螺纹规格 d＝M5～M48，如需用 M20 以上的双头螺柱，也可查阅这两个标准。

2. P 表示粗牙螺纹的螺距。

3. l 的长度系列有 16，(18)，20，(22)，25，(28)，30，(32)，35，(38)，40，45，50，(55)，60，(65)，70，(75)，80，90，(95)，100～260（十进位），280，300。括号内的数值尽可能不采用。

4. 材料为钢的螺柱，性能等级有 4.8、5.8、6.8、8.8、10.9、12.9级，其中 4.8 为常用。

2.4 螺母

1 型六角螺母-C 级（GB/T 41—2016）

1 型六角螺母-A 级和 B 级（GB/T 6170—2015）

GB/T 41—2016

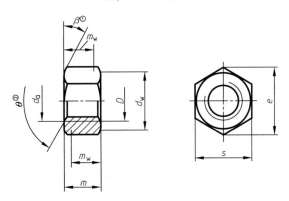

① $\beta=15°\sim30°$。

② $\theta=90°\sim120°$。

标记示例

螺纹规格为 M12、性能等级为 5 级、表面不经处理、产品等级为 C 级的 1 型六角螺母的标记：

螺母 GB/T 41 M12

C 级螺母的规格尺寸见附表 12.a 和附表 12.b。

附表 12.a 优选的螺纹规格   mm

螺纹规格 D		M5	M6	M8	M10	M12	M16	M20
P[①]		0.8	1	1.25	1.5	1.75	2	2.5
d_w	min	6.70	8.70	11.50	14.50	16.50	22.00	27.70
e	min	8.63	10.89	14.20	17.59	19.85	26.17	32.95
m	max	5.60	6.40	7.90	9.50	12.20	15.90	19.00
	min	4.40	4.90	6.40	8.00	10.40	14.10	16.90
m_w	min	3.50	3.70	5.10	6.40	8.30	11.30	13.50
s	公称=max	8.00	10.00	13.00	16.00	18.00	24.00	30.00
	min	7.64	9.64	12.57	15.57	17.57	23.16	29.16
螺纹规格 D		M24	M30	M36	M42	M48	M56	M64
P[①]		3	3.5	4	4.5	5	5.5	6
d_w	min	33.30	42.80	51.10	60.00	69.50	78.70	88.20
e	min	39.55	50.85	60.79	71.30	82.60	93.56	104.86
m	max	22.30	26.40	31.90	34.90	38.90	45.90	52.40
	min	20.20	24.30	29.40	32.40	36.40	43.40	49.40
m_w	min	16.20	19.40	23.20	25.90	29.10	34.70	39.50
s	公称=max	36.00	46.00	55.00	65.00	75.00	85.00	95.00
	min	35.00	45.00	53.80	63.10	73.10	82.80	92.80

① P——螺距。

附表 12.b　优选的螺纹规格　　　　　　　　　　　　mm

螺纹规格 D		M14	M18	M22	M27	M33	M39	M45	M52	M60
P①		2	2.5	2.5	3	3.5	4	4.5	5	5.5
d_w	min	19.20	24.90	31.40	38.00	46.60	55.90	64.70	74.20	83.40
e	min	22.78	29.56	37.29	45.20	55.37	66.44	76.95	88.25	99.21
m	max	13.90	16.90	20.20	24.70	29.50	34.30	36.90	42.90	48.90
	min	12.10	15.10	18.10	22.60	27.40	31.80	34.40	40.40	46.40
m_w	min	9.70	12.10	14.50	18.10	21.90	25.40	27.50	32.30	37.10
s	公称=max	21.00	27.00	34.00	41.00	50.00	60.00	70.00	80.00	90.00
	min	20.16	26.16	33.00	40.00	49.00	58.80	68.10	78.10	87.80

① P——螺距。

尺寸代号和标注应符合 GB/T 5276。

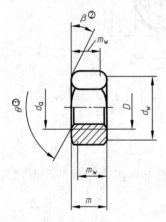 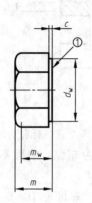 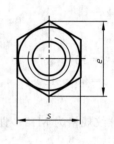

① 要求垫圈面型式时，应在订单中注明。

② $\beta = 15°\sim30°$。

③ $\theta = 90°\sim120°$。

标记示例

螺纹规格为 M12、性能等级为 8 级、表面不经处理、产品等级为 A 级的 1 型六角螺母的标记：

螺母　GB/T 6170　M12

A 级螺母的规格尺寸见附表 12.c 和附表 12.d。

附表 12.c　优选的螺纹规格　　　　　　　　　　　　mm

螺纹规格 D		M1.6	M2	M2.5	M3	M4	M5	M6	M8	M10	M12
P①		0.35	0.4	0.45	0.5	0.7	0.8	1	1.25	1.5	1.75
c	max	0.20	0.20	0.30	0.40	0.40	0.50	0.50	0.60	0.60	0.60
	min	0.10	0.10	0.10	0.15	0.15	0.15	0.15	0.15	0.15	0.15
d_a	max	1.84	2.30	2.90	3.45	4.60	5.75	6.75	8.75	10.80	13.00
	min	1.60	2.00	2.50	3.00	4.00	5.00	6.00	8.00	10.00	12.00
d_w	min	2.40	3.10	4.10	4.60	5.90	6.90	8.90	11.60	14.60	16.60
e	min	3.41	4.32	5.45	6.01	7.66	8.79	11.05	14.38	17.77	20.03
m	max	1.30	1.60	2.00	2.40	3.20	4.70	5.20	6.80	8.40	10.80
	min	1.05	1.35	1.75	2.15	2.90	4.40	4.90	6.44	8.04	10.37
m_w	min	0.80	1.10	1.40	1.70	2.30	3.50	3.90	5.20	6.40	8.30
s	公称=max	3.20	4.00	5.00	5.50	7.00	8.00	10.0	13.00	16.00	18.00
	min	3.02	3.82	4.82	5.32	6.78	7.78	9.78	12.73	15.73	17.73

螺纹规格 D		M16	M20	M24	M30	M36	M42	M48	M56	M64
P[①]		2	2.5	3	3.5	4	4.5	5	5.5	6
c	max	0.80	0.80	0.80	0.80	0.80	1.00	1.00	1.00	1.00
	min	0.20	0.20	0.20	0.20	0.20	0.30	0.30	0.30	0.30
d_a	max	17.30	21.60	25.90	32.40	38.90	45.40	51.80	60.50	69.10
	min	16.00	20.00	24.00	30.00	36.00	42.00	48.00	56.00	64.00
d_w	min	22.50	27.70	33.30	42.80	51.10	60.00	69.50	78.70	88.20
e	min	26.75	32.95	39.55	50.85	60.79	71.30	82.60	93.56	104.86
m	max	14.80	18.00	21.50	25.60	31.00	34.00	38.00	45.00	51.00
	min	14.10	16.90	20.20	24.30	29.40	32.40	36.40	43.40	49.10
m_w	min	11.30	13.50	16.20	19.40	23.50	25.90	29.10	34.70	39.30
s	公称＝max	24.00	30.00	36.00	46.00	55.00	65.00	75.00	85.00	95.00
	min	23.67	29.16	35.00	45.00	53.80	63.10	73.10	82.80	92.80

① P——螺距。

附表 12.d 非优选的螺纹规格　　　　　　　　　　　　　　mm

螺纹规格 D		M3.5	M14	M18	M22	M27	M33	M39	M45	M52	M60
P[①]		0.6	2	2.5	2.5	3	3.5	4	4.5	5	5.5
c	max	0.40	0.60	0.80	0.80	0.80	0.80	1.00	1.00	1.00	1.00
	min	0.15	0.15	0.20	0.20	0.20	0.20	0.30	0.30	0.30	0.30
d_a	max	4.00	15.10	19.50	23.70	29.10	35.60	42.10	48.60	56.20	64.80
	min	3.50	14.00	18.00	22.00	27.00	33.00	39.00	45.00	52.00	60.00
d_w	min	5.00	19.60	24.90	31.40	38.00	46.60	55.90	64.70	74.20	83.40
e	min	6.58	23.36	29.56	37.29	45.20	55.37	66.44	76.95	88.25	99.21
m	max	2.80	12.80	15.80	19.30	23.80	28.70	33.40	36.00	42.00	48.00
	min	2.55	12.10	15.10	18.10	22.50	27.40	31.80	34.40	40.40	46.40
m_w	min	2.00	9.70	12.10	14.50	18.00	21.90	25.40	27.50	32.30	37.10
s	公称＝max	6.00	21.00	27.00	34.00	41.00	50.00	60.00	70.00	80.00	90.00
	min	5.82	20.67	26.16	33.00	40.00	49.00	58.80	68.10	78.10	87.80

① P——螺距。

2.5 垫圈

小垫圈　A级（GB/T 848—2002）

平垫圈倒角型　A级（GB/T 97.2—2002）

平垫圈　A级（GB/T 97.1—2002）

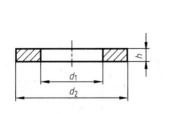 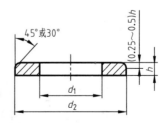

标记示例

标准系列、公称规格 8mm、由钢制造的硬度等级为 200HV 级、

不经表面处理、产品等级为 A 级的平垫圈：

垫圈　GB/T 97.1　8

垫圈的规格尺寸见附表 13。

附表 13

mm

公称规格(螺纹大径)d		1.6	2	2.5	3	4	5	6	8	10	12	16	20	24	30	36
d_1	GB/T 848—2002	1.7	2.2	2.7	3.2	4.3	5.3	6.4	8.4	10.5	13	17	21	25	31	37
	GB/T 97.1—2002	1.7	2.2	2.7	3.2	4.3	5.3	6.4	8.4	10.5	13	17	21	25	31	37
	GB/T 97.2—2002	—	—	—	—	—	5.3	6.4	8.4	10.5	13	17	21	25	31	37
d_2	GB/T 848—2002	3.5	4.5	5	6	8	9	11	15	18	20	28	34	39	50	60
	GB/T 97.1—2002	4	5	6	7	9	10	12	16	20	24	30	37	44	56	66
	GB/T 97.2—2002	—	—	—	—	—	10	12	16	20	24	30	37	44	56	66
h	GB/T 848—2002	0.3	0.3	0.5	0.5	0.5	1	1.6	1.6	1.6	2	2.5	3	4	4	5
	GB/T 97.1—2002	0.3	0.3	0.5	0.5	0.8	1	1.6	1.6	2	2.5	3	3	4	4	5
	GB/T 97.2—2002	—	—	—	—	—	1	1.6	1.6	2	2.5	3	3	4	4	5

注：1. 硬度等级有 200HV、300HV 级；材料有钢和不锈钢两种。GB/T 97.1 和 GB/T 97.2 规定，200HV 适用于≤ 8.8 级的 A 级和 B 级的或不锈钢的六角头螺栓、六角螺母和螺钉等；300HV 适用于≥10 级的 A 级和 B 级的六角头螺栓、螺钉和螺母。GB/T 848 规定，200HV 适用于≤8.8 级或不锈钢制造的圆柱头螺钉、内六角头螺钉等；300HV 适用于≤ 10.9 级的内六角圆柱头螺钉等。

2. d 的范围：GB/T 848 为 1.6～36mm，GB/T 97.1 为 1.6～64mm，GB/T 97.2 为 5～64mm。表中所列的仅为 d ≤36mm 的优选尺寸；d＞36mm 的优选尺寸和非优选尺寸，可查阅这三个标准。

标准型弹簧垫圈（GB/T 93—1987）

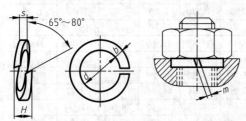

标记示例

规格 16mm，材料为 65Mn，表面氧化的标准型弹簧垫圈：

垫圈 GB/T 93 16

标准型弹簧垫圈的规格尺寸见附表 14。

附表 14

mm

公称规格（螺纹大径）	3	4	5	6	8	10	12	(14)	16	(18)	20	(22)	24	(27)	30
d	3.1	4.1	5.1	6.1	8.1	10.2	12.2	14.2	16.2	18.2	20.2	22.5	24.5	27.5	30.5
H	0.6	2.2	2.6	3.2	4.2	5.2	6.2	7.2	8.2	9	10	11	12	13.6	15
$s(b)$	0.8	1.1	1.3	1.6	2.1	2.6	3.1	3.6	4.1	4.5	5	5.5	6	6.8	7.5
$m\leqslant$	0.4	0.55	0.65	0.8	1.05	1.3	1.55	1.8	2.05	2.25	2.5	2.75	3	3.4	3.75

注：1. 括号内的规格尽可能不采用。

2. m 应大于零。

2.6 键

2.6.1 平键和键槽的剖面尺寸 （GB/T 1095—2003）

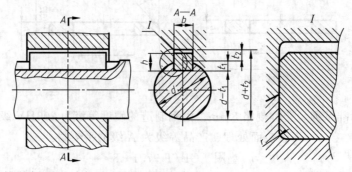

普通平键键槽的剖面尺寸与公差见上图和附表 15。

附表 15   mm

键尺寸 $b \times h$	宽度 b						深度				半径 r	
	基本尺寸	极限偏差					轴 t_1		毂 t_2			
		正常联结		紧密联结	松联结		基本尺寸	极限偏差	基本尺寸	极限偏差		
		轴 N9	毂 JS9	轴和毂 P9	轴 H9	毂 D10					min	max
2×2	2	−0.004 −0.029	±0.0125	−0.006 −0.031	+0.025 0	+0.060 +0.020	1.2	+0.1 0	1.0	+0.1 0	0.08	0.16
3×3	3		±0.0125				1.8		1.4		0.08	0.16
4×4	4	0 −0.030	±0.015	−0.012 −0.042	+0.030 0	+0.078 +0.030	2.5		1.8			
5×5	5		±0.015				3.0		2.3		0.16	0.25
6×6	6						3.5		2.8		0.16	0.25
8×7	8	0 −0.036	±0.018	−0.015 −0.051	+0.036 0	+0.098 +0.040	4.0	+0.2 0	3.3	+0.2 0		
10×8	10		±0.018				5.0		3.3			
12×8	12	0 −0.043	±0.0215	−0.018 −0.061	+0.043 0	+0.120 +0.050	5.0		3.3		0.25	0.40
14×9	14						5.5		3.8		0.25	0.40
16×10	16						6.0		4.3			
18×11	18						7.0		4.4			
20×12	20	0 −0.052	±0.026	−0.022 −0.074	+0.052 0	+0.149 +0.065	7.5		4.9		0.40	0.60
22×14	22						9.0		5.4			
25×14	25						9.0		5.4		0.40	0.60
28×16	28						10.0		6.4			
32×18	32						11.0		7.4			
36×20	36	0 −0.062	±0.031	−0.026 −0.088	+0.062 0	+0.180 +0.080	12.0		8.4		0.70	1.00
40×22	40						13.0		9.4			
45×25	45						15.0		10.4		0.70	1.00
50×28	50						17.0		11.4			
56×32	56	0 −0.074	±0.037	−0.032 −0.106	+0.074 0	+0.220 +0.100	20.0	+0.3 0	12.4	+0.3 0		
63×32	63						20.0		12.4		1.20	1.60
70×36	70						22.0		14.4		1.20	1.60
80×40	80						25.0		15.4			
90×45	90	0 −0.087	±0.0435	−0.037 −0.124	+0.087 0	+0.260 +0.120	28.0		17.4		2.00	2.50
100×50	100						31.0		19.5		2.00	2.50

注：1. 在零件图中，轴槽深用 $d-t_1$ 标注，$d-t_1$ 的极限偏差值应取负号，轮毂槽深用 $d+t_2$ 标注。

2. 普通型平键应符合 GB/T 1096 规定。

3. 平键轴槽的长度公差用 H14。

4. 轴槽、轮毂槽的键槽宽度 b 两侧的表面粗糙度参数 Ra 值推荐为 $1.6 \sim 3.2\mu m$；轴槽底面、轮毂槽底面的表面粗糙度参数 Ra 值为 $6.3\mu m$。

5. 这里未述及的有关键槽的其他技术条件，需用时可查阅标准 GB/T 1095—2003。

2.6.2 普通型平键 （GB/T 1096—2003）

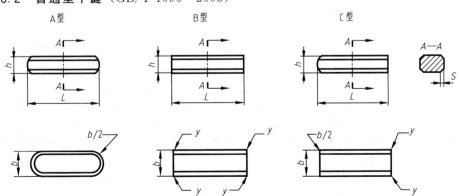

标记示例

$b=16$mm、$h=10$mm、$L=100$mm 的普通 A 型平键：GB/T 1096　键 $16\times10\times100$

$b=16$mm、$h=10$mm、$L=100$mm 的普通 B 型平键：GB/T 1096　键 B$16\times10\times100$

$b=16$mm、$h=10$mm、$L=100$mm 的普通 C 型平键：GB/T 1096　键 C$16\times10\times100$

普通平键的尺寸与公差见附表 16。

附表 16　　　　　　　　　　　　　　　　　　　　mm

宽度 b	基本尺寸		2	3	4	5	6	8	10	12	14	16	18	20	22
	极限偏差 (h8)		0 −0.014		0 −0.018			0 −0.022		0 −0.027				0 −0.033	
高度 h	基本尺寸		2	3	4	5	6	7	8	8	9	10	11	12	14
	极限偏差	矩形 (h11)	—	—	—	—	—		0 −0.090					0 −0.110	
		方形 (h8)	0 −0.014		0 −0.018			—							
	倒角或倒圆 s		0.16～0.25			0.25～0.40			0.40～0.60					0.60～0.80		

长度 L

基本尺寸	极限偏差 (h14)													
6	0 −0.36			—	—	—	—	—	—	—	—	—	—	—
8					—	—	—	—	—	—	—	—	—	—
10						—	—	—	—	—	—	—	—	—
12							—	—	—	—	—	—	—	—
14	0 −0.43							—	—	—	—	—	—	—
16								—	—	—	—	—	—	—
18								—	—	—	—	—	—	—
20									—	—	—	—	—	—
22	0 −0.52		标准							—	—	—	—	—
25		—									—	—	—	—
28		—									—	—	—	—
32		—										—	—	—
36	0 −0.62	—										—	—	—
40			—										—	—
45					长度									—
50														
56														
63	0 −0.74	—	—	—	—									
70		—	—	—	—									
80			—	—	—	—								
90			—	—	—	—			范围					
100	0 −0.87			—	—	—								
110					—	—								
125						—	—							
140	0 −1.00						—	—						
160							—	—	—					
180								—	—	—				
200									—	—	—			
220	0 −1.15									—	—	—		
250											—	—	—	

注：1. 标准 GB/T 1096—2003 中规定了宽度 $b=2\sim100$mm 的普通 A 型、B 型、C 型的平键，本表未列入 $b=25\sim100$mm 的普通型平键，需用时可查阅该标准。

2. 普通型平键的技术条件应符合 GB/T 1568 的规定，需用时可查阅该标准。材料常用 45 钢。

3. 键槽的尺寸应符合 GB/T 1095 的规定。

2.7 销

圆柱销—不淬硬钢和奥氏体不锈钢（GB/T 119.1—2000）

圆柱销—淬硬钢和马氏体不锈钢（GB/T 119.2—2000）

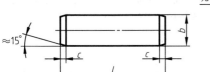

标记示例

公称直径 d = 6mm、公差 m6、公称长度 l = 30mm、材料为钢，不经淬火、不经表面处理的圆柱销：

销　GB/T 119.1　6m6×30

公称直径 d = 6mm、公称长度 l = 30mm、材料为钢、普通淬火（A 型）、表面氧化处理的圆柱销：

销　GB/T 119.2　6×30

销的规格尺寸见附表 17。

附表 17　　　　　　　　　　　　　　　　　　mm

公称直径 d		3	4	5	6	8	10	12	16	20	25	30	40	50
$c\approx$		0.50	0.50	0.80	1.2	1.6	2.0	2.5	3.0	3.5	4.0	5.0	6.3	8.0
公称长度 l	GB/T 119.1	8~30	8~40	10~50	12~60	14~80	18~95	22~140	26~180	35~200	50~200	60~200	80~200	95~200
	GB/T 119.2	8~30	10~40	12~50	14~60	18~80	22~100	26~100	40~100	50~100	—	—	—	—
l 系列		8,10,12,14,16,18,20,22,24,26,28,30,32,35,40,45,50,55,60,65,70,75,80,85,90,95,100,120,140,160,180,200…												

注：1. GB/T 119.1—2000 规定圆柱销的公称直径 d = 0.6~50mm，公称长度 l = 2~200mm，公差有 m6 和 h8。

2. GB/T 119.2—2000 规定圆柱销的公称直径 d = 1~20mm，公称长度 l = 3~100mm，公差仅有 m6。

3. 圆柱销常用 35 钢。当圆柱销公差为 h8 时，其表面粗糙度参数 $Ra\leqslant1.6\mu m$；为 m6 时，$Ra\leqslant0.8\mu m$。

圆锥销（GB/T 117—2000）

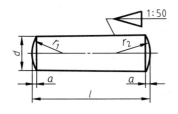

$$r_1\approx d$$

$$r_2\approx\frac{a}{2}+d+\frac{(0.02l)^2}{8a}$$

标记示例

公称直径 d = 10mm、公称长度 l = 60mm、材料为 35 钢、热处理硬度 28~38HRC、表面氧化处理的 A 型圆锥销：

销　GB/T 117　10×60

圆锥销的规格尺寸见附表 18。

附表 18　　　　　　　　　　　　　　　　　　mm

公称直径 d	4	5	6	8	10	12	16	20	25	30	40	50
$a\approx$	0.5	0.63	0.8	1	1.2	1.6	2	2.5	3	4	5	6.3
公称长度 l	14~55	18~60	22~90	22~120	26~160	32~180	40~200	45~200	50~200	55~200	60~200	65~200
l 系列	2,3,4,5,6,8,10,12,14,16,18,20,22,24,26,28,30,32,35,40,45,50,55,60,65,70,75,80,85,90,95,100,120,140,160,180,200…											

注：1. 标准规定圆锥销的公称直径 d = 0.6~50mm。

2. 有 A 型和 B 型。A 型为磨削，锥面表面粗糙度参数 Ra = 0.8μm；B 型为切削或冷镦，锥面表面粗糙度参数 Ra = 3.2μm。

A 型和 B 型的圆锥销端面的表面粗糙度参数都是 Ra = 6.3μm。

2.8 滚动轴承

2.8.1 深沟球轴承（GB/T 276—2013）

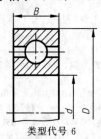

类型代号 6

标记示例
内圈孔径 d＝60mm、尺寸系列代号为(0)2 的深沟球轴承：
滚动轴承　6212　GB/T 276—2013

深沟球轴承的规格尺寸见附表 19。

附表 19

mm

轴承代号	尺寸			轴承代号	尺寸		
	d	D	B		d	D	B
尺寸系列代号(1)0				尺寸系列代号(0)3			
606	6	17	6	633	3	13	5
607	7	19	6	634	4	16	5
608	8	22	7	635	5	19	6
609	9	24	7	6300	10	35	11
6000	10	26	8	6301	12	37	12
6001	12	28	8	6302	15	42	13
6002	15	32	9	6303	17	47	14
6003	17	35	10	6304	20	52	15
6004	20	42	12	63/22	22	56	16
60/22	22	44	12	6305	25	62	17
6005	25	47	12	63/28	28	68	18
60/28	28	52	12	6306	30	72	19
6006	30	55	13	63/32	32	75	20
60/32	32	58	13	6307	35	80	21
6007	35	62	14	6308	40	90	23
6008	40	68	15	6309	45	100	25
6009	45	75	16	6310	50	110	27
6010	50	80	16	6311	55	120	29
6011	55	90	18	6312	60	130	31
6012	60	95	18				
尺寸系列代号(0)2				尺寸系列代号(0)4			
623	3	10	4	6403	17	62	17
624	4	13	5	6404	20	72	19
625	5	16	5	6405	25	80	21
626	6	19	6	6406	30	90	23
627	7	22	7	6407	35	100	25
628	8	24	8	6408	40	110	27
629	9	26	8	6409	45	120	29
6200	10	30	9	6410	50	130	31
6201	12	32	10	6411	55	140	33
6202	15	35	11	6412	60	150	35
6203	17	40	12	6413	65	160	37
6204	20	47	14	6414	70	180	42
62/22	22	50	14	6415	75	190	45
6205	25	52	15	6416	80	200	48
62/28	28	58	16	6417	85	210	52
6206	30	62	16	6418	90	225	54
62/32	32	65	17	6419	95	240	55
6207	35	72	17	6420	100	250	58
6208	40	80	18	6422	110	280	65
6209	45	85	19				
6210	50	90	20				
6211	55	100	21				
6212	60	110	22				

注：表中括号"（ ）"，表示该数字在轴承代号中省略。

2.8.2 圆锥滚子轴承（GB/T 297—2015）

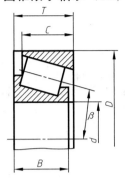

标记示例

内圈孔径 $d=35$mm、尺寸系列代号为 3 的圆锥滚子轴承：

滚动轴承　30307　GB/T 297—2015

圆锥滚子轴承的规格尺寸见附表 20。

附表 20　　　　　　　　　　　　　　　　　mm

轴承代号	尺寸					轴承代号	尺寸				
	d	D	T	B	C		d	D	T	B	C
尺寸系列代号 02						尺寸系列代号 23					
30202	15	35	11.75	11	10	32303	17	47	20.25	19	16
30203	17	40	13.25	12	11	32304	20	52	22.25	21	18
30204	20	47	15.25	14	12	32305	25	62	25.25	24	20
30205	25	52	16.25	15	13	32306	30	72	28.75	27	23
30206	30	62	17.25	16	14	32307	35	80	32.75	31	25
302/32	32	65	18.25	17	15	32308	40	90	35.25	33	27
30207	35	72	18.25	17	15	32309	45	100	38.25	36	30
30208	40	80	19.75	18	16	32310	50	110	42.25	40	33
30209	45	85	20.75	19	16	32311	55	120	45.5	43	35
30210	50	90	21.75	20	17	32312	60	130	48.5	46	37
30211	55	100	22.75	21	18	32313	65	140	51	48	39
30212	60	110	23.75	22	19	32314	70	150	54	51	42
30213	65	120	24.75	23	20	32315	75	160	58	55	45
30214	70	125	26.75	24	21	32316	80	170	61.5	58	48
30215	75	130	27.75	25	22						
30216	80	140	28.75	26	22	尺寸系列代号 30					
30217	85	150	30.5	28	24						
30218	90	160	32.5	30	26	33005	25	47	17	17	14
30219	95	170	34.5	32	27	33006	30	55	20	20	16
30220	100	180	37	34	29	33007	35	62	21	21	17
尺寸系列代号 03						33008	40	68	22	22	18
						33009	45	75	24	24	19
30302	15	42	14.25	13	11	33010	50	80	24	24	19
30303	17	47	15.25	14	12	33011	55	90	27	27	21
30304	20	52	16.25	15	13	33012	60	95	27	27	21
30305	25	62	18.25	17	15	33013	65	100	27	27	21
30306	30	72	20.75	19	16	33014	70	110	31	31	25.5
30307	35	80	22.75	21	18	33015	75	115	31	31	25.5
30308	40	90	25.25	23	20	33016	80	125	36	36	29.5
30309	45	100	27.25	25	22						
30310	50	110	29.25	27	23	尺寸系列代号 31					
30311	55	120	31.5	29	25						
30312	60	130	33.5	31	26	33108	40	75	26	26	20.5
30313	65	140	36	33	28	33109	45	80	26	26	20.5
30314	70	150	38	35	30	33110	50	85	26	26	20
30315	75	160	40	37	31	33111	55	95	30	30	23
30316	80	170	42.5	39	33	33112	60	100	30	30	23
30317	85	180	44.5	41	34	33113	65	110	34	34	26.5
30318	90	190	46.5	43	36	33114	70	120	37	37	29
30319	95	200	49.5	45	38	33115	75	125	37	37	29
30320	100	215	51.5	47	39	33116	80	130	37	37	29

2.8.3 推力球轴承（GB/T 301—2015）

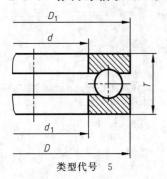

类型代号 5

标记示例
内圈孔径 $d=30$mm、尺寸系列代号为 13 的推力球轴承：
滚动轴承 51306　GB/T 301—2015

推力球轴承的规格尺寸见附表 21。

附表 21

mm

轴承代号	尺寸					轴承代号	尺寸				
	d	D	T	d_1	D_1		d	D	T	d_1	D_1
尺寸系列代号 11						尺寸系列代号 13					
51104	20	35	10	21	35	51304	20	47	18	22	47
51105	25	42	11	26	42	51305	25	52	18	27	52
51106	30	47	11	32	47	51306	30	60	21	32	60
51107	35	52	12	37	52	51307	35	68	24	37	68
51108	40	60	13	42	60	51308	40	78	26	42	78
51109	45	65	14	47	65	51309	45	85	28	47	85
51110	50	70	14	52	70	51310	50	95	31	52	95
51111	55	78	16	57	78	51311	55	105	35	57	105
51112	60	85	17	62	85	51312	60	110	35	62	110
51113	65	90	18	67	90	51313	65	115	36	67	115
51114	70	95	18	72	95	51314	70	125	40	72	125
51115	75	100	19	77	100	51315	75	135	44	77	135
51116	80	105	19	82	105	51316	80	140	44	82	140
51117	85	110	19	87	110	51317	85	150	49	88	150
51118	90	120	22	92	120	51318	90	155	50	93	155
51120	100	135	25	102	135	51320	100	170	55	103	170
尺寸系列代号 12						尺寸系列代号 14					
51204	20	40	14	22	40	51405	25	60	24	27	60
51205	25	47	15	27	47	51406	30	70	28	32	70
51206	30	52	16	32	52	51407	35	80	32	37	80
51207	35	62	18	37	62	51408	40	90	36	42	90
51208	40	68	19	42	68	51409	45	100	39	47	100
51209	45	73	20	47	73	51410	50	110	43	52	110
51210	50	78	22	52	78	51411	55	120	48	57	120
51211	55	90	25	57	90	51412	60	130	51	62	130
51212	60	95	26	62	95	51413	65	140	56	68	140
51213	65	100	27	67	100	51414	70	150	60	73	150
51214	70	105	27	72	105	51415	75	160	65	78	160
51215	75	110	27	77	110	51416	80	170	68	83	170
51216	80	115	28	82	115	51417	85	180	72	88	177
51217	85	125	31	88	125	51418	90	190	77	93	187
51218	90	135	35	93	135	51420	100	210	85	103	205
51220	100	150	38	103	150	51422	110	230	95	113	225

　注：推力球轴承有 51000 型和 52000 型，类型代号都是 5，尺寸系列代号分别为 11、12、13、14 和 21、22、23、24。52000 形推力球轴承的型式、尺寸可查阅 GB/T 301—2015。

2.9 弹簧

普通圆柱螺旋压缩弹簧尺寸及参数（两端并紧磨平或制扁）（GB/T 2089—2009）

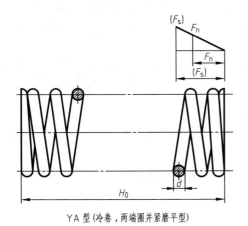

YA 型（冷卷，两端圈并紧磨平型）

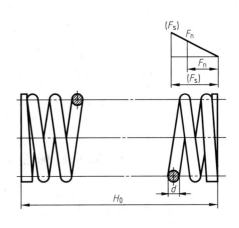

标记示例

YA 型弹簧，材料直径为 1.2mm，弹簧中径为 8mm，自由高度为 40mm，精度等级为 2 级，左旋的两端圈并紧磨平的冷卷压缩弹簧：

$$YA \quad 1.2 \times 8 \times 40 \, 左 \quad GB/T \, 2089$$

YB 型弹簧，材料直径为 20mm，弹簧中径为 140mm，自由高度为 260mm，精度等级为 3 级，右旋的两端圈并紧制扁的热卷压缩弹簧：

$$YB \quad 20 \times 140 \times 260\text{-}3 \quad GB/T \, 2089$$

附表 22 摘录了 GB/T 2089 所列的少量弹簧的部分主要尺寸及参数的数值。

附表 22

材料直径 d/mm	弹簧中径 D/mm	自由高度 H_0/mm	有效圈数 n/圈	最大工作负荷 F_n/N	最大工作变形量 f_n/mm
1.2	8	28	8.5	65	14
		40	12.5		20
	12	40	6.5	43	24
		48	8.5		31
4	28	50	4.5	545	21
		70	6.5		30
	30	55	4.5	509	24
		75	6.5		36
6	38	65	4.5	1267	24
		90	6.5		35
	45	105	6.5	1070	49
		140	8.5		63
10	45	140	8.5	4605	36
		170	10.5		45
	50	190	10.5	4145	55
		220	12.5		66
20	140	260	4.5	13278	104
		360	6.5		149
	160	300	4.5	11618	135
		420	6.5		197

材料直径 d/mm	弹簧中径 D/mm	自由高度 H_0/mm	有效圈数 n/圈	最大工作负荷 F_n/N	最大工作变形量 f_n/mm
30	160	310	4.5	39211	90
		420	6.5		131
	200	250	2.5	31369	78
		520	6.5		204

注：1. 支承圈数 n_z=2 圈，F_n 取 $0.8F_s$（F_s 为试验负荷的代号），f_n 取 $0.8f_s$（f_s 为试验负荷下变形量的代号）。

2. GB/T 2089 中的这个表格列出了很多个弹簧，对各个弹簧还列出了更多的参数，本表仅摘录了其中的 24 个弹簧的部分参数，不够应用时，可查阅该标准。

3. 弹簧的材料：采用冷卷工艺时，选用材料性能不低于 GB/T 4357—2009 中的 C 级碳素弹簧钢丝；采用热卷工艺时，选用材料性能不低于 GB/T 1222 中的 60Si2MnA。

3 常用机械加工一般规范和零件结构要素

3.1 标准尺寸（摘自 GB/T 2822—2005）

部分标准尺寸见附表 23。

附表 23 mm

R10	2.50,3.15,4.00,5.00,6.30,8.00,10.0,12.5,16.0,20.0,25.0,31.5,40.0,50.0,63.0,80.0,100,125,160,200,250,315,400,500,630,800,1000
R20	2.80,3.55,4.50,5.60,7.10,9.00,11.2,14.0,18.0,22.4,28.0,35.5,45.0,56.0,71.0,90.0,112,140,180,224,280,355,450,560,710,900
R40	13.2,15.0,17.0,19.0,21.2,23.6,26.5,30.0,33.5,37.5,42.5,47.5,53.0,60.0,67.0,75.0,85.0,95.0,106,118,132,150,170,190,212,236,265,300,335,375,425,475,530,600,670,750,850,950

注：1. 本表仅摘录 1～1000mm 范围内优先数系 R 系列中的标准尺寸，选用顺序为 R10、R20、R40。如需选用 <2.50mm 或 >1000mm 的尺寸时，可查阅标准 GB/T 2822—2005。

2. 标准 GB/T 2822—2005 适用于有互换性或系列化要求的主要尺寸，如直径、长度、高度等，其他结构尺寸也尽可能采用。

3. 如果必须将数值圆整，可在相应的 R′ 系列中选用标准尺寸，选用顺序为 R′10、R′20、R′40，本书未摘录，需用时可查阅标准 GB/T 2822—2005。

3.2 砂轮越程槽（摘自 GB/T 6403.5—2008）

砂轮越程槽的规格尺寸见附表 24。

附表 24 mm

磨外圆磨内圆

b_1	0.6	1.0	1.6	2.0	3.0	4.0	5.0	8.0	10
b_2	2.0	3.0		4.0		5.0		8.0	10
h	0.1	0.2		0.3	0.4		0.6	0.8	1.2
r	0.2	0.5		0.8	1.0		1.6	2.0	3.0
d	~10			>10~50		>50~100		>100	

注：1. 越程槽内二直线相交处，不允许产生尖角。

2. 越程槽深度 h 与圆弧半径 r，要满足 $r \leqslant 3h$。

3. 磨削具有数个直径的工件时，可使用同一规格的越程槽。

4. 直径 d 值大的零件，允许选择小规格的砂轮越程槽。

5. 砂轮越程槽的尺寸公差和表面粗糙度根据该零件的结构、性能确定。

3.3　零件倒圆与倒角（摘自 GB/T 6403.4—2008）

倒圆与倒角的形式，倒圆、45°倒角的四种装配形式见附表 25。

附表 25　　　　　　　　　　　　　　　　　　　　　　　　　　　　　　mm

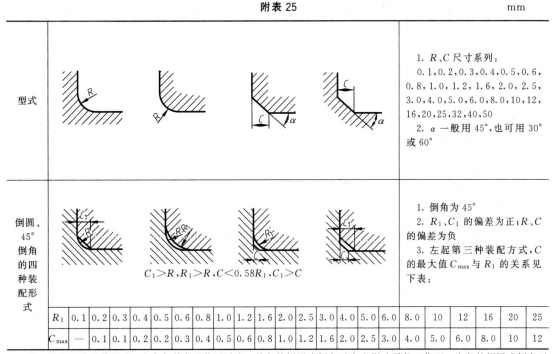

型式	1. R、C 尺寸系列： 0.1,0.2,0.3,0.4,0.5,0.6, 0.8,1.0,1.2,1.6,2.0,2.5, 3.0,4.0,5.0,6.0,8.0,10,12, 16,20,25,32,40,50 2. α 一般用 45°，也可用 30° 或 60°
倒圆、45°倒角的四种装配形式 $C_1>R,R_1>R,C<0.58R_1,C_1>C$	1. 倒角为 45° 2. R_1、C_1 的偏差为正；R、C 的偏差为负 3. 左起第三种装配方式，C 的最大值 C_{max} 与 R_1 的关系见下表：

R_1	0.1	0.2	0.3	0.4	0.5	0.6	0.8	1.0	1.2	1.6	2.0	2.5	3.0	4.0	5.0	6.0	8.0	10	12	16	20	25
C_{max}	—	0.1	0.1	0.2	0.2	0.3	0.4	0.5	0.6	0.8	1.0	1.2	1.6	2.0	2.5	3.0	4.0	5.0	6.0	8.0	10	12

注：按上述关系装配时，内角与外角取值要适当，外角的倒圆或倒角过大会影响零件工作面；内角的倒圆或倒角过小会产生应力集中。

与零件的直径 ϕ 相对应的倒角 C、倒圆 R 的推荐值见附表 26。

附表 26　　　　　　　　　　　　　　　　　　　　　　　　　　　　　　mm

ϕ	～3	>3～6	>6～10	>10～18	>18～30	>30～50	>50～80	>80～120	>120～180
C 或 R	0.2	0.4	0.6	0.8	1.0	1.6	2.0	2.5	3.0
ϕ	>180～ 250	>250～ 300	>320～ 400	>400～ 500	>500～ 630	>630～ 800	>800～ 1000	>1000～ 1250	>1250～ 1600
C 或 R	4.0	5.0	6.0	8.0	10	12	16	20	25

注：倒角一般用 45°，也允许用 30°、60°。

3.4　普通螺纹倒角和退刀槽（摘自 GB/T 3—1997）、螺纹紧固件的螺纹倒角（摘自 GB/T 2—2016）

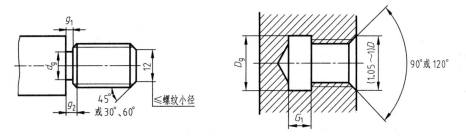

螺纹倒角和退刀槽的规格尺寸见附表 27。

附表 27　　　　　　　　　　　　　　　　mm

螺距	外螺纹			内螺纹		螺距	外螺纹			内螺纹	
	g_{2max}	g_{1max}	d_g	G_1	D_g		g_{2max}	g_{1max}	d_g	G_1	D_g
0.5	1.5	0.8	$d-0.8$	2	$D+0.3$	1.75	5.25	3	$d-2.6$	7	$D+0.5$
0.7	2.1	1.1	$d-1.1$	2.8		2	6	3.4	$d-3$	8	
0.8	2.4	1.3	$d-1.3$	3.2	$D+0.5$	2.5	7.5	4.4	$d-3.6$	10	
1	3	1.6	$d-1.6$	4		3	9	5.2	$d-4.4$	12	
1.25	3.75	2	$d-2$	5		3.5	10.5	6.2	$d-5$	14	
1.5	4.5	2.5	$d-2.3$	6		4	12	7	$d-5.7$	16	

注：1. D 和 d 是指螺纹的公称直径。

　　2. 普通螺纹端部倒角见附表 25。

3.5　紧固件通孔（摘自 GB/T 5277—1985）及沉头座尺寸（摘自 GB/T 152.2—2014，GB/T 152.3—1988，GB/T 152.4—1988）

紧固件通孔及沉头座尺寸见附表 28。

附表 28　　　　　　　　　　　　　　　　mm

螺纹规格 d		3	4	5	6	8	10	12	14	16	18	20	22	24	27	30	36
通孔直径 GB/T 5277—1985	精装配	3.2	4.3	5.3	6.4	8.4	10.5	13	15	17	19	21	23	125	28	31	37
	中等装配	3.4	4.5	5.5	6.6	9	11	13.5	15.5	17.5	20	22	24	26	30	33	39
	粗装配	3.6	4.8	5.8	7	10	12	14.5	16.5	18.5	21	24	26	28	32	35	42
六角头螺栓和螺母用沉孔 GB/T 152.4—1988	d_2	9	10	11	13	18	22	26	30	33	36	40	43	48	53	61	71
	d_3	—	—	—	—	—	—	16	18	20	22	24	26	28	33	36	42
	d_1	3.4	4.5	5.5	6.6	9.0	11.0	13.5	15.5	17.5	20.0	22.0	24	26	30	33	39
沉头用沉孔 GB/T 152.2—2014	d_2（公称）	6.4	9.6	10.6	12.8	17.6	20.3	24.4	28.4	32.4	—	40.4	—	—	—	—	—
	$t\approx$	1.6	2.7	2.7	3.3	4.6	5.0	6.0	7.0	8.0	—	10.0	—	—	—	—	—
	d_1（公称）	3.4	4.5	5.5	6.6	9	11	13.5	15.5	17.5	—	22	—	—	—	—	—
	α	90°±1°															

螺纹规格 d		3	4	5	6	8	10	12	14	16	18	20	22	24	27	30	36
用于内六角圆柱头螺钉的沉孔 GB/T 152.3—1988	d_2	6.0	8.0	10.0	11.0	15.0	18.0	20.0	24.0	26.0	—	33.0	—	40.0	—	48.0	57.0
	t	3.4	4.6	5.7	6.8	9.0	11.0	13.0	15.0	17.5	—	21.5	—	25.5	—	32.0	38.0
	d_3	—	—	—	—	—	—	16	18	20	—	24	—	28	—	36	42
	d_1	3.4	4.5	5.5	6.6	9.0	11.0	13.5	15.5	17.5	—	22.0	—	26.0	—	33.0	39.0
用于开槽圆柱头螺钉	d_2	—	8	10	11	15	18	20	24	26	—	33	—	—	—	—	—
	t	—	3.2	4.0	4.7	6.0	7.0	8.0	9.0	10.5	—	12.5	—	—	—	—	—
	d_3	—	—	—	—	—	—	16	18	20	—	24	—	—	—	—	—
	d_1	—	4.5	5.5	6.6	9.0	11.0	13.5	15.5	17.5	—	22.0	—	—	—	—	—

注：对螺栓和螺母用沉孔的尺寸 t，只要能制出与通孔轴线垂直的圆平面即可，即刮平圆平面即可，常称锪平。表中尺寸 d_1、d_2、t 的公差带均为 H13。

4 公差与配合

4.1 优先配合中轴的上、下极限偏差数值（从 GB/T 1801—2009 和 GB/T 1800.2—2009 摘录后整理列表）

优先配合中轴的上、下极限偏差数值见附表 29。

附表 29　　　　　　　　　　　　　　　　　　　　　　　　　μm

基本尺寸 /mm		公 差 带												
大于	至	c	d	f	g	h				k	n	p	s	u
		11	9	7	6	6	7	9	11	6	6	6	6	6
—	3	−60 −120	−20 −45	−6 −16	−2 −8	0 −6	0 −10	0 −25	0 −60	+6 0	+10 +4	+12 +6	+20 +14	+24 +18
3	6	−70 −145	−30 −60	−10 −22	−4 −12	0 −8	0 −12	0 −30	0 −75	+9 +1	+16 +8	+20 +12	+27 +19	+31 +23
6	10	−80 −170	−40 −76	−13 −28	−5 −14	0 −9	0 −15	0 −36	0 −90	+10 +1	+19 +10	+24 +15	+32 +23	+37 +28
10	14	−95 −205	−50 −93	−16 −34	−6 −17	0 −11	0 −18	0 −43	0 −110	+12 +1	+23 +12	+29 +18	+39 +28	+44 +33
14	18													
18	24	−110 −240	−65 −117	−20 −41	−7 −20	0 −13	0 −21	0 −52	0 −130	+15 +2	+28 +15	+35 +22	+48 +35	+54 +41
24	30													+61 +48
30	40	−120 −280	−80 −142	−25 −50	−9 −25	0 −16	0 −25	0 −62	0 −160	+18 +2	+33 +17	+42 +26	+59 +43	+76 +60
40	50	−130 −290												+86 +70

基本尺寸/mm		公差带												
		c	d	f	g		h			k	n	p	s	u
大于	至	11	9	7	6	6	7	9	11	6	6	6	6	6
50	65	-140 -330	-100 -174	-30 -60	-10 -29	0 -19	0 -30	0 -74	0 -190	+21 +2	+39 +20	+51 +32	+72 +53	+106 +87
65	80	-150 -340	-100 -174	-30 -60	-10 -29	0 -19	0 -30	0 -74	0 -190	+21 +2	+39 +20	+51 +32	+78 +59	+121 +102
80	100	-170 -390	-120 -207	-36 -71	-12 -34	0 -22	0 -35	0 -87	0 -220	+25 +3	+45 +23	+59 +37	+93 +71	+146 +124
100	120	-180 -400	-120 -207	-36 -71	-12 -34	0 -22	0 -35	0 -87	0 -220	+25 +3	+45 +23	+59 +37	+101 +79	+166 +144
120	140	-200 -450	-145 -245	-43 -83	-14 -39	0 -25	0 -40	0 -100	0 -250	+28 +3	+52 +27	+68 +43	+117 +92	+195 +170
140	160	-210 -460	-145 -245	-43 -83	-14 -39	0 -25	0 -40	0 -100	0 -250	+28 +3	+52 +27	+68 +43	+125 +100	+215 +190
160	180	-230 -480	-145 -245	-43 -83	-14 -39	0 -25	0 -40	0 -100	0 -250	+28 +3	+52 +27	+68 +43	+133 +108	+235 +210
180	200	-240 -530	-170 -285	-50 -96	-15 -44	0 -29	0 -46	0 -115	0 -290	+33 +4	+60 +31	+79 +50	+151 +122	+265 +236
200	225	-260 -550	-170 -285	-50 -96	-15 -44	0 -29	0 -46	0 -115	0 -290	+33 +4	+60 +31	+79 +50	+159 +130	+287 +258
225	250	-280 -570	-170 -285	-50 -96	-15 -44	0 -29	0 -46	0 -115	0 -290	+33 +4	+60 +31	+79 +50	+169 +140	+313 +284
250	280	-300 -620	-190 -320	-56 -108	-17 -49	0 -32	0 -52	0 -130	0 -320	+36 +4	+66 +34	+88 +56	+190 +158	+347 +315
280	315	-330 -650	-190 -320	-56 -108	-17 -49	0 -32	0 -52	0 -130	0 -320	+36 +4	+66 +34	+88 +56	+202 +170	+382 +350
315	355	-360 -720	-210 -350	-62 -119	-18 -54	0 -36	0 -57	0 -140	0 -360	+40 +4	+73 +37	+98 +62	+226 +190	+426 +390
355	400	-400 -760	-210 -350	-62 -119	-18 -54	0 -36	0 -57	0 -140	0 -360	+40 +4	+73 +37	+98 +62	+244 +208	+471 +435
400	450	-440 -840	-230 -385	-68 -131	-20 -60	0 -40	0 -63	0 -155	0 -400	+45 +5	+80 +40	+108 +68	+272 +232	+530 +490
450	500	-480 -880	-230 -385	-68 -131	-20 -60	0 -40	0 -63	0 -155	0 -400	+45 +5	+80 +40	+108 +68	+292 +252	+580 +540

4.2 优先配合中孔的上、下极限偏差数值（从 GB/T 1801—2009 和 GB/T 1800.2—2009 摘录后整理列表）

优先配合中孔的上、下极限偏差数值见附表 30。

附表 30   μm

基本尺寸/mm		公差带												
		C	D	F	G		H			K	N	P	S	U
大于	至	11	9	8	7	7	8	9	11	7	7	7	7	7
—	3	+120 +60	+45 +20	+20 +6	+12 +2	+10 0	+14 0	+25 0	+60 0	0 -10	-4 -14	-6 -16	-14 -24	-18 -28
3	6	+145 +70	+60 +30	+28 +10	+16 +4	+12 0	+18 0	+30 0	+75 0	+3 -9	-4 -16	-8 -20	-15 -27	-19 -31
6	10	+170 +80	+76 +40	+35 +13	+20 +5	+15 0	+22 0	+36 0	+90 0	+5 -10	-4 -19	-9 -24	-17 -32	-22 -37

基本尺寸 /mm		公差带												
		C	D	F	G	H				K	N	P	S	U
大于	至	11	9	8	7	7	8	9	11	7	7	7	7	7
10	14	+205 +95	+93 +50	+43 +16	+24 +6	+18 0	+27 0	+43 0	+110 0	+6 −12	−5 −23	−11 −29	−21 −39	−26 −44
14	18	+205 +95	+93 +50	+43 +16	+24 +6	+18 0	+27 0	+43 0	+110 0	+6 −12	−5 −23	−11 −29	−21 −39	−26 −44
18	24	+240 +110	+117 +65	+53 +20	+28 +7	+21 0	+33 0	+52 0	+130 0	+6 −15	−7 −28	−14 −35	−27 −48	−33 −54
24	30	+240 +110	+117 +65	+53 +20	+28 +7	+21 0	+33 0	+52 0	+130 0	+6 −15	−7 −28	−14 −35	−27 −48	−40 −61
30	40	+280 +120	+142 +80	+64 +25	+34 +9	+25 0	+39 0	+62 0	+160 0	+7 −18	−8 −33	−17 −42	−34 −59	−51 −76
40	50	+290 +130	+142 +80	+64 +25	+34 +9	+25 0	+39 0	+62 0	+160 0	+7 −18	−8 −33	−17 −42	−34 −59	−61 −86
50	65	+330 +140	+174 +100	+76 +30	+40 +10	+30 0	+46 0	+74 0	+190 0	+9 −21	−9 −39	−21 −51	−42 −72	−76 −106
65	80	+340 +150	+174 +100	+76 +30	+40 +10	+30 0	+46 0	+74 0	+190 0	+9 −21	−9 −39	−21 −51	−48 −78	−91 −121
80	100	+390 +170	+207 +120	+90 +36	+47 +12	+35 0	+54 0	+87 0	+220 0	+10 −25	−10 −45	−24 −59	−58 −93	−111 −146
100	120	+400 +180	+207 +120	+90 +36	+47 +12	+35 0	+54 0	+87 0	+220 0	+10 −25	−10 −45	−24 −59	−66 −101	−131 −166
120	140	+450 +200	+245 +145	+106 +43	+54 +14	+40 0	+63 0	+100 0	+250 0	+12 −28	−12 −52	−28 −68	−77 −117	−155 −195
140	160	+460 +210	+245 +145	+106 +43	+54 +14	+40 0	+63 0	+100 0	+250 0	+12 −28	−12 −52	−28 −68	−85 −125	−175 −215
160	180	+480 +230	+245 +145	+106 +43	+54 +14	+40 0	+63 0	+100 0	+250 0	+12 −28	−12 −52	−28 −68	−93 −133	−195 −235
180	200	+530 +240	+285 +170	+122 +50	+61 +15	+46 0	+72 0	+115 0	+290 0	+13 −33	−14 −60	−33 −79	−105 −151	−219 −265
200	225	+550 +260	+285 +170	+122 +50	+61 +15	+46 0	+72 0	+115 0	+290 0	+13 −33	−14 −60	−33 −79	−113 −159	−241 −287
225	250	+570 +280	+285 +170	+122 +50	+61 +15	+46 0	+72 0	+115 0	+290 0	+13 −33	−14 −60	−33 −79	−123 −169	−267 −313
250	280	+620 +300	+320 +190	+137 +56	+69 +17	+52 0	+81 0	+130 0	+320 0	+16 −36	−14 −66	−36 −88	−138 −190	−295 −347
280	315	+650 +330	+320 +190	+137 +56	+69 +17	+52 0	+81 0	+130 0	+320 0	+16 −36	−14 −66	−36 −88	−150 −202	−330 −382
315	355	+720 +360	+350 +210	+151 +62	+75 +18	+57 0	+89 0	+140 0	+360 0	+17 −40	−16 −73	−41 −98	−169 −226	−369 −426
355	400	+760 +400	+350 +210	+151 +62	+75 +18	+57 0	+89 0	+140 0	+360 0	+17 −40	−16 −73	−41 −98	−187 −244	−414 −471
400	450	+840 +440	+385 +230	+165 +68	+83 +20	+63 0	+97 0	+155 0	+400 0	+18 −45	−17 −80	−45 −108	−209 −272	−467 −530
450	500	+880 +480	+385 +230	+165 +68	+83 +20	+63 0	+97 0	+155 0	+400 0	+18 −45	−17 −80	−45 −108	−229 −292	−517 −580

5 常用材料名词解释

5.1 金属材料

金属材料名词解释见附表31。

附表31

标　准	名称	牌号		应用举例	说　明
GB/T 700—2006	碳素结构钢	Q215	A级	金属结构件、拉杆、套圈、铆钉、螺栓。短轴、心轴、凸轮(载荷不大的)、垫圈、渗碳零件及焊接件	"Q"为碳素结构钢屈服点"屈"字的汉字拼音首位字母，后面的数字表示屈服点的数值。如Q235表示碳素结构钢的屈服点为235N/mm²。 新旧牌号对照： Q215—A2(A2F) Q235—A3 Q275—A5
			B级		
		Q235	A级	金属结构件，芯部强度要求不高的渗碳或氰化零件，吊钩、拉杆、套圈、气缸、齿轮、螺栓、螺母、连杆、轮轴、楔、盖及焊接件	
			B级		
			C级		
			D级		
		Q275		轴、轴销、刹车杆、螺母、螺栓、垫圈、连杆、齿轮以及其他强度较高的零件	
GB/T 699—2015	优质碳素结构钢	10		用作拉杆、卡头、垫圈、铆钉及用作焊接零件	牌号的两位数字表示钢中平均含碳量的质量分数，45钢即表示碳的平均含量为0.45%。 碳的质量分数≤0.25%的碳钢属低碳钢(渗碳钢)。 碳的质量分数在(0.25~0.6)%之间的碳钢属中碳钢(调质钢)。 碳的质量分数>0.6%的碳钢属高碳钢。 锰的质量分数较高的钢，须加注化学元素符号"Mn"
		15		用于受力不大和韧性较高的零件、渗碳零件及紧固件(如螺栓、螺钉)、法兰盘和化工储器	
		35		用于制造曲轴、转轴、轴销、杠杆、连杆、螺栓、螺母、垫圈、飞轮(多在正火、调质下使用)	
		45		用作要求综合力学性能高的各种零件，通常经正火或调质处理后使用。用于制造轴、齿轮、齿条、链轮、螺栓、螺母、销钉、键、拉杆等	
		60		用于制造弹簧、弹簧垫圈、凸轮、轧辊等	
		15Mn		制作芯部力学性能要求较高且须渗碳的零件	
		65Mn		用作要求耐磨性高的圆盘、衬板、齿轮、花键轴、弹簧、弹簧垫圈等	
GB/T 3077—2015	合金结构钢	20Mn2		用作渗碳小齿轮、小轴、活塞销、柴油机套筒、气门推杆、缸套等	钢中加入一定量的合金元素，提高了钢的力学性能和耐磨性，也提高了钢的淬透性，保证金属在较大截面上获得高的力学性能
		15Cr		用于要求芯部韧性较高的渗碳零件，如船舶主机用螺栓，活塞销，凸轮，凸轮轴，汽轮机套环，机车小零件等	
		40Cr		用于受变载、中速、中载、强烈磨损而无很大冲击的重要零件，如重要的齿轮、轴、曲轴、连杆、螺栓、螺母等	
		35SiMn		耐磨、耐疲劳性均佳，适用于小型轴类、齿轮及430°以下的重要紧固件等	
		20CrMnTi		工艺性优，强度、韧性均高，可用于承受高速、中速或重负荷以及冲击、磨损等的重要零件，如渗碳齿轮、凸轮等	

标　准	名称	牌号	应用举例	说　明
GB/T 11352—2009	一般工程用铸造碳钢件	ZG 230-450	轧机机架、铁道车辆摇枕、侧梁、铁锭台、机座、箱体、锤轮、450°以下的管道附件等	"ZG"为"铸钢"汉语拼音的首位字母，后面的数字表示屈服点和抗拉强度。如ZG230-450表示屈服点为230N/mm²、抗拉强度为450N/mm²
		ZG 310-570	适用于各种形状的零件，如联轴器、齿轮、气缸、轴、机架、齿圈等	
GB/T 9439—2010	灰铸铁件	HT150	用于小负荷和对耐磨性无特殊要求的零件，如端盖、外罩、手轮、一般机床的底座、床身、滑台、工作台和低压管件等	"HT"为"灰铁"的汉语拼音的首位字母，后面的数字表示抗拉强度。如HT200表示抗拉强度为200N/mm²的灰铸铁
		HT200	用于中等负荷和对耐磨性有一定要求的零件，如机床床身、立柱、飞轮、气缸、泵体、轴承座、活塞、齿轮箱、阀体等	
		HT250	用于中等负荷和对耐磨性有一定要求的零件，如阀壳、油缸、气缸、联轴器、机体、齿轮、齿轮箱外壳、飞轮、液压泵和滑阀的壳体等	
GB/T 1176—2013	5-5-5 锡青铜	ZCuSn5 Pb5Zn5	耐磨性和耐蚀性均好，易加工，铸造性和气密性较好。用于较高负荷、中等滑动速度下工作的耐磨、耐腐蚀零件，如轴瓦、衬套、缸套、活塞、离合器、蜗轮等	"Z"为"铸造"汉语拼音的首位字母，各化学元素后面的数字表示该元素的质量分数（用 w 表示），如 ZCuAl10Fe3 表示含：$\omega(Al) = 8.1\% \sim 11\%$ $\omega(Fe) = 2\% \sim 4\%$ 其余为 Cu 的铸造铝青铜
	10-3 铝青铜	ZCuAl10 Fe3	力学性能高，耐磨性、耐蚀性、抗氧化性好，可以焊接，不易钎焊。可用于制造强度高、耐磨、耐蚀的零件，如蜗轮、轴承、衬套、管嘴、耐热管配件等	
	25-6-3-3 铝黄铜	ZCuZn25 Al6Fe3 Mn3	有很高的力学性能，铸造性良好、耐蚀性较好，可以焊接。适用于高强耐磨零件，如桥梁支承板、螺母、螺杆、耐磨板、滑块、蜗轮等	
	38-2-2 锰黄铜	ZCuZn38 Mn2Pb2	有较高的力学性能和耐蚀性，耐磨性较好，切削性良好。可用于一般用途的构件，如套筒、衬套、轴瓦、滑块等	
GB/T 1173—2013	铸造铝合金	ZAlSi12 代号 ZL102	用于制造形状复杂、负荷小、耐腐蚀的薄壁零件和工作温度≤200℃的高气密性零件	$\omega_{Si} = 10\% \sim 13\%$ 的铝硅合金
GB/T 3190—2008	硬铝	2Al2 （原牌号 LY12）	焊接性能好，适于制作高载荷的零件及构件（不包括冲压件和锻件）	2Al2 表示 $\omega_{Cu} = 3.8\% \sim 4.9\%$ $\omega_{Mg} = 1.2\% \sim 1.8\%$、$\omega_{Mn} = 0.3\% \sim 0.9\%$ 的硬铝
	工业纯铝	1060 （原牌号 L2）	塑性、耐蚀性高，焊接性好，强度低。适于制作储槽、热交换器、防污染及深冷设备等	牌号中的第一位数 1 为纯铝的组别，其铝含量＞99.00%，牌号中最后的两位数表示最低百分含量中小数点后面的两位数。例如：1060 表示含杂质≤0.4%的工业纯铝

5.2 非金属材料

非金属材料名词解释见附表 32。

附表 32

标　准	名称	牌号	应用举例	说　明
GB/T 539—2008	耐油石棉橡胶板	NY250 HNY300	供航空发动机用的煤油、润滑油及冷气系统结合处的密封衬垫材料	有 0.4～3.0mm 的十种厚度规格
GB/T 5574 —2008	耐酸碱橡胶板	2707 2807 2709	具有耐酸碱性能,在温度－30～＋60℃的20％浓度的酸碱液体中工作,用于冲制密封性能较好的垫圈	较高硬度 中等硬度
	耐油橡胶板	3707 3807 3709 3809	可在一定温度的全损耗系统用油、变压器油、汽油等介质中工作,适用于冲制各种形状的垫圈	较高硬度
	耐热橡胶板	4708 4808 4710	可在－30～＋100℃且压力不大的条件下,于热空气、蒸汽介质中工作,用于冲制各种垫圈及隔热垫板	较高硬度 中等硬度

参 考 文 献

［1］ 赵恒华，唐晓初，王墅，等. 机械制图 ［M］. 北京：石油工业出版社，2011.

［2］ 大连理工大学工程图学教研室. 机械制图 ［M］. 第6版. 北京：高等教育出版社，2007.

［3］ 何铭新，钱可强，等. 机械制图 ［M］. 第7版. 北京：高等教育出版社，2016.

［4］ 童幸生，赵培宇. 实用电子工程制图 ［M］. 第2版. 北京：高等教育出版社，2008.

［5］ 陈桂芳，田子欣. 计算机绘图：中文版 AutoCAD2012 实例教程 ［M］. 北京：电子工业出版社，2014.

［6］ 方利国. 计算机辅助化工制图与设计 ［M］. 北京：化学工业出版社，2010.

［7］ 周跃文. 中文版 AutoCAD2016 从入门到精通 ［M］. 北京：中国铁道出版社，2016.

［8］ 彭文武，罗清海. 工程制图与 AutoCAD 绘图基础 ［M］. 北京：北京理工大学出版社，2009.